Einleitung in die Theorie der Elliptischen Funktionen

Karl Joseph Bobek

Alpha Editions

This edition published in 2022

ISBN : 9789356788916

Design and Setting By
Alpha Editions
www.alphaedis.com
Email - info@alphaedis.com

Einleitung in die Theorie der Elliptischen Funktionen

By Karl Joseph Bobek

Vorwort.

Das vorliegende Buch verfolgt den Zweck, in kurzer und übersichtlicher Weise die wichtigsten Lehrsätze aus der Theorie der elliptischen Funktionen darzulegen, und so dem Anfänger einen ersten Ueberblick über diesen Theil der Funktionentheorie zu geben. Wenn in einer kurzen Einleitung die später anzuwendenden Sätze aus der Theorie der Funktionen einer komplexen Variablen zusammengestellt wurden, so geschah diess hauptsächlich, um einen bequemen Hinweis auf dieselben zu ermöglichen, ohne erst den Studirenden zu veranlassen, in den einschlägigen Büchern des Langen zu suchen. Zur gründlichen Einführung in diese Theorie sei auf die »Elemente der Theorie der Funktionen einer komplexen veränderlichen Grösse« von Dr. H. Durège, sowie auf den I. Theil der »Theorie der elliptischen Funktionen« von L. Königsberger hingewiesen.

Von dem oben erwähnten Standpunkte aus erscheint es auch gerechtfertigt, wenn in der Theorie der Integrale nicht auf allgemeine Riemann'sche Flächen eingegangen wurde, sondern nur für die speziell auftretende Irrationalität eine solche konstruirt worden ist, da wohl für den Anfänger das richtige Verständniss doch nur an speziellen Beispielen erlangt werden kann.

Als Anhang wurde eine kleine Anwendung der entwickelten Theorien auf die Geometrie algebraischer Kurven gebracht, damit dem Studirenden Gelegenheit geboten werde auch in dieses in neuester Zeit so ausserordentlich fruchtbare Gebiet der Geometrie Einsicht zu erlangen.

In wiefern der angestrebte Zweck erreicht wurde, sei dem geneigten Urtheile der Fachmänner überlassen.

Prag, im Oktober 1884.

Inhaltsverzeichnis

I. Theil

Doppeltperiodische Funktionen

II. Theil

Elliptische Integrale

Anhang

Einleitung

Sätze aus der Theorie der Funktionen einer komplexen veränderlichen Grösse

1. Wenn die unabhängige Variable x alle reellen Werte von $-\infty$ bis $+\infty$ durchläuft, so kann man ihren Wertvorrat bildlich durch die einfach unendlich vielen Punkte einer Geraden darstellen. Nehmen wir aber $z = x + iy$ $(i = \sqrt{-1})$ als unabhängig veränderliche Grösse, in welcher x und y reelle Grössen sind, so reichen wir zur Darstellung dieses zweifach unendlichen Wertvorrates des z nicht mit den Punkten einer Geraden aus und gehen daher zu einem Gebilde, welches zweifach unendlich viele Punkte enthält, zur Ebene über. Legen wir in der Ebene ein rechtwinkliges Koordinatensystem fest, so ist jeder Punkt durch seine Koordinaten x und y bestimmt; umgekehrt bestimmt jeder Punkt ein x und ein y. Durchlaufen x und y unabhängig von einander alle reellen Zahlen von $-\infty$ bis $+\infty$, so werden die zugehörigen Punkte alle Punkte der Ebene erschöpfen. Wir ordnen nun jedem Punkte der Ebene mit den Koordinaten x, y den Wert $z = x + iy$ zu und haben so das Wertgebiet der Variablen z auf die Punkte der Ebene eindeutig bezogen.

Wir wollen diese Ebene kurzweg die z-Ebene nennen und den Punkt mit den Koordinaten (x, y) mit z bezeichnen. Wird $0z = \varrho$, $\sphericalangle z0x = \varphi$ gesetzt, so ist (Fig. 1)

$$z = \varrho\,(\cos\varphi + i\sin\varphi),$$

wobei

$$\varrho = \sqrt{x^2 + y^2}, \quad \operatorname{tg}\varphi = \frac{y}{x}$$

ist. ϱ heisst der *Modul* von z und soll auch durch $|z|$ bezeichnet werden, φ die *Amplitude* von z. Setzt man

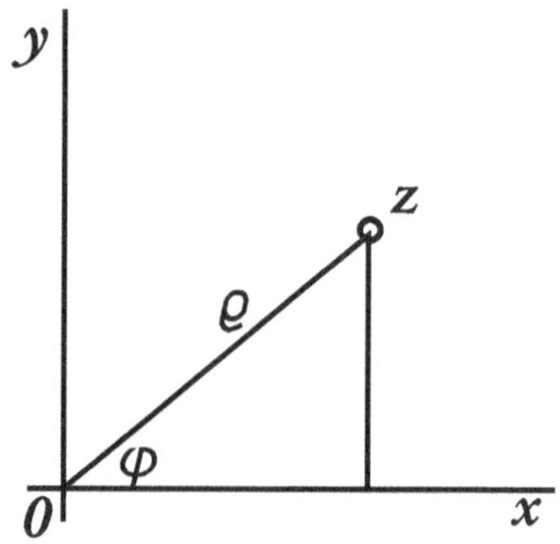

Fig. 1.

$$g = \log(\cos\varphi + i\sin\varphi),$$

so ist

$$\frac{dg}{d\varphi} = \frac{-\sin\varphi + i\cos\varphi}{\cos\varphi + i\sin\varphi} = i$$

$g = i\varphi + c = \log(\cos\varphi + i\sin\varphi)$ und für $\varphi = 0 \ldots c = 0$.

Daher ist $\cos\varphi + i\sin\varphi = e^{i\varphi}$ und mithin

$$z = \varrho\,e^{i\varphi}.$$

Diese drei Darstellungen der complexen Grösse

$$z = x + iy = \varrho\,(\cos\varphi + i\sin\varphi) = \varrho\,e^{i\varphi}$$
$$\varrho = \sqrt{x^2 + y^2}, \ \operatorname{tg}\varphi = \frac{y}{x}$$

werden im Folgenden abwechselnd gebraucht werden. Es sei bemerkt, dass

$$e^{i(\varphi+\pi)} = -e^{i\varphi}$$

$$e^{\frac{\pi i}{2}} = i; \; e^{\frac{-\pi i}{2}} = \frac{1}{i} = -i \quad \text{ist.}$$

Die Addition, Subtraktion, Multiplikation und Division der komplexen Grössen kann, wenn man unter z die Strecke $\overrightarrow{0Z}$ nach Sinn und Richtung auffasst, einfach durch die für die Operationen mit solchen Strecken geltenden Sätze veranschaulicht werden. So ist $Z = z_1+z_2 = x_1+x_2+i(y_1+y_2)$, d. h. $\overline{0Z} = \overline{0z_1} + \overline{0z_2}$ oder die Strecke $\overline{0Z}$ ist die Schlussseite des Dreieckes, dessen Seiten $\overline{0z_1}$ und $\overline{0z_2}$ sind; also ist der Punkt Z der Eckpunkt des Parallelogrammes über $\overline{0z_1}, \overline{0z_2}$.

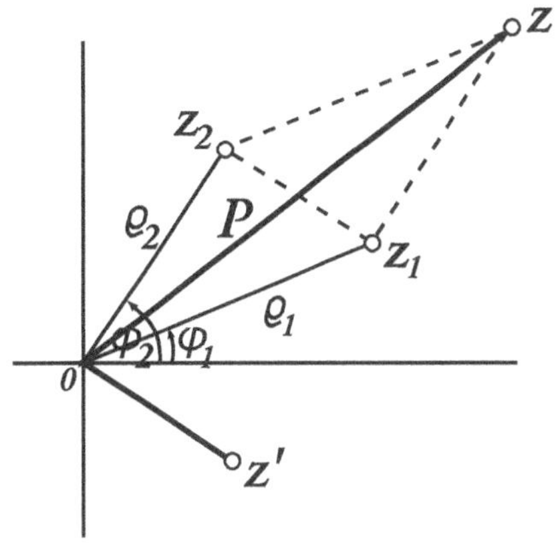

Fig. 2.

Ist

$$Z' = z_1 - z_2 = (x_1 - x_2) + i(y_1 - y_2) = re^{i\varphi}$$

wobei

$$r = \sqrt{(x_1 - x_2)^2 + (y_1 - y_2)^2}$$

$$\operatorname{tg}\varphi = \frac{y_1 - y_2}{x_1 - x_2},$$

so erkennt man, dass r gleich der Länge der Strecke $\overline{z_2 z_1}$ und φ der Winkel, den die Strecke $\overrightarrow{z_2 z_1}$ mit der positiven Achse bildet, ist. Also ist $0Z'$ parallel zu $z_2 z_1$ (Fig. 2).

Es folgt

$$\overrightarrow{0Z'} = \overrightarrow{0z_1} - \overrightarrow{0z_2} = \overrightarrow{0z_1} + \overrightarrow{z_2 0},$$

was die Regel für die Subtraktion der Strecken bedeutet.

Zur Ausführung der Multiplikation muss der Einheitspunkt festgelegt werden.

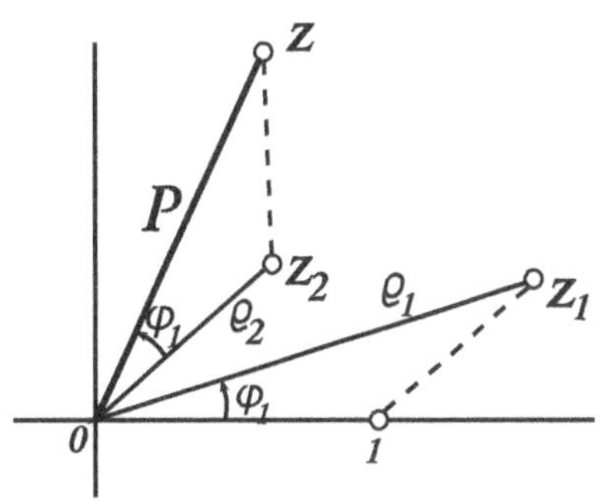

Fig. 3.

Ist dann (Fig. 3)

$$z_1 = \varrho_1 e^{i\varphi_1}$$

$$z_2 = \varrho_2 e^{i\varphi_2}$$

so ist

$$Z = z_1 z_2 = \varrho_1 \varrho_2 e^{i(\varphi_1 + \varphi_2)},$$

d. h. Z hat die Amplitude $\varphi_1 + \varphi_2$ und den Radiusvektor $\varrho_1 \varrho_2 = P$, also ist $\varrho_2 : P = 1 : \varrho_1$, d. h. die Dreiecke (Fig. 3) $Z0z_2$ und $z_1 01$ sind ähnlich.

Für die Division ist

$$Z = \frac{z_1}{z_2} = \frac{\varrho_1}{\varrho_2}\, e^{i(\varphi_1 - \varphi_2)} = Pe^{i(\varphi_1 - \varphi_2)}.$$

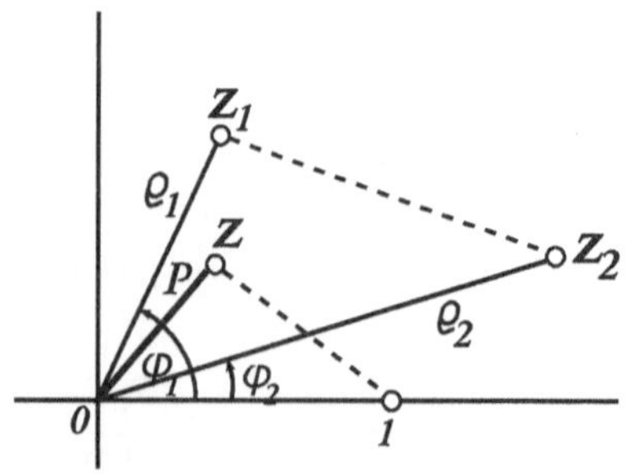

Fig. 4.

Der Modul ist gleich dem Quotienten der Modulen und die Amplitude ist gleich der Differenz der Amplituden, also gleich dem Winkel $z_2 0 z_1$ (Fig. 4); es ist also

$$P = \frac{\varrho_1}{\varrho_2} \text{ oder } P : 1 = \varrho_1 : \varrho_2,$$

d. h. das Dreieck $Z01$ ist ähnlich dem Dreiecke $z_2 0 z_1$ was wieder die graphische Ausführung der Division lehrt.

Setzen wir

$$Z = \frac{z_1 - z}{z_2 - z} = \frac{\varrho_1 e^{i\psi_1}}{\varrho_2 e^{i\psi_2}} = \frac{\varrho_1}{\varrho_2}\, e^{i(\psi_1 - \psi_2)},$$

so wissen wir, dass ϱ_1 und ϱ_2 die Strecken $\overline{zz_1}$ und $\overline{zz_2}$ sind, ψ_1 und ψ_2 aber die Neigungswinkel dieser Strecken gegen die positive x-Achse. Es ist also $\psi_1 - \psi_2$ der Winkel, welchen die Strecken mit einander bilden. Hieraus erkennt man, dass im Falle der Quotient $\frac{z_1 - z}{z_2 - z}$ reell sein soll, $\psi_1 - \psi_2 = \varkappa\pi$ sein muss, wo $\varkappa$ irgend eine ganze Zahl bedeutet, da dann $\frac{z_1 - z}{z_2 - z} = (-1)^{\varkappa} \frac{\varrho_1}{\varrho_2}$ wird.

Wenn aber $\psi_1 = \psi_2 + \varkappa\pi$ *ist, dann müssen die Punkte* z, z_1, z_2 *in derselben Geraden liegen*, da nur dann die Richtung zz_1 und zz_2 mit der x-Achse denselben Winkel bilden oder einen um 180° verschiedenen.

Umgekehrt: Liegen *drei Punkte* z, z_1, z_2 *in einer Geraden, so ist der Quotient* $\frac{z_1 - z}{z_2 - z}$ *der entsprechenden komplexen Grössen reell.*

2. Nachdem wir so eine einfache geometrische Darstellung der complexen Variablen z erhalten haben, wollen wir zu den Funktionen dieser Variablen übergehen. *Wir definiren* $f(z)$ *als Funktion von* z, *wenn* $\frac{df(z)}{dz}$ *von* dz *unabhängig ist.* Da nämlich $z = x + iy$ ist, so wird

$$w = f(z) = f(x + iy)$$

eigentlich eine Funktion der unabhängigen Variablen x und y, und es ist daher

$$\frac{dw}{dz} = \frac{\frac{\partial w}{\partial x}dx + \frac{\partial w}{\partial x}dy}{dx + idy} = \frac{\frac{\partial w}{\partial x} + \frac{\partial w}{\partial y}\frac{dy}{dx}}{1 + i\frac{dy}{dx}};$$

also würde $\frac{dw}{dz}$ von $\frac{dy}{dx}$ d. h. von der Richtung, in welcher wir das dz nehmen, abhängen, wenn w eine ganz beliebige Funktion von x und y wäre. *Damit aber* $\frac{dw}{dz}$ *von* $\frac{dy}{dx}$ *unabhängig sei, muss* $\frac{\partial w}{\partial y} = i\frac{\partial w}{\partial x}$, *denn dann wird*

$$\frac{\partial w}{\partial z} = \frac{\partial w}{\partial x} = \frac{1}{i}\frac{\partial w}{\partial y},$$

also von dx sowohl als von dy unabhängig.

Ist umgekehrt w eine Funktion von x, y und ist

$$\frac{\partial w}{\partial x} = \frac{1}{i}\frac{\partial w}{\partial y},$$

so ist w eine Funktion von z, d. h. *es kommt in w das x und y nur in der Verbindung $x + iy$ vor, oder* wenn ich $z = x + iy$ setze und ich führe in $w = f(x, y)$ $x = z - iy$ ein, so dass ich $w = f(z - iy) = f_1(z, y)$ erhalte, so darf f_1 y nicht mehr enthalten. Diess ist aber leicht zu zeigen.

Es ist

$$dw = \frac{\partial w}{\partial x}dx + \frac{\partial w}{\partial y}dy = \frac{\partial w}{\partial x}(dx + idy).$$

Da

$$i\frac{\partial w}{\partial x} = \frac{\partial w}{\partial y}$$

ist, also

$$dw = \frac{\partial w}{\partial x}dz,$$

ferner

$$dw = \frac{\partial f_1}{\partial z}dz + \frac{\partial f_1}{\partial y}dy,$$

da f_1 eine Funktion von z und y sein soll, daher

$$\left(\frac{\partial w}{\partial x} - \frac{\partial f_1}{\partial z}\right)dz + \frac{\partial f_1}{\partial y}dy = 0$$

und da z und y unabhängige Variable sind, da es x und y waren, so folgt $\frac{\partial f_1}{\partial y} = 0$, d. h. f_1 enthält y nicht, ist also Funktion von z allein und es ist daher

$$\frac{\partial f_1}{\partial z} = \frac{df_1}{dz} = \frac{\partial w}{\partial x}.$$

So ist $w = x^2 + y^2 + 2xyi$ keine Funktion von $x + iy$. Denn es ist

$$\begin{aligned} \frac{\partial w}{\partial x} &= 2(x+iy) \\ \frac{\partial w}{\partial y} &= 2(y+ix) \\ i\frac{\partial w}{\partial x} &= 2(-y+ix), \end{aligned}$$

also nicht gleich $2(y + ix)$.

Hingegen ist $w = x^2 - y^2 + 2ixy$ eine Funktion von $x + iy$, denn es ist

$$\begin{aligned} \frac{\partial w}{\partial x} &= 2(x+iy) \\ \frac{\partial w}{\partial y} &= 2(-y+ix) \\ i\frac{\partial w}{\partial x} &= 2(-y+ix) = \frac{\partial w}{\partial y}, \end{aligned}$$

in der That ist

$$\begin{aligned} w &= (x+iy)^2 = z^2 \\ \frac{dw}{dz} &= 2z = 2(x+iy) = \frac{\partial w}{\partial x}. \end{aligned}$$

Die Bedingung $i\frac{\partial w}{\partial x} = \frac{\partial w}{\partial y}$ *ist also nothwendig und hinreichend dafür, dass die Funktion* w *von* x und y *eine Funktion von* $x + iy$ *ist.* Wir sehen also, dass die Funktionen eines komplexen Argumentes spezielle Funktionen zweier reeller Variablen (x, y) sind.

Ist nun $w = f(z)$ eine Funktion der komplexen Variablen $z = x + iy$, so ist auch $z = \varphi(w)$ eine Funktion der komplexen Variablen $w = u + iv$, wo u und v reelle Grössen sind. Denn da $\frac{dw}{dz}$ von dz unabhängig ist, wohl aber dw von dz abhängen muss, so ist auch $\frac{dz}{dw}$ von dw unabhängig, d. h. z ist eine Funktion des komplexen Argumentes $w = u + iv$. Mit anderen Worten: jede Funktion w von $z = x + iy$ kann in die Form $w = u + iv$ gebracht werden, in der u und v reelle Funktionen von x und y sind.

Aus der Bedingung $i\frac{\partial w}{\partial x} = \frac{\partial w}{\partial y}$ folgt nun

$$i\left(\frac{\partial u}{\partial x} + i\frac{\partial v}{\partial x}\right) = \frac{\partial u}{\partial y} + i\frac{\partial v}{\partial y},$$

oder*)

$$\frac{\partial u}{\partial x} = \frac{\partial v}{\partial y}, \quad \frac{\partial u}{\partial y} = -\frac{\partial v}{\partial x}$$

und hieraus folgt

$$\frac{\partial^2 u}{\partial x^2} + \frac{\partial^2 u}{\partial y^2} = 0,$$
$$\frac{\partial^2 v}{\partial x^2} + \frac{\partial^2 v}{\partial y^2} = 0.$$

Von der Differentialgleichung $\frac{\partial^2 u}{\partial x^2} + \frac{\partial^2 u}{\partial y^2} = 0$, welcher der reelle Theil der Funktion $w = u + iv$ von $z = x + iy$ genügt, ausgehend hat RIEMANN, (1851) in seiner Dissertation, die Grundlagen einer allgemeinen Theorie der Funktionen einer komplexen Variablen begründet.

3. Wenn man $w = f(z) = u + iv$ setzt und die reellen Grössen u, v als rechtwinklige Koordinaten eines Punktes in einer Ebene w deutet, so wird jedem Punkte $z = x + iy$ der z-Ebene im Allgemeinen ein bestimmter Punkt $w = f(z) = u + iv$ in der w-Ebene entsprechen. Die z-Ebene wird also durch $w = f(z)$ auf die w-Ebene in bestimmter Weise abgebildet. Wir wollen diese Art Abbildung näher betrachten. Es möge dem Punkte z der z-Ebene der Punkt w der w-Ebene vermöge $w = f(z) = u + iv$ entsprechen. Dann wird einer unendlich kleinen Aenderung des z im Allgemeinen eine unendlich kleine Aenderung des w entsprechen, d. h. den Punkten $z'z''$, die dem Punkte z unendlich nahe sind, werden zwei Punkte $w'w''$ entsprechen, die dem Punkte w unendlich nahe sind. Nun ist

$$\frac{dw}{dz} = \frac{w' - w}{z' - z} = \frac{w'' - w}{z'' - z},$$

da $\frac{dw}{dz}$ von der Richtung der Aenderung des z unabhängig ist. Ist nun $\frac{dw}{dz}$ weder null noch unendlich, so folgt aus

$$\frac{w' - w}{z' - z} = \frac{w'' - w}{z'' - z}$$
$$\frac{w' - w}{w'' - w} = \frac{z' - z}{z'' - z}$$

*) Ist nämlich $P + iQ = 0$ und P und Q reell, so muss $P = 0$, $Q = 0$ sein, denn aus $P = iQ$ folgt $P^2 + Q^2 = 0$, was bei reellem P und Q nur durch $P = 0, Q = 0$ erfüllbar ist. Ist also $p + iq = p' + iq'$, so muss $p = p', q = q'$ sein.

oder

$$\frac{\overline{ww'}}{\overline{ww''}} e^{i\varphi} = \frac{\overline{zz'}}{\overline{zz''}} e^{i\psi}$$

wenn (Fig. 5) $\overline{ww'}$, $\overline{ww''}$, $\overline{zz'}$, $\overline{zz''}$ die Strecken φ und ψ, die Winkel $w''ww'$ res. $z''zz'$ sind. Aus der vorstehenden Gleichung folgt aber, dass

$$\frac{\overline{ww'}}{\overline{ww''}} = \frac{\overline{zz'}}{\overline{zz''}}, \ \varphi = \psi,$$

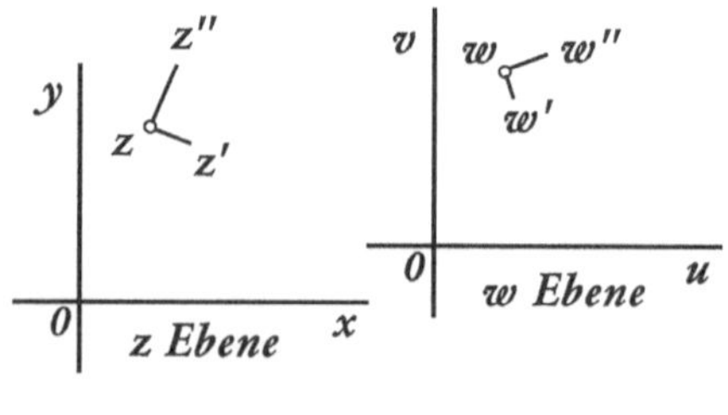

Fig. 5.

ist, d. h. die unendlich kleinen Dreiecke $w''ww'$ und $z''z'$ sind einander ähnlich.

Die Abbildung der z-Ebene auf die w-Ebene ist also derartig, dass einzelne Punkte ausgenommen (in denen $\frac{dw}{dz}$ null oder unendlich ist), *Aehnlichkeit in den kleinsten Theilen stattfindet.*

Diese Art von Abbildung nennt man eine *isogonale* und wenn diese Abbildung nur in einzelnen Punkten Ausnahme erleidet, eine *conforme**) .

4. Wir geben einige Beispiele dieser Art von Abbildung. Es sei $w = \frac{1}{z}$. Dann werden den reellen Werten von $z = x$ reelle Werte von $w = u = \frac{1}{x}$ entsprechen und den rein imaginären Werten $z = iy$ werden rein imaginäre $w = iv = -\frac{i}{y}$

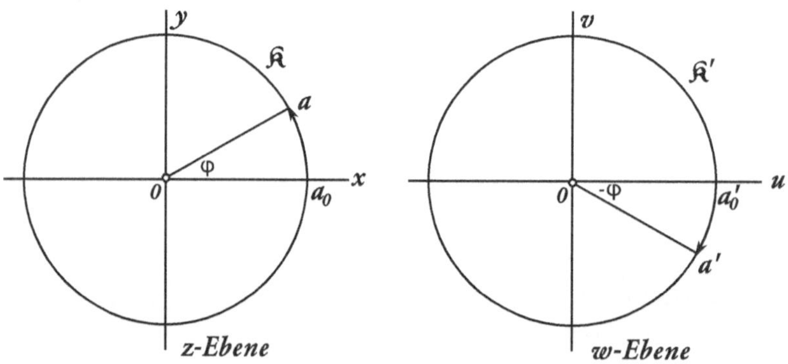

Fig. 6.

*) Vergleiche über diesen Gegenstand: Gauss: Allgemeine Lösung der Aufgabe: die Theile einer gegebenen Fläche so abzubilden, dass die Abbildung dem Abgebildeten in den kleinsten Theilen ähnlich wird. Schumachers Astronomische Abhandlungen 3. Heft. Sowie gesammelte Werke Bd. IV, S. 193. Durège: Elemente der Theorie der Funktionen einer komplexen veränderlichen Grösse. Leipzig 1864. Holzmüller: Einführung in die Theorie der isogonalen Verwandtschaft. Leipzig 1882, u. a.

zugeordnet sein. Deuten also die Buchstaben an den Achsen die positiven Richtungen an, so werden vermöge $w = \frac{1}{z}$ die positive u-Achse der positiven x-Achse, aber die negative v-Achse der positiven y-Achse entsprechen. Ist $0a_0 = 1$ und $\mathfrak{K}$ der mit dieser Länge beschriebene Kreis, so ist $z = a = e^{i\varphi}$, und der entsprechende Punkt $a' = w = e^{-i\varphi}$ liegt daher auf einem Kreise $\mathfrak{K}'$ vom Radius 1, hat aber die negative Amplitude. Bewegt sich also a in der z-Ebene von a_0 aus im positiven Drehungssinne, d. h. von der positiven x-Achse zur positiven y-Achse, so wird der entsprechende Punkt a' im negativen Sinne den Kreis $\mathfrak{K}'$ durchlaufen.

Allen Punkten der z-Ebene, die ausserhalb des Kreises $\mathfrak{K}$ liegen, entsprechen Punkte der w-Ebene innerhalb $\mathfrak{K}'$, und umgekehrt: Punkten innerhalb $\mathfrak{K}$ entsprechen Punkte ausserhalb $\mathfrak{K}'$. Denn ist

$$z = \varrho e^{i\varphi}, \text{ so ist } w = \frac{1}{\varrho} e^{-i\varphi},$$

und wenn $\varrho > 1$, so ist $\frac{1}{\varrho} < 1$, der Punkt w liegt innerhalb $\mathfrak{K}'$; ist $\varrho < 1$, so ist $\frac{1}{\varrho} > 1$, der Punkt w liegt ausserhalb $\mathfrak{K}'$. Es wird also die ganze unendliche z-Ebene ausserhalb $\mathfrak{K}$ auf die endliche Kreisfläche innerhalb $\mathfrak{K}$ abgebildet und dem Punkte $z = \infty$ entspricht der Punkt $w = 0$. Jeder Richtung, in der z ins Unendliche wächst, entspricht eine bestimmte Richtung, in der w sich der Null nähert, und je zwei Richtungen des w bilden denselben Winkel mit einander, wie die entsprechenden Richtungen von z.

Hieraus ist ersichtlich, dass bei unserer Deutung der komplexen Grösse z der Wert $z = \infty$ ein einziger bestimmter Punkt ist, dessen Umgebung auf die Umgebung eines beliebigen Punktes in den kleinsten Theilen ähnlich abgebildet werden kann.

Wir setzen zweitens

$$w = \frac{\alpha + \beta z}{\gamma + \delta z},$$

wo $\alpha, \beta, \gamma, \delta$ reelle oder komplexe Konstanten bedeuten sollen. Wir untersuchen vorerst, ob $\frac{dw}{dz}$ null oder unendlich werden kann. Es ist

$$\frac{dw}{dz} = \frac{\beta\gamma - \alpha\delta}{(\gamma + \delta z)^2},$$

also kann $\frac{dw}{dz} = 0$ werden für $z = \infty$, d. h. die Umgebung des Punktes $z = \infty$ könnte möglicher Weise nicht in den kleinsten Theilen ähnlich auf die Umgebung des Punktes $w = \frac{\beta}{\delta}$, welcher $z = \infty$ entspricht, abgebildet werden.

Wir setzen $z' = \frac{1}{z}$, dann wissen wir, dass die Umgebung von $z = \infty$ isogonal auf die Umgebung von $z' = 0$ abgebildet wird. Können wir nun zeigen, dass die Umgebung von $z' = 0$ auf die Umgebung $w = \frac{\beta}{\delta}$ in den kleinsten Theilen ähnlich abgebildet wird, so wird auch die Umgebung von $z = \infty$ auf die Umgebung von $w = \frac{\beta}{\delta}$ in den kleinsten Theilen ähnlich abgebildet.

Nun ist aber

$$w = \frac{\alpha + \beta z}{\gamma + \delta z} = \frac{\alpha z' + \beta}{\gamma z' + \delta} \cdots z = \frac{1}{z'},$$

also

$$\frac{dw}{dz'} = -\frac{(\beta\gamma - \alpha\delta)}{(\gamma z' + \delta)}$$

und $\frac{dw}{dz'}$ für $z' = 0$ endlich, daher die Abbildung der Umgebung von $z' = 0$ auf $w = \frac{\beta}{\delta}$ in den kleinsten Theilen ähnlich.

Es wird ferner $\frac{dw}{dz} = \infty$ für $z = -\frac{\gamma}{\delta}$, also könnte die Abbildung der Umgebung des Punktes $z = -\frac{\gamma}{\delta}$ eine Ausnahme erleiden. Da aber dieser Punkt zum entsprechenden hat $w = \infty$, so führen wir wieder $w = \frac{1}{w'}$ ein und ersehen, dass für

$$w' = \frac{1}{w} = \frac{\gamma + \delta z}{\alpha + \beta z},$$

für welches

$$\frac{dw'}{dz} = \frac{\alpha\delta - \beta\gamma}{(\alpha + \beta z)^2}$$

für $z = -\frac{\gamma}{\delta}$ endlich ist, die Umgebung des Punktes $z = -\frac{\gamma}{\delta}$ auf die Umgebung $w' = 0$ in den kleinsten Theilen ähnlich abgebildet wird, d. h. dass auch die Umgebung von $z = -\frac{\gamma}{\delta}$ auf die Umgebung von $w = \infty$ isogonal abgebildet ist.

Die lineare Funktion $w = \frac{\alpha+\beta z}{\gamma+\delta z}$ bildet daher die z-Ebene ausnahmslos in den kleinsten Theilen ähnlich auf die w-Ebene ab.

Da aus

$$w = \frac{\alpha + \beta z}{\gamma + \delta z}$$

$$z = \frac{\alpha - \gamma w}{-\beta + \delta w}$$

folgt, so ergiebt sich, dass auch die w-Ebene auf die z-Ebene ausnahmslos in den kleinsten Theilen ähnlich abgebildet wird durch die Funktion

$$w = \frac{\alpha + \beta z}{\gamma + \delta z}.$$

Um die Art dieser Abbildung näher zu betrachten, sollen den Punkten z_1, z_2, z_3 die Punkte w_1, w_2, w_3 entsprechen. Diese Festsetzung können wir in beliebiger Weise machen, da durch sie die drei willkürlichen Konstanten $\alpha : \beta : \gamma : \delta$ festgelegt sind. Es ist nämlich

$$\delta wz + \gamma w - \beta z - \alpha = 0,$$

also für entsprechende Punkte

$$\begin{aligned}\delta w_1 z_1 + \gamma w_1 - \beta z_1 - \alpha = 0\\ \delta w_2 z_2 + \gamma w_2 - \beta z_2 - \alpha = 0\\ \delta w_3 z_3 + \gamma w_3 - \beta z_3 - \alpha = 0.\end{aligned}$$

Eliminirt man aus diesen vier Gleichungen δ, γ, $-\beta$, $-\alpha$, so erhält man in

$$\begin{vmatrix} wz, & w, & z, & 1\\ w_1z_1, & w_1, & z_1, & 1\\ w_2z_2, & w_2, & z_2, & 1\\ w_3z_3, & w_3, & z_3, & 1\end{vmatrix} = 0$$

die lineare Relation, welche zwischen je zwei entsprechenden Punkten w, z stattfindet. Durch eine einfache Reduktion kann man derselben die Form geben:

$$\begin{vmatrix} \dfrac{z-z_2}{z-z_3} & \dfrac{w-w_2}{w-w_3}\\[2ex] \dfrac{z_1-z_2}{z_1-z_3} & \dfrac{w_1-w_2}{w_1-w_3}\end{vmatrix} = \frac{z-z_2}{z-z_3}\cdot\frac{w_1-w_2}{w_1-w_3} - \frac{z_1-z_2}{z_1-z_3}\cdot\frac{w-w_2}{w-w_3}$$

oder

$$\frac{w-w_2}{w-w_3}\cdot\frac{w_1-w_3}{w_1-w_2} = \frac{z-w_2}{z-z_3}\cdot\frac{z_1-z_3}{z_1-z_2}.$$

Bezeichnet man den Quotienten $\frac{z-w_2}{z-z_3} : \frac{z_1-z_2}{z_1-z_3}$ als »*Doppelverhältnis*« der vier Punkte z, z_1, z_2, z_3*) , so sagt die obige Gleichung aus, dass *durch die lineare Beziehung der z-Ebene auf die w-Ebene das Doppelverhältnis ungeändert bleibt.*

Wenn man in $f(z)$ für z den Ausdruck $w = \frac{\alpha+\beta z}{\gamma+\delta z}$ einsetzt, so sagt man, man habe z linear substituirt, und daher: »*Das Doppelverhältnis von vier Punkten wird durch lineare Substitution nicht geändert.*«

Sind z_1, z_2, z_3 festgelegt, denen w_1, w_2, w_3 entsprechen sollen, so giebt uns obige Gleichung den Punkt w, welcher dem Punkte z entspricht.

---

*) MÖBIUS, Crelle'sches Journal Bd. IV. S. 101 u. ff. — WEDEKIND, Math. Annal. Bd. IX. S. 209.

Wir drücken das Doppelverhältnis durch die Modulen und die Amplitude aus. Es ist

$$\frac{z - z_2}{z - z_3} = \frac{\overline{z_2 z}}{\overline{z_3 z}}\, e^{i\varphi}, \qquad \frac{z_1 - z_2}{z_1 - z_3} = \frac{\overline{z_2 z_1}}{\overline{z_3 z_1}}\, e^{i\varphi_1},$$

wobei φ und φ_1 die Winkel $z_3 z z_2$ und $z_3 z_1 z_2$ im Sinne der Pfeile (Fig. 7) genommen sind, also demselben Sinne nach. Es ist also, wenn analog für

$$\sphericalangle w_3 w w_2 = \psi, \qquad \sphericalangle w_3 w_2 w_1 = \psi_1$$

gesetzt wird,

$$\frac{\overline{w_2 w}}{\overline{w_3 w}} \cdot \frac{\overline{w_3 w_1}}{\overline{w_2 w_1}}\, e^{i(\psi - \psi_1)} = \frac{\overline{z_2 z}}{\overline{z_3 z}} \cdot \frac{\overline{z_3 z_1}}{\overline{z_2 z_1}}\, e^{i(\varphi - \varphi_1)}.$$

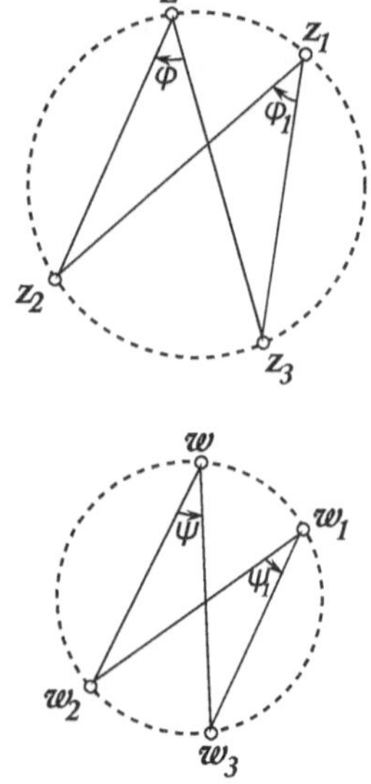

Fig. 7.

Setzen wir nun voraus, dass die vier Punkte z, z_1, z_2, z_3 auf einem Kreise liegen, so wird $\varphi = \varphi_1$ d. h. das Doppelverhältnis $\frac{z - z_2}{z - z_3} = r$, wo r eine reelle Grösse ist. Umgekehrt: ist das Doppelverhältnis von vier Punkten reell, so liegen diese auf einem Kreise. Daher liegen die vier Punkte w, w_1, w_2, w_3, welche den vier Punkten z, z_1, z_2, z_3 eines Kreises entsprechen, selbst auf einem Kreise, wie auch daraus folgt, dass aus $\varphi = \varphi_1$ auch $\psi = \psi_1$ sich ergiebt.

Durchläuft der Punkt z den Kreis $\mathfrak{K}$, welcher durch die drei Punkte z_1, z_2, z_3 bestimmt ist, so durchläuft w den Kreis $\mathfrak{K}'$, welcher durch die drei Punkte w_1, w_2, w_3 gelegt ist. Es könnte hierbei eintreten, dass w für einen speziellen Wert von z unendlich würde, was aus

$$w = \frac{\alpha + \beta z}{\gamma + \delta z} \text{ für } z = -\frac{\gamma}{\delta}$$

folgt. Dann ist aber

$$\left(\frac{w - w_2}{w - w_3} \cdot \frac{w_1 - w_3}{w_1 - w_2}\right)_{w=\infty} = \frac{w_1 - w_3}{w_1 - w_2} = \text{reell},$$

d. h. die Punkte w_1, w_2, w_3 liegen auf einer Geraden. Da nun

$$\frac{w_1 - w_3}{w_1 - w_2} = r_1$$

und

$$\frac{w - w_2}{w - w_3} \cdot \frac{w_1 - w_3}{w_1 - w_2} = r$$

für alle Lagen von w ist, so ist

$$\frac{w - w_2}{w - w_3} = \frac{r}{r_1},$$

d. h. der Punkt w liegt mit $w_2 w_3$ immer auf einer Geraden, auf welcher auch w_1 liegt.

Mit anderen Worten: *Den Kreisen der z-Ebene, welche durch den Punkt $z = -\frac{\gamma}{\delta}$ gelten, entsprechen in der w-Ebene Gerade.*

Umgekehrt entsprechen den Geraden der z-Ebene, für die ja $\frac{z-z_2}{z-z_3}$ sowohl als $\frac{z_1-z_2}{z_1-z_3}$ reell ist, also auch

$$\frac{z - z_2}{z - z_3} \cdot \frac{z_1 - z_3}{z_1 - z_2} = \frac{w - w_2}{w - w_3} \cdot \frac{w_1 - w_3}{w_1 - w_2}$$

reell wird, in der w-Ebene Kreise, welche alle durch den Punkt gehen, der dem Punkte $z = \infty$ entspricht, d. h. durch den Punkt

$$w = \left(\frac{\alpha + \beta z}{\gamma + \delta z}\right)_{z=\infty} = \frac{\beta}{\delta}.$$

Allen Kreisen und Geraden der w-Ebene werden auch Kreise der z-Ebene entsprechen, und den Kreisen, welche durch den Punkt $w = \frac{\beta}{\delta}$ gehen, entsprechen Gerade in der z-Ebene.

Den Geraden der w-Ebene, welche durch den Punkt $w = \frac{\beta}{\gamma}$, entsprechen Gerade der z-Ebene, welche durch den Punkt $z = -\frac{\gamma}{\delta}$ gehen. *Diese zwei Büschel von Geraden sind die einzigen einander entsprechenden Geraden in der Verwandtschaft der beiden Ebenen.*

Die Beziehung, in der die Ebenen stehen, nennt man die *Möbius'sche Kreisverwandtschaft.*

In $w = \frac{\alpha+\beta z}{\gamma+\delta z}$ haben wir eine Funktion von z kennen gelernt, welche die z-Ebene ausnahmslos so auf die w-Ebene abbildet, dass Aehnlichkeit in den kleinsten Theilen stattfindet.

Dass eine derartige Abbildung mittels einer Funktion, für welche $\frac{dw}{dz}$ in einem Punkte null oder unendlich wird, nicht notwendig stattfindet, zeigen wir mittels der Funktion

$$w = \sqrt{(1 - z)} = (1 - z)^{\frac{1}{2}},$$

in dem wir festsetzen, dass $w = 1$ für $z = 0$ ist und dass von $z = 0$ an z stetig fortgesetzt wird, wodurch auch w stetig sich ändert.

Nennen wir *alle Punkte z, welche innerhalb eines Kreises liegen, der mit dem Radius ϱ um den Punkt a geschlagen wird, die Umgebung des Punktes*

a, so können wir sagen: Die Umgebung des Punktes $z = 0$ wird auf die Umgebung des Punktes $w = 1$ in den kleinsten Theilen ähnlich abgebildet, so lange $\varrho < 1$ ist. Denn für $\varrho < 1$ ist

$$\frac{dw}{dz} = -\frac{1}{2}\frac{1}{\sqrt{1-z}}$$

stets endlich, da

$$|z| = |\varrho e^{i\varphi}| = \varrho < 1$$

ist. Für $z = 1$ sehen wir, wird $\frac{dw}{dz} = \infty$, also ist $z = 1$ gerade ein Ausnahmspunkt, den wir näher betrachten wollen.

Wir setzen zu diesem Zwecke

$$z = 1 - \varrho e^{i\varphi},$$

also

$$w = \varrho^{\frac{1}{2}} e^{i\frac{\varphi}{2}}.$$

Entspricht nun dem Punkte $\varphi = 0$, $z_1 = 1 - \varrho$ der Punkt $w_1 = \varrho^{\frac{1}{2}}$ so wird dem Punkte $z_0 = 1 - \varrho e^{i\varphi}$ der Punkt $w_0 = \varrho^{\frac{1}{2}} e^{i\frac{\varphi}{2}}$ entsprechen, d. h. der Winkel $w_1 0 w_0$ (Fig. 8), den die Richtungen $\overline{0w_1}$ und $\overline{0w_0}$ in der w-Ebene bilden, ist nur halb so gross, als der Winkel, den die Richtungen $\overline{1z_1}$ und $\overline{1z_0}$ mit einander in der z-Ebene bilden. Hieraus folgt bereits, dass die Umgebung des Punktes $z = 1$ nicht in den kleinsten Theilen ähnlich auf die Umgebung des Punktes $w = 0$ abgebildet wird, sondern dass zwei Richtungen, die von $z = 1$ ausgehend einen Winkel φ mit einander bilden, in der w-Ebene zwei Richtungen von $w = 0$ ausgehend entsprechen, welche miteinander den Winkel $\frac{\varphi}{2}$ bilden. Wenn z nach einem Umlauf nach z_1 zurückkehrt, also $\varphi = 2\pi$ ist, wird

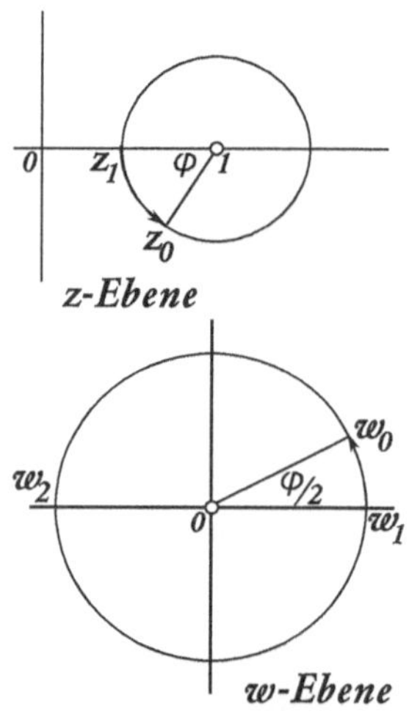

Fig. 8.

$$w = \varrho^{\frac{1}{2}} e^{i\pi} = -\varrho^{\frac{1}{2}},$$

so ist w_1 nicht in seinen Anfangswert zurückgekehrt, sondern in w_2, und erst wenn z noch einen Umlauf macht, $\varphi = 4\pi$ wird, so wird $w = \varrho^{\frac{1}{2}} = w_1$ seinen Anfangswert erlangen. Es ist also gleichsam die doppelte Umgebung des Punktes $z = 1$ auf die einfache Umgebung des Punktes $w = 0$ abgebildet. Es werden jedem Punkte z_0 zwei Punkte w_0, w_0' entsprechen, die, wie man sieht, diametral gegenüber liegen in Bezug auf $w = 0$.

Die Funktion

$$w = \left(\sqrt{1-z}\right)^3,$$

für welche

$$\frac{dw}{dx} = -\frac{3}{2}\sqrt{1-z}$$

für $z = 1$ verschwindet, verhält sich in der Umgebung des Punktes $z = 1$ analog, nur dass für

$$z = 1 - \varrho e^{i\varphi}, \quad w = \varrho^{\frac{3}{2}} e^{i\frac{3\varphi}{2}}$$

ist, also zwei Richtungen, die von $z = 1$ ausgehend den Winkel φ mit einander bilden, in der w-Ebene zwei Richtungen von $w = 0$ ausgehend entsprechen, welche den Winkel $\frac{3\varphi}{2}$ mit einander bilden. Dem Punkte z_1 für den $\varphi = 0, 2\pi, 4\pi$ ist, werden die Punkte

$$w_1 = \varrho^{\frac{3}{2}}, \quad w_2 = \varrho^{\frac{3}{2}} e^{i3\pi} \quad \text{und} \quad w_1 = \varrho^{\frac{6}{2}} e^{i6\pi}$$

entsprechen.

5. Ist $w = f(z)$ eine bestimmte Funktion von z, so dass $\frac{dw}{dz}$ von z unabhängig ist und z_0 ein Wert von z, für den $\frac{dw}{dz}$ weder null noch unendlich ist, so wird $w_0 = f(z_0)$ einen derartigen Wert besitzen, dass die Umgebung von z_0, die wir so wählen, dass *keiner* der Punkte, für den $\frac{dw}{dz} = \{ {0 \atop \infty}$ wird, in dieselbe hineinfällt, in den kleinsten Theilen ähnlich auf die Umgebung des Punktes w_0 durch die Funktion $w = f(z)$ abgebildet wird. Lassen wir z durch stetige Aenderung von z_0 nach z_1 übergehen (Fig. 9), ohne dass der Weg z_0tz_1 aus der vorhin bestimmten Umgebung hinaustritt, so wird w_0 zu einem Werte w_1 gelangen; es frägt sich, ob, wenn wir einen anderen Weg z_0qz_1 wählen, w_0 wieder den Wert w_1 erreicht.

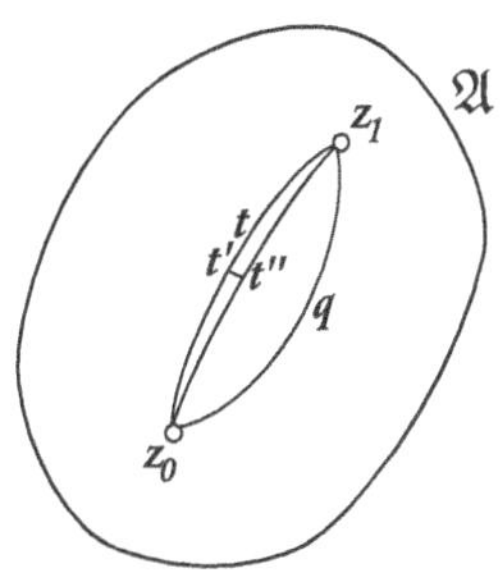

Fig. 9.

Betrachten wir zunächst zwei Wege des z, welche unendlich nahe aneinander fortlaufen. z_0tz_1 und $z_0t''z_1$.

Ist dann tt' ein Element des ersten Weges und t'' der t benachbarte Punkt auf $z_0t''z_1$, so wird

$$\frac{f(t') - f(t)}{t' - t} = \frac{f(t'') - f(t)}{t'' - t} = \varphi(t)$$

von $(t' - t)$ oder $(t'' - t)$ unabhängig sein, also ist

$$f(t') - f(t) = (t' - t)\varphi(t)$$
$$f(t'') - f(t) = (t'' - t)\varphi(t),$$

daher auch

$$f(t') - f(t'') = (t' - t'')\varphi(t),$$

d. h. da $(t' - t'')$ unendlich klein ist, so sind $f(t')$ von $f(t'')$ in allen Punkten der beiden Wege, die einander benachbart liegen, unendlich wenig verschieden, aber nicht gleich, da ja $\varphi(t)$ nicht $\begin{cases} 0 \\ \infty \end{cases}$ sein kann. Im Punkte z_1 müssen also die Werte der beiden Funktionen übereinstimmen, weil t' mit t'' zusammenfällt, oder: auf den benachbarten Wegen z_0tz_1 und $z_0t''z_1$ erlangt w denselben Wert w_1. Da nun innerhalb der betrachteten Fläche $\mathfrak{A}$, die wir als Umgebung des Punktes z_0 auffassten, $\frac{dw}{dz}$ nicht unendlich und nicht null werden kann, so wird durch stetige Abänderung des Weges $z_0t''z_1$ in z_0qz_1 überführt werden können, ohne dass ein Punkt überschritten wird, für den $\frac{dw}{dz} = \begin{cases} 0 \\ \infty \end{cases}$ ist, und da dann w in z_1 immer den Wert w_1 annimmt, so ersehen wir, dass w, unabhängig von der durchlaufenen Wertereihe des z, in z_1 den Wert w_1 annimmt.

Man sagt in diesem Falle w ist eine *eindeutige Funktion* von z innerhalb $\mathfrak{A}$ zum Unterschiede davon, wenn w andere Werte annimmt, sobald z von z_0 nach z_1 verschiedene Wege beschreibt; w heisst dann eine *mehrdeutige Funktion* von z.

So ist $w = (z - a)^n$, wenn n eine ganze Zahl ist, eine eindeutige Funktion in der ganzen Ebene. Jedenfalls ist sie eindeutig, wenn z von a oder ∞ verschieden ist. Für die Umgebung des Punktes a setze man

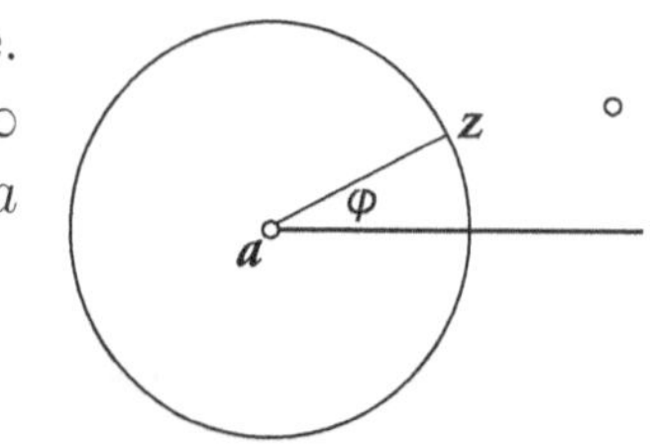

Fig. 10.

$$z - a = \varrho e^{i\varphi}, \quad w = \varrho^n e^{i\varphi n},$$

woraus ersichtlich, dass, wenn φ sich um 2π ändert, z also einen geschlossenen Weg um a beschreibt,

$$w = \varrho^n e^{i\varphi n} \cdot e^{2\pi i n} = \varrho^n e^{i\varphi n}$$

wieder seinen ursprünglichen Wert annimmt. Hieraus folgt dann ohne weiters, dass w für einen Wert z unabhängig von der Wertereihe, welche z durchläuft um zu z_1 zu gelangen immer denselben Wert annimmt. Ist z in der Umgebung des Punktes ∞, so setze man

$$z = \frac{1}{z'}, \qquad w = \left(\frac{1}{z'} - a\right)^n = \frac{1}{z'^n}\left(1 - az'\right)^n,$$
$$\frac{1}{w} = z'^n \frac{1}{(1 - az')^n},$$

woraus ersichtlich, dass $\frac{1}{w}$ eine eindeutige Funktion von z' ist in der Umgebung von $z' = 0$ und also auch eine eindeutige Funktion von z in der Umgebung von $z = \infty$, und mithin ist auch w eine eindeutige Funktion von z in der Umgebung von $z = \infty$.

Die Funktion $w = (z - a)^{\frac{n}{p}}$, wo n und p relativ prim sind und p nicht gleich 1 ist, ist eine vieldeutige Funktion in der Umgebung des Punktes $z = a$ und $z = \infty$. Denn setzt man

$$z - a = \varrho e^{i\varphi},$$

so wird

$$w = \varrho^{\frac{n}{p}} e^{i\frac{\varphi n}{p}}.$$

Da nun $e^{2\frac{n}{p}\pi i}$ nicht $= 1$ ist, so wird, wenn z einen geschlossenen Weg um den Punkt a beschreibt, φ also um 2π wächst, w nicht seinen ursprünglichen Wert erlangen.

Die Werte von w werden also von den Wegen, welche z beschreibt, abhängen. Hieraus ersieht man, dass $w = (z - a)^n$ wohl eine eindeutige Funktion von z ist, aber dass $z - a = w^{\frac{1}{n}}$ *nicht* eine eindeutige Funktion von w ist. [Siehe das Beispiel sub 4, S. 14.]

6. Wir verstehen unter

$$W = \int_{z_0}^{z} f(z)\,dz$$

diejenige Funktion von z, für welche $\frac{dW}{dz} = f(z)$ ist. Es frägt sich, unter welchen Umständen wird W von dem Integrationswege abhängen. Nach Vorhergehendem ist ersichtlich, dass zwei Wege, die von z_0 nach z führen, und die keinen der Punkte einschliessen, für welche $f(z) = \begin{cases} 0 \\ \infty \end{cases}$ wird, denselben Wert des Integrals liefern.

Bezeichnen wir mit $W(z_0tz)$ das Integral, genommen längs z_0tz (Fig. 11), so wird also

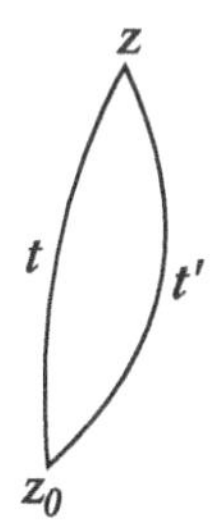

Fig. 11.

$$W(z_0tz) = W(z_0t'z).$$

Da nun $W(z_0t'z) = -W(zt'z_0)$ ist, da z dieselben Werte in umgekehrter Reihenfolge durchläuft, so folgt

$$W(z_0tz) + W(zt'z_0) = 0$$

oder

$$W(z_0tzt'z_0) = 0,$$

d. h. *das Integral* $\int f(z)dz$ *genommen längs eines geschlossenen Weges, welcher keinen Punkt einschliesst, für den* $f(z) = \begin{cases} 0 \\ \infty \end{cases}$ *ist, ist gleich Null.*

Dieser Satz ist auch folgendermassen klar: Ist (Fig. 11a) z_0' ein unendlich naher Punkt von z_0, so ist, da der Weg $z_0tzt'z_0'$ in den Weg z_0z_0' ohne Überschreitung eines Ausnahmepunktes transformirbar ist, $W(z_0tzt'z_0') = W(z_0z_0')$; rückt z_0' nach z_0, so wird $W(z_0z_0')$ und daher

$$W(z_0tzt'z_0) = 0.$$

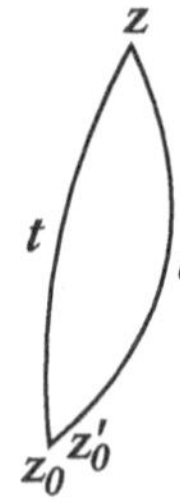

Fig. 11a.

7. Es sei nun $f(z)$ eine **eindeutige** Funktion innerhalb der Umgebung des Punktes $z = a$ oder innerhalb der Kontur $\mathfrak{A}$ (Fig. 12a), die aus einem **einzigen** Zuge besteht, damit jede geschlossene Linie, welche $\mathfrak{A}$ nicht überschneidet, sich auf einen Punkt innerhalb $\mathfrak{A}$ zusammenziehen lasse, und es wäre b ein Ausnahmspunkt, für den

$$f(b) = \begin{cases} 0 \\ \infty \end{cases}$$

ist. Dann braucht $W(atzt'a)$ nicht null zu sein. Ist a' ein in der Nähe von a (Fig. 12b) gelegener Punkt, so wird jedenfalls

$$W(at'z_1ta'pqra) = 0,$$

wenn die Wege

$$at'z_1ta' \text{ und } arqpa'$$

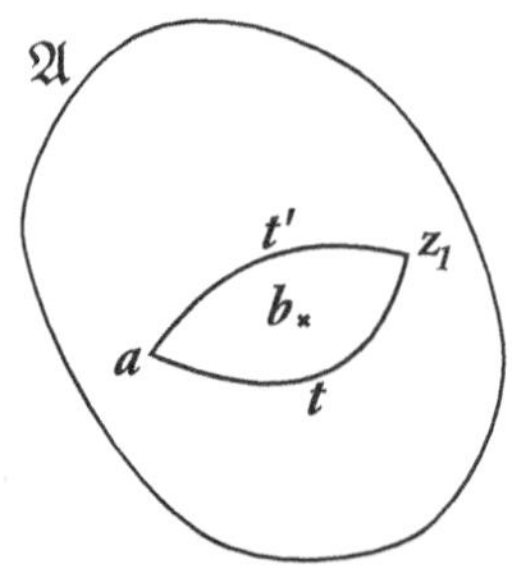

Fig. 12a.

keinen weiteren Ausnahmspunkt einschliessen, was wir voraussetzen wollen.

Daher ist:

$$W(at'z_1) + W(z_1ta') + W(a'p) + W(pqr) + W(ra) = 0.$$

Lassen wir also also a mit a' zusammenfallen, so wird

$$W(at'z_1) + W(z_1ta) + W(ap) + W(pqr) + W(ra) = 0.$$

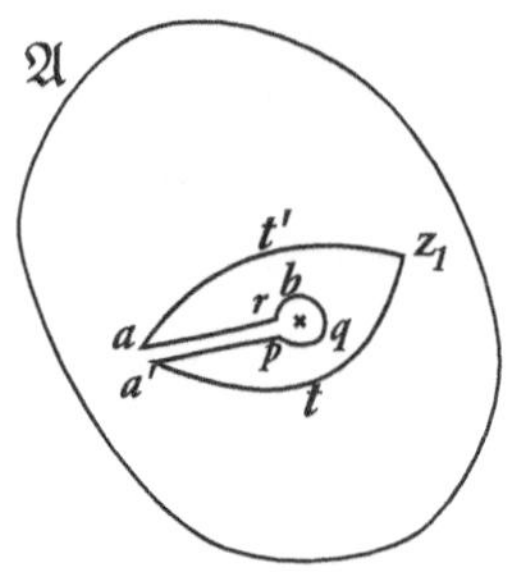

Fig. 12b.

Da nun r und p einander unendlich nahe rücken und schliesslich zusammenfallen sollen, $f(z)$ eine *eindeutige* Funktion von z ist, also in p denselben Wert annimmt, nachdem z den Weg $pqrp$ beschrieben hat als vordem, so wird

$$W(ap) = -W(pa) = -W(ra),$$

wenn r mit p zusammenfällt. Also ist

$$W(at'z_1) + W(z_1ta) + W(pqrp) = 0.$$

$W(pqrp)$ heisst das *geschlossene* Integral um den Punkt b herum, und obige Gleichung sagt in der Form

$$W(atz_1t'a) = W(pqrp)$$

aus: *Das geschlossene Integral um einen Punkt b herum ist unabhängig von dem Wege, welcher b umgiebt, so lange dieser keinen weiteren Ausnahmspunkt umschliesst.*

Aus der ersten Form der Gleichung ist ersichtlich, dass

$$W(at'z_1) - W(atz_1) = -W(pqrp)$$

ist, dass also die Integrale, von a nach z_1 genommen, längs zweier Wege, die zusammengenommen den Punkt b umschliessen, nur dann gleichen Wert besitzen, wenn

$$W(pqrp) = 0$$

ist. Wir wollen das geschlossene Integral, um den Punkt b derartig genommen, dass der Punkt b *links* von der Richtung des Integrationsweges bleibt, mit

$$\int_{\frown b} f(z)\,dz$$

bezeichnen und erhalten also

$$\int_{atz_1} f(z)\,dz - \int_{at'z_1} f(z)\,dz = \int_{\frown b} f(z)\,dz,$$

wenn $f(z)$ eine *eindeutige* Funktion ist und die Integrationswege atz_1, $at'z_1$ nur den Ausnahmspunkt b umschliessen, ohne die Kontur von $\mathfrak{A}$ zu überschreiten, b muss von atz_l links liegen.

$\int_{\frown b} f(z)\,dz$ ist von dem Integrationswege, der b umgiebt, unabhängig. Wir setzen also diesen als kleinen Kreis um b herum mit dem Radius ϱ voraus und wenn

$$z - b = \varrho e^{i\varphi}, \quad z = b + \varrho e^{i\varphi}$$

gesetzt wird, so ändert sich nur φ von 0 bis 2π, also ist

$$\int_b f(z)\,dz = i\varrho \int_0^{2\pi} f(b+\varrho e^{i\varphi})\varrho e^{i\varphi} d\varphi.$$

Es sei nun $f(b) = 0$, dann wird, wenn ϱ klein ist,

$$\left| f(b+\varrho e^{i\varphi}) \right| = \varepsilon$$

sein, wo ε für $\varrho = 0$ null wird. Nun ist

$$f(b+\varrho e^{i\varphi}) = \varepsilon e^{i\psi},$$

wo ψ eine gewisse reelle Funktion von φ und ϱ ist, also wird

$$\int_b f(z)\,dz = i\varrho \int_0^{2\pi} \varepsilon e^{i(\psi+\varphi)} = i\varrho \int_0^{2\pi} \varepsilon\big(\cos(\varphi+\psi) + i\sin(\varphi+\psi)\big) d\varphi$$

nun hat das Integral jedenfalls einen endlichen Wert, da der Integrand nicht unendlich werden kann, also ist, wenn ϱ sich der Null nähert, der Wert des Integrales unendlich klein, und da dieser Wert unabhängig ist von der Form des Integrationsweges, so ist

$$\int_b f(z)\,dz = 0,$$

sobald $f(b) = 0$ ist. Würde aber $f(b) = \infty$ werden, so ist nicht mehr

$$\int f(b+\varrho e^{i\varphi}) e^{i\varphi} d\varphi$$

nothwendig endlich und

$$i\varrho \int f(b+\varrho e^{i\varphi}) e^{i\varphi} d\varphi$$

nicht nothwendig null.

Ist also $f(z)$ eine *eindeutige* Funktion von z innerhalb der einfachen Kontur $\mathfrak{A}$, so ist $\int_{z_0}^{z} f(z)$ unabhängig vom Integrationswege, sobald $f(z)$ nicht ∞ wird innerhalb $\mathfrak{A}$.

8. Es werde nun $f(z)$ in den Punkten b_1, b_2, $b_3, \cdots b_n$ unendlich, sei aber innerhalb $\mathfrak{A}$ *eindeutig* und sonst nirgends mehr unendlich. Wir umgeben die Punkte $b_1, b_2, b_3, \ldots b_n$ (Fig. 13) mittels einer Linie $\mathfrak{A}'$, welche ganz innerhalb $\mathfrak{A}$ verläuft und zwar so, dass zwischen $\mathfrak{A}'$ und $\mathfrak{A}$ keiner der Punkte $b_1, b_2, b_3, \ldots b_n$ liegt. Wir wählen ferner die Punkte $m_1 m_1'; m_2' m_2 \ldots m_n m_n'$, so dass m_h und m_h' nahe beieinander liegen und ziehen von m_h eine Linie $m_h b_h m_h'$, welche nur den Punkt b_h umgiebt und in m_h' endet, ohne dass diese Linie eine andere derartige schneidet. Dann lässt sich der Linienzug

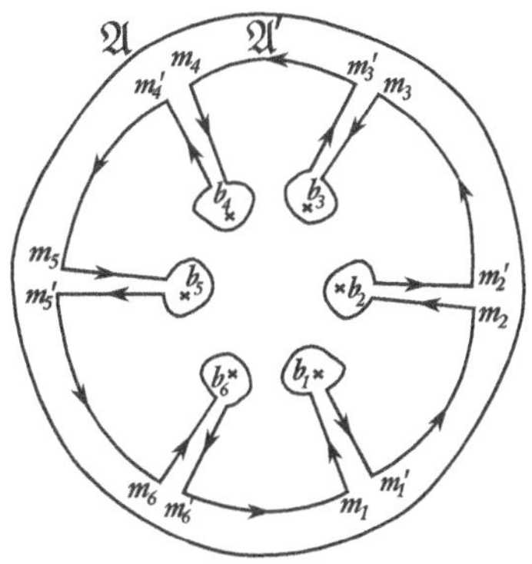

Fig. 13.

$$m_1 b_1 m_1' m_2 b_2 m_2' m_3 b_3 m_3' \ldots m_n b_n m_n' m_1$$

auf einen Punkt zusammenziehen, ohne dass einer der Punkte $b_1 \ldots b_n$ überschritten wird, also ist

$$W(m_1 b_1 m_1' m_2 b_2 m_2' \ldots m_n b_n m_n' m_1) = 0$$

oder

$$W(m_1 b_1 m_1') + W(m_1' m_2) + W(m_2 b_2 m_2') + W(m_2' m_3) \\ + \cdots W(m_n b_n m_n') + W(m_n' m_1) = 0.$$

Da nun

$$W(m_h' m_h) + W(m_h m_h') = 0$$

ist, so folgt, dass auch

$$W(m_1 b_1 m_1' m_1) + W(m_1 m_1' m_2) + W(m_2 b_2 m_2' m_2) \\ + \cdots W(m_n b_n m_n' m_n) + W(m_n' m_1) = 0$$

ist. Es ist aber

$$W(m_1 m_1' m_2) + W(m_2 m_2' m_3) + \cdots W(m_n m_1) = W(\mathfrak{A}')$$

und

$$W(m_h b_h m_h' m_h) = -\int_{\widehat{b_h}} f(z)\, dz,$$

da das Integral linker Hand so genommen ist, dass der Punkt b_h rechts vom Integrationswege liegt. Also ist

$$W(\mathfrak{A}') - \int_{\widehat{b_1}} f(z)\, dz - \int_{\widehat{b_2}} f(z)\, dz \cdots - \int_{\widehat{b_n}} f(z)\, dz = 0.$$

Beachtet man nun, dass das Integral längs $\mathfrak{A}'$ genommen gleich ist dem Integral längs $\mathfrak{A}$ genommen, da $\mathfrak{A}'$ und $\mathfrak{A}$ in einander überführbar sind ohne Ueberschreitung eines Unstetigkeitspunktes, so ergibt sich

$$\int_{\mathfrak{A}} f(z)\,dz = \sum_{h=1}^{n} \int_{\widehat{b_h}} f(z)\,dz,$$

wo die Integrale in der Richtung zu nehmen sind, dass die Unstetigkeitspunkte *links* liegen.

Es ist selbstverständlich, dass $\mathfrak{A}$ durch keinen der Unstetigkeitspunkte gehen darf, und dass innerhalb $\mathfrak{A}$ nur eine endliche Anzahl von solchen Unstetigkeitspunkten liegen dürfen, damit obiges Raisonnement ohne Abänderung giltig bleibt.

9. Von dem eben abgeleiteten Satze wollen wir eine Anwendung machen.

Es sei $F(z)$ eine eindeutige Funktion von z, welche für $z = a$ den endlichen Wert $F(a)$ annimmt und welche innerhalb des mit R um a geschlagenen Kreises $\mathfrak{K}$ (Fig. 14) nicht unendlich wird. Es sei t ein beliebiger innerhalb $\mathfrak{K}$ gelegener Punkt, dann wird

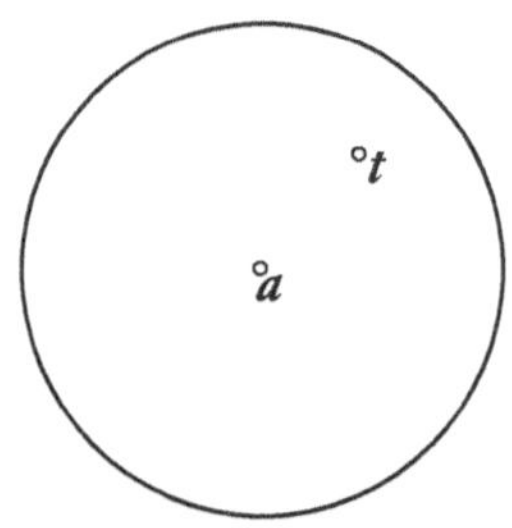

Fig. 14.

$$f(z) = \frac{F(z)}{z-t}$$

nur für $z = t$ unendlich und es ist daher

$$\int_{\mathfrak{K}} \frac{F(z)\,dz}{z-t} = \int_{\widehat{t}} \frac{F(z)\,dz}{z-t}.$$

Im zweiten Integral ist $F(t)$ der Voraussetzung nach eine endliche Grösse, also ist, wenn $z - t = \varrho e^{i\varphi}$ gesetzt wird, für kleine Werte von ϱ

$$F(z) = F(t + \varrho e^{i\varphi}) = F(t) + \varepsilon,$$

wo ε mit ϱ gleichzeitig null wird, also ist, da

$$\frac{dz}{z-t} = i\,d\varphi$$

ist,

$$\int_{\widehat{t}} \frac{F(z)\,dz}{z-t} = i\int_0^{2\pi} F(t)\,d\varphi + \int_0^{2\pi} \varepsilon\,d\varphi,$$

und mithin:

$$F(t) = \frac{1}{2\pi i}\int_{\mathfrak{K}} \frac{F(z)\,dz}{z-t},$$

d. h. der Wert der eindeutigen Funktion F in einem Punkte innerhalb $\mathfrak{K}$ lässt sich ausdrücken durch ein Integral genommen längs der Linie $\mathfrak{K}$. Diese darf selbstverständlich durch keinen Punkt gehen, für den $F(z) = \infty$ wird, ist im Uebrigen höchst willkürlich, da das Integral vom Integrationswege unabhängig bleibt, so lange kein Unstetigkeitspunkt überschritten wird.

Wir transformiren das Integral. Da z auf $\mathfrak{K}$ liegt, so ist

$$|z-a| > |t-a|\,,$$

setzt man daher

$$\frac{t-a}{z-a} = \varrho e^{i\varphi},$$

so ist $\varrho < 1$.

Da nun

$$1 + \varrho + \varrho^2 + \cdots + \varrho^n = \frac{1-\varrho^n}{1-\varrho}$$

ist, so folgt für $n = \infty$, $\varrho < 1$

$$1 + \varrho + \varrho^2 + \cdots = \frac{1}{1-\varrho}.$$

Da diese Reihe convergirt, so convergirt auch die Reihe

$$R_1 = 1 + \varrho\cos\varphi + \varrho^2\cos 2\varphi + \varrho^3\cos 3\varphi + \cdots$$

und

$$R_2 = \qquad \varrho\sin\varphi + \varrho^2\sin 2\varphi + \varrho^3\sin 3\varphi + \cdots\,,$$

mithin hat auch

$$R_1 + iR_2 = 1 + \varrho e^{i\varphi} + (\varrho e^{i\varphi})^2 + (\varrho e^{i\varphi})^3 + \cdots$$

einen unendlichen Wert, den man ohne weiteres als

$$\frac{1}{1-\varrho e^{i\varphi}}$$

erkennt.

Daher ist

$$1 + \frac{t-a}{z-a} + \left(\frac{t-a}{z-a}\right)^2 + \left(\frac{t-a}{z-a}\right)^3 + \cdots = \frac{1}{1-\frac{t-a}{z-a}} = \frac{z-a}{z-t}$$

oder

$$\frac{1}{z-t} = \frac{1}{z-a} + \frac{t-z}{(z-a)^2} + \frac{(t-z)^2}{(z-a)^3} + \cdots$$

und da $F(z)$ für die in Betracht zu ziehenden Werte z endlich ist,

$$\cdots \frac{F(z)}{z-t} = \frac{F(z)}{z-a} + (t-a)\frac{F(z)}{(z-a)^2} + (t-a)^2\frac{F(z)}{(z-a)^3} + \cdots$$

Setzt man also

$$A_n = \frac{1}{2\pi i}\int_{\mathfrak{K}} \frac{F(z)\,dz}{(z-a)^{n+1}},$$

so wird

$$F(t) = A_0 + A_1(t-a) + A_2(t-a)^2 + A_3(t-a)^3 + \cdots. \tag{A}$$

Es ist

$$A_0 = \frac{1}{2\pi i}\int_{\mathfrak{K}} \frac{F(z)\,dz}{z-a} = F(a)$$

und da

$$F(t) = \frac{1}{2\pi i}\int_{\mathfrak{K}} \frac{F(z)\,dz}{z-t}$$

ist, so folgt

$$\left[\frac{d^nF(t)}{dt^n}\right]_{t=a} = \frac{n!}{2\pi i}\left[\int_{\mathfrak{K}} \frac{F(z)\,dz}{(z-t)^{n+1}}\right]_{t=a} = n!A_n,$$

mithin

$$A_n = \frac{1}{n!}F^{(n)}(a),$$

wobei

$$F^{(n)}(a) = \left[\frac{d^nF(t)}{dt^n}\right]_{t=a}$$

ist. Daher folgt aus (A):

$$\begin{aligned} F(t) = F(a) + F'(a)(t-a) + F''(a)&\frac{(t-a)^2}{1\cdot 2} \\ +F'''(a)&\frac{(t-a)^3}{1\cdot 2\cdot 3} + \cdots, \end{aligned} \tag{B}$$

welche Entwicklung so lange gilt, als t innerhalb des um a geschlagenen Kreises liegt, der keinen Unstetigkeitspunkt enthält.

Umgekehrt ist jede Funktion $F(t)$, für welche obige Entwicklung gilt, eine eindeutige Funktion von t, so lange die Reihe rechter Hand convergirt.

(A) ist eine Potenzreihe von $(t-a)$ und da, sobald diese convergirt, auch alle ihre Ableitungen convergiren, so ist in der Umgebung einer solchen Stelle a die Funktion mit allen ihren Ableitungen eindeutig.

Die oben aufgestellte Form der Reihe für $F(t)$ ist etwas zu modificiren für den Fall, dass der Punkt a der Punkt $z=\infty$ wäre. Setzen wir nämlich voraus, dass $F(z)$ für $z=\infty$ den endlichen Wert A annehme und setzen $z'=\frac{1}{z}$, so wird

$$F(z)=F\left(\frac{1}{z'}\right)=\varphi(z')$$

und es ist

$$[F(s)]_{z=\infty}=[\varphi(z')]_{z'=0}=A,$$

d. h. $\varphi(z')$ ist in der Umgebung von $z'=0$ als eindeutige Funktion von z' in eine Reihe entwickelbar. Wir haben also

$$F\left(\frac{1}{z'}\right)=\varphi(z')=A+A_1z'+A_2z'^2+A_3z'^3+\cdots,$$

mithin für $z'=\frac{1}{z}$, giebt

$$\varphi\left(\frac{1}{z}\right)=F(s)=A+\frac{A_1}{z}+\frac{A_2}{z^2}+\frac{A_3}{z^3}+\cdots$$

als Entwicklung von $F(z)$ in der Umgebung von $z=\infty$ d. h. für solche Werte von z, deren Modul sehr gross ist.

10. Wird eine Funktion von z für $z=a$ so unendlich gross, dass $(z-b)^n f(z)$ für $z=b$ endlich und von Null verschieden ist, so heisst b ein n-facher Unendlichkeitspunkt von $f(z)$. Ist $b=\infty$, so heisst dieser Punkt ein n-facher Unendlichkeitspunkt, wenn $\frac{f(z)}{z^n}$ für $z=\infty$ endlich und von Null verschieden ist.

Analog nennt man den Punkt $z=a$ oder $z=\infty$ eine n-fache Nullstelle, wenn

$$\left[\frac{f(z)}{(z-a)^n}\right]_{z=b} \quad \text{resp.} \quad [z^n f(z)]_{z=\infty}$$

endlich und von Null verschieden ist.

Ist $f(z)$ eine *eindeutige* Funktion in der Umgebung der Unendlichkeits- oder Nullstelle, so kann dieselbe nur so unendlich oder null werden, dass n eine *ganze* Zahl bedeutet.

Es sei $f(z)$ eine eindeutige Funktion in der Umgebung von $z=a$ und

$$\left[\frac{f(z)}{(z-a)^n}\right]_{z=a}=A$$

endlich und von Null verschieden.

Dann ist $\psi(z) = \int \varphi(z)\,dz$, wenn $\varphi(z) = \frac{f(z)}{(z-a)^n}$ gesetzt wird, in der Umgebung von a jedenfalls eine *eindeutige* Funktion, da $\frac{d\psi}{dz}$ weder null noch unendlich wird. Mithin ist auch $\varphi(z) = \frac{d\psi(z)}{dz}$ in der Umgebung von a eine eindeutige Funktion und da es auch $f(z)$ sein soll, so ist das nur möglich, wenn $(z-a)^n$ eine eindeutige Funktion in der Umgebung von a ist d. h. wenn n eine ganze Zahl bedeutet.

In der Umgebung einer n-fachen Nullstelle hat also die eindeutige Funktion $f(z)$ die Entwicklung

$$f(z) = (z-a)^n[A + A_1(z-a) + A_2(z-a)^2 + \cdots],$$

wo A von Null verschieden ist; denn es ist

$$\varphi(z) = A + A_1(z-a) + A_2(z-a)^2 + \cdots$$

Ist $a = \infty$, so ist die Entwicklung der Funktion, welche für $z = \infty$ $n$mal verschwindet,

$$f(z) = \frac{1}{z^n}\left[A + \frac{A_1}{z} + \frac{A_2}{z^2} + \cdots\right],$$

wo A von Null verschieden ist.

Ist $f(z)$ in der Umgebung der n-fachen Unendlichkeitsstelle eindeutig, so folgt wie früher, dass wenn

$$(z-b)^n f(z) = \varphi(z),$$

$\varphi(b) = B$ ist, wo B endlich und von Null verschieden ist, dass $\varphi(z)$ in der Umgebung von $z = b$ eindeutig ist und daher

$$\varphi(z) = B + B_1(z-b) + B_2(z-b)^2 + \cdots B_n(z-b)^n + B_{n+1}(z-b)^{n+1}\ldots$$

also

$$f(z) = \frac{B}{(z-b)^n} + \frac{B_1}{(z-b)^{n-1}} + \cdots \frac{B_{n-1}}{z-b} + B_n + B_{n+1}(z-b) + \cdots$$

ist, woraus die Form der Entwicklung von $f(z)$ ersichtlich und augenscheinlich ist, dass $f(b) = \infty$ wird, wie $\frac{B}{(z-b)^n}$.

Ist $b = \infty$, so muss $\frac{f(z)}{z^n} = \psi(z)$ für $z = \infty$ endlich und von Null verschieden sein, also ist

$$\psi(z) = B + \frac{B_1}{z} + \cdots \frac{B_{n-1}}{z^{n-1}} + \frac{B_n}{z^n} + \frac{B_{n+1}}{z^{n+1}} + \cdots$$

$$f(z) = Bz^n + B_1 z^{n-1} + \cdots B_{n-1}z + B_n + \frac{B_{n+1}}{z} + \cdots,$$

woraus wieder die Art des Unendlichwerdens für $z = \infty$ ersichtlich.

11. Eine *eindeutige* Funktion von z, welche für keinen endlichen Wert von z unendlich gross wird, und für $z = \infty$ nur unendlich wird von der n^{ten} Ordnung, heisst eine *ganze rationale* Funktion von z. Ihre Form ergiebt sich durch die vorstehenden Sätze einfach.

Für sehr grosse Werte von z ist

$$f(z) = a_0 z^n + a_1 z^{n-1} + \cdots + a_{n-1} z + a_n \\ + \frac{a_{n+1}}{z} + \frac{a_{n+2}}{z} + \cdots$$

Diese Entwicklung gilt für alle z, welche ausserhalb des um den Punkt $z = 0$ geschlagenen Kreises liegen, der alle Unendlichkeitspunkte von $f(z)$ enthält. Da aber $f(z)$ keine Unendlichkeitspunkte im Endlichen gelegen hat, so können wir diesen Kreis auf den Nullpunkt zusammenziehen, d. h. die Entwicklung muss auch für $z = 0$ gelten und da $f(0)$ endlich ist, so muss

$$a_{n+1} = 0, a_{n+2} = 0 \ldots$$

sein, d. h. es ist

$$f(z) = a_0 z^n + a_1 z^{n-1} + \cdots a_{n-1} z + a_n.$$

Würde $f(z)$ auch für $z = \infty$ nicht unendlich, so müsste

$$a_0 = 0, a_1 = 0, \ldots a_{n-1} = 0$$

sein d. h. $f(z) = a_n$ sein, oder: *eine eindeutige Funktion von z, welche für keinen Wert von z unendlich wird, ist eine Constante.*

Eine eindeutige Funktion von z, welche für die Punkte

$$z = b_1, b_2 \ldots b_m$$

von den Ordnungen

$$n_1, n_2 \ldots n_m$$

unendlich wird, und für $z = \infty$ von der Ordnung p unendlich wird, heisst eine *gebrochene rationale Funktion.* Eine rationale Funktion ist also eine *eindeutige* Funktion von z, welche nur für eine *endliche* Anzahl Werte z unendlich von *endlicher Ordnung* wird oder, wie man sich ausdrücken kann: *eine rationale Funktion ist eine eindeutige Funktion von z, welche nur eine endliche Anzahl von Unendlichkeitsstellen hat.* Hiebei wird jede m-fache Unendlichkeitsstelle als m einfache solcher Stellen gezählt.

Es wird

$$\phi(z) = (z - b_1)^{n_1} (z - b_2)^{n_2} \cdots (z - b_m)^{n_m} f(z)$$

für keinen endlichen Wert von z mehr unendlich. Setzen wir

$$n_1 + n_2 + n_3 + \cdots + n_m = q,$$

so wird

$$(z - b_1)^{n_1}(z - b_2)^{n_2} \cdots (z - b_m)^{n_m} =$$
$$= z^q + B_1 z^{q-1} + \cdots B_{q-1} z + B_q$$

eine ganze rationale Funktion, welche für $z = \infty$ von der q^{ten} Ordnung unendlich wird, und da $f(z)$ von der p^{ten} Ordnung unendlich wird, so wird

$$\varphi(z) = (z^q + \cdots + B_q) f(z)$$

von der $p + q^{\text{ten}}$ Ordnung unendlich für $z = \infty$ und sonst nicht mehr, also ist

$$\varphi(z) = A z^{p+q} + A_1 z^{p+q-1} + \cdots A_{p+q},$$

und daher, wenn $p + q = r$ gesetzt wird,

$$f(z) = \frac{A z^r + A_1 z^{r-1} + \ldots A_r}{z^q + B_1 z^{q-1} + \ldots B_q}.$$

Ist $r \geq q$, so heisst $f(z)$ unecht gebrochen,
ist $r < q$, so heisst $f(z)$ echt gebrochen,

für die letztere ist $f(\infty) = 0$.

Man kann durch Subtraktion einer ganzen rationalen Funktion von $f(z)$ stets bewirken, dass der Rest eine echt gebrochene Funktion ist.

Es sei nämlich für $z = \infty$ die Entwicklung

$$f(z) = c_\nu z^\nu + c_{\nu-1} z^{\nu-1} + \cdots c_1 z + c_0 + \frac{d_1}{z} + \frac{d_2}{z^2} + \cdots;$$

setzt man dann

$$\psi(z) = f(z) - (c_\nu z^\nu + c_{\nu-1} z^{\nu-1} + \cdots + c_1 z + c_0),$$

so muss

$$\psi(z) = \frac{a_\mu z^\mu + a_{\mu-1} z^{\mu-1} + \cdots + a_1 z + a_0}{z^q + B_1 z^{q-1} + \cdots + B_q}$$

sein, wo $\mu < q$ ist, da $\psi(\infty) = 0$ ist. Es ist sodann

$$f(z) = c_\nu z^\nu + c_{\nu-1} z^{\nu-1} + \cdots c_1 z + c_0$$
$$+ \frac{a_\mu z^\mu + a_{\mu-1} z^{\mu-1} + \cdots + a_1 z + a_0}{z^q + B_1 z^{q-1} + \cdots + B_q}$$

Die Koeffizienten $c_\nu, c_{\nu-1} \dots ; a_\mu, a_0$ können aus der Vergleichung beider Formen von $f(z)$ berechnet werden.

Aus der Definition der rationalen Funktion geht hervor, dass Summen, Produkte und Quotienten einer endlichen Anzahl von rationalen Funktionen ebenfalls rationale Funktionen sind.

12. Es sei $f(z)$ eine echt gebrochene rationale Funktion, welche also für $z = \infty$ den Wert Null annimmt und welche in den Punkten

$$z = a_1, a_2 \dots a_m$$

von den Ordnungen

$$n_1, n_2 \dots n_m$$

unendlich wird. Dann wird in der Umgebung des Punktes a_1

$$f(z) = \frac{M_0^{(1)}}{(z-a_1)^{n_1}} + \frac{M_1^{(1)}}{(z-a_1)^{n_1-1}} + \cdots + \frac{M_{n_1-1}^{(1)}}{(z-a_1)}$$
$$+ M_{n_1}^{(1)} + M_{n_1+1}^{(1)}(z-a) + \cdots$$

oder wenn

$$\psi(z, a_1) = \frac{M_0^{(1)}}{(z-a_1)^{n_1}} + \frac{M_1^{(1)}}{(z-a_1)^{n_1-1}} + \cdots + \frac{M_{n_1-1}^{(1)}}{(z-a_1)}$$

gesetzt wird

$$f(z) = \psi(z, a_1) + M_{n_1}^{(1)} + M_{n_1-1}^{(1)}(z-a_1) + \cdots$$

d. h.

$$\left[f(z) - \psi(z, a_1)\right]_{z=a_1} = M_{n_1}^{(1)}$$

ist endlich. Es kann wohl $M_{n_1}^{(1)} = 0$ sein, was unwesentlich ist.

$\psi(z_1, a_1)$ ist eine rationale Funktion von z, welche nur für $z = a_1$ unendlich wird, für jeden anderen Wert von z einen endlichen Wert besitzt und für $z = \infty$ null wird, da $\psi(\infty, a_1) = 0$ ist.

Betrachten wir nun

$$\varphi(z) = f(z) - [\phi(z, a_1) + \phi(z, a_2) + \cdots \phi(z, a_m)],$$

wo $\psi(z, a_h)$ aus $\psi(z, a_1)$ erhalten wird, wenn a_h, n_h, $M^{(h)}$ an Stelle von a_1, n_1, $M^{(1)}$ gesetzt wird.

Wie ohne weiteres ersichtlich, wird $\varphi(z)$ für

$$z = a_1, a_2 \cdots, a_m$$

nicht mehr unendlich, für jeden andern Wert von z wird aber $f(z)$, sowohl als jedes $\psi(z, a_h)$, also auch $\varphi(z)$ einen endlichen Wert haben, und da $\varphi(z)$ eine rationale Funktion ist, denn $f(z)$ und $\psi(z, a_h)$ sind solche, so ist $\varphi(z)$ eine ganze rationale Funktion, mithin

$$\varphi(z) = c_0 z^\nu + c_1 s^{\nu-1} + \cdots c_{\nu-1} z + c_\nu;$$

nun ist aber

$$\varphi(\infty) = f(\infty) - [\psi(\infty, a_1) + \psi(\infty, a_2) \cdots + \psi(\infty, a_m)] = 0,$$

es muss also

$$c_0 = 0, c_1 = 0, \cdots c_{\nu-1} = 0, c_\nu = 0$$

sein oder

$$\varphi(z) = 0,$$

und daher

$$\begin{aligned} f(z) &= \psi(z, a_1) + \psi(z, a_2) \cdots + \psi(z, a_m), \\ &= \frac{M_0^{(1)}}{(z-a_1)^{n_1}} + \frac{M_1^{(1)}}{(z-a_1)^{n_1-1}} + \cdots + \frac{M_{n_1-1}^{(1)}}{z-a_1} \\ &+ \frac{M_0^{(2)}}{(z-a_2)^{n_2}} + \frac{M_1^{(2)}}{(z-a_2)^{n_2-1}} + \cdots + \frac{M_{n_2-1}^{(2)}}{z-a_2} \\ &\cdots\cdots\cdots\cdots\cdots\cdots\cdots\cdots\cdots\cdots \\ &+ \frac{M_0^{(m)}}{(z-a_m)^{n_m}} + \frac{M_1^{(m)}}{(z-a_m)^{n_m-1}} + \cdots + \frac{M_{n_m-1}^{(m)}}{z-a_m} \end{aligned}$$

sein, in welcher Form $f(z)$ in *Partialbrüche* zerlegt erscheint, d. h. in Brüche, deren Zähler eine Konstante und deren Nenner eine lineare Funktion von z ist, oder eine ganze Potenz einer solchen Funktion.

13. Ist $f(z)$ in der Umgebung des Punktes b eine *eindeutige* Funktion von z, welche für $z = b$ nicht unendlich wird, also

$$f(z) = B + B_1(z-b) + B_2(z-b)^2 + \cdots,$$

so wird
$$f'(z) = B_1 + 2B_2(z-b) + \cdots$$
d. h. $f'(z)$ ist in der Umgebung von b auch eine eindeutige Funktion und wird für $z = b$ auch nicht unendlich. Ist aber $f(z)$ für $z = b$ unendlich von der n^{ten} Ordnung, also
$$f(z) = \frac{A}{(z-b)^n} + \frac{A_1}{(z-b)^{n-1}} + \cdots + \frac{A_{n-1}}{z-b} + A_n + A_{n+1}(z-b) + \cdots$$
so ist
$$\begin{aligned} f'(z) &= \frac{-nA}{(z-b)^{n+1}} + \frac{-(n-1)A_1}{(z-b)^n} + \cdots \\ &+ \frac{A_{n-1}}{(z-b)^2} + A_{n+1} + 2A_{n+2}(z-b) + \cdots \end{aligned}$$
eine eindeutige Funktion, welche für $z = b$ unendlich von der $(n+1)^{\text{ten}}$ Ordnung ist.

Es kann also $f'(z)$ nur unendlich werden, wenn $f(z)$ unendlich wird. Daher sind die Differentialquotienten einer rationalen Funktion wieder rationale Funktionen.

Setzen wir
$$(z-b)^n f(z) = \varphi(z),$$
so wird $\varphi(b) = A$ und $\varphi(z)$ also in nächster Umgebung von $z - b$ nicht verschwinden. Denken wir uns nun um b einen kleinen Kreis $\mathfrak{K}$ geschlagen, innerhalb dessen $f(z)$, also auch $\varphi(z)$ nicht null wird, und betrachten wir das $\int_{\mathfrak{K}} d\log f(z)$ in dem Sinne genommen, dass der Punkt b bei dem Durchlaufen der Peripherie *links* liegen bleibt. Da
$$\log f(z) = -n\log(z-b) + \log\varphi(z)$$
ist, so folgt:
$$\int_{\mathfrak{K}} d\log f(z) = \int_{\mathfrak{K}} \frac{f'(z)}{f(z)} = -n\int_{\mathfrak{K}} \frac{dz}{z-b} + \int_{\mathfrak{K}} \frac{\varphi'(z)}{\varphi(z)}\,dz$$
Es ist $\frac{f'(z)}{f(z)}$ in der Umgebung von b so lange eindeutig, als es $f(z)$ ist.

Nun ist
$$\int_{\mathfrak{K}} \frac{\varphi'(z)}{\varphi(z)}\,dz = 0,$$
denn $\frac{\varphi'(z)}{\varphi(z)}$ wird innerhalb $\mathfrak{K}$ nicht unendlich, denn $\varphi(z)$ kann nicht verschwinden und $\varphi'(z)$ nicht unendlich werden.

Um

$$\int_{\mathfrak{K}} \frac{dz}{z-b}$$

zu berechnen, setze man

$$z - b = \varrho e^{i\varphi}$$

und halte ϱ konstant. Dann ist

$$\frac{dz}{z-b} = i\,d\varphi,$$

es wird also

$$\int_{\mathfrak{K}} \frac{dz}{z-b} = i \int_0^{2\pi} d\varphi = 2\pi i,$$

und mithin

$$\int_{\widehat{b}} d\log f(z) = -2n\pi i.$$

Wird $f(z)$ im Punkte $z = a$ null von der m^{ten} Ordnung, ist also

$$\frac{f(z)}{(z-a)^m} = \varphi(z)$$

und $\varphi(a) = A$ von Null verschieden, so ist

$$\int_{\widehat{a}} d\log f(z) = \int_{\widehat{a}} \frac{f'(z)}{f(z)}\,dz = m \int_{\widehat{a}} \frac{dz}{z-a} + \int_{\widehat{a}} \frac{\varphi'(z)\,dz}{\varphi(z)}$$

oder wie früher

$$\int_{\widehat{a}} d\log f(z) = 2m\pi i.$$

Für den Punkt $z = \infty$ bleiben die Integralwerte gerade so, wie für $z = b$ oder $z = a$ erhalten.

Ist

$$\frac{f(z)}{z^n} = \varphi(z) \text{ und } \varphi(\infty) = \Omega$$

von Null und Unendlich verschieden, d. h. wird $f(z)$ für $z = \infty$ unendlich von der n^{ten} Ordnung, so ist

$$\log f(z) = +n \log z + \log \varphi(z)$$

und daher

$$\int_{\infty} d\log f(z) = \int_{\widehat{\infty}} \frac{dz}{z} + \int_{\infty} \frac{\varphi'(z)}{\varphi(z)}\,dz.$$

Nun soll $\varphi(z)$ für sehr grosse Werte von z von Null verschieden sein, also ist

$$\int_{\widehat{\infty}} \frac{\varphi'(z)}{\varphi(z)}\,dz = 0.$$

Setzen wir nun $z = Re^{i\varphi}$, wo R sehr gross ist, so wird

$$\frac{dz}{z} = i\,d\varphi.$$

Also

$$\int_{\widehat{\infty}} d\log f(z) = ni \int_{\widehat{\infty}} d\varphi.$$

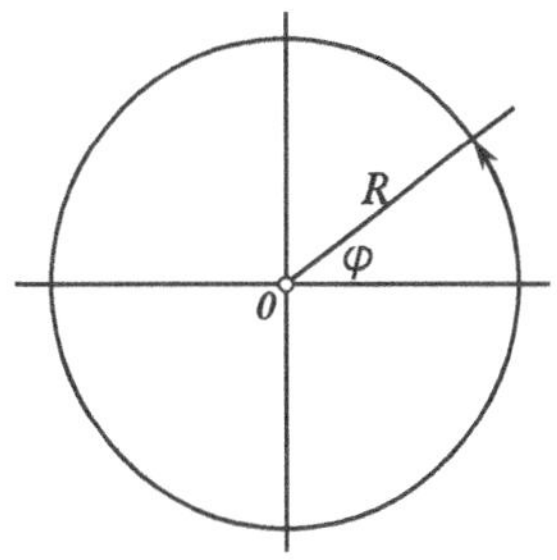

Fig. 15.

Wenn wir aber (Fig. 15) längs des Kreises $\mathfrak{A}$ mit dem Radius R von 0 bis 2π integriren, so haben wir einen Integrationsweg gewählt, bei welchem der Punkt $z = \infty$ rechts liegt. Wir müssen also von 2π bis 0 integriren, damit der Punkt $z = \infty$ links liegt und daher ist

$$\int_{\widehat{\infty}} d\log f(z) = ni \int_{2\pi}^{0} d\varphi = -2n\pi i.$$

Ebenso wird, wenn für grosse Werte von $|z|$ $z^m f(z) = \psi(z)$ ist, so dass $\psi(\infty) = A$ von Null und Unendlich verschieden ist, $f(z)$ also für $z = \infty$ von der m^{ten} Ordnung null ist,

$$\int_{\infty} d\log f(z) = 2m\pi i.$$

Fasst man das Unendlichwerden von $f(z)$ als ein Nullwerden mit *negativem* Exponenten auf, so sagen die beiden Gleichungen aus, dass $\int d\log f(z)$ um einen Punkt herum genommen, in welchem $f(z)$ null von der n^{ten} Ordnung ist, gleich $2n\pi i$ ist. [Wird $f(z)$ in dem Punkte von der n^{ten} Ordnung unendlich, so hat man nur $-n$ an Stelle von n zu setzen.]

Es werde nun die innerhalb $\mathfrak{A}$ (Fig. 16) *eindeutige* Funktion $f(z)$ in den Punkten

$$z = a_1, a_2, \ldots a_\mu$$

null von den Ordnungen

$$m_1, m_2, \ldots m_\mu$$

und in den Punkten

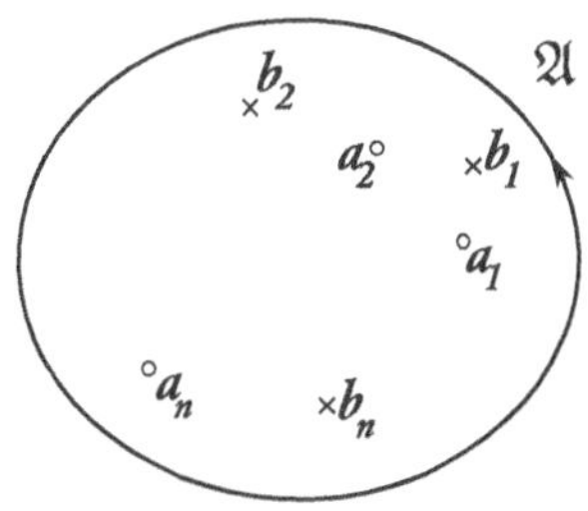

Fig. 16.

$$z = b_1, b_2 \ldots b_\nu$$

unendlich von den Ordnungen $n_1, n_2, \ldots n_\nu$, wo $m_1 \ldots m_\mu$, $n_1 \ldots n_\nu$ positive ganze Zahlen bedeuten, wobei μ und ν endliche Zahlen sein müssen, und betrachten wir

$$\int_{\mathfrak{A}} d\log f(z) = \int_{\mathfrak{A}} \frac{f'(z)}{f(z)}\,dz$$

in der Richtung des Pfeiles genommen, so dass also die Unstetigkeitspunkte links liegen. Diese sind die Punkte, für welche $f(z) = 0$ oder $= \infty$ wird, d. h. die Punkte

$$a_1, a_2, \ldots a_\mu; \quad b_1, b_2, \ldots b_\nu$$

und mithin ist nach S. 22, da

$$\frac{d \log f(z)}{dz} = \frac{f'(z)}{f(z)}$$

innerhalb $\mathfrak{A}$ eindeutig ist:

$$\int_{\mathfrak{A}} d \log f(z) = \sum_{h=1}^{\mu} \int_{\widehat{a_h}} d \log f(z) + \sum_{x=1}^{\nu} \int_{\widehat{b_x}} d \log f(z)$$

Nun ist

$$\int_{\widehat{a_h}} d \log f(z) = 2 m_h \pi i$$

$$\int_{\widehat{b_\varkappa}} d \log f(z) = -2 n_\varkappa \pi i,$$

daher

$$\frac{1}{2\pi i} \int_{\mathfrak{A}} d \log f(z) = \sum_{h=1}^{\mu} m_h + \sum_{\varkappa=1}^{\nu} n_\varkappa$$

Nehmen wir beispielsweise eine rationale Funktion $R(z)$, welche für $z = z_0$ einen endlichen von Null verschiedenen Wert hat und nehmen als $\mathfrak{A}$ einen Kreis um z_0 an (Fig. 17), der keinen Punkt einschliesst, für den $R(z) = \begin{cases} 0 \\ \infty \end{cases}$ wäre, dann ist

$$\frac{1}{2\pi i} \int_{\mathfrak{A}} d \log f(z) = \sum_{h=1}^{\mu} m_h - \sum_{\varkappa=1}^{\nu} n_\varkappa$$

das Integral in der Richtung des Pfeiles genommen, da alle Null- und Unendlichkeitspunkte von $R(z)$ ausserhalb $\mathfrak{A}$ liegen, also links vom Integrationswege. Nun ist aber

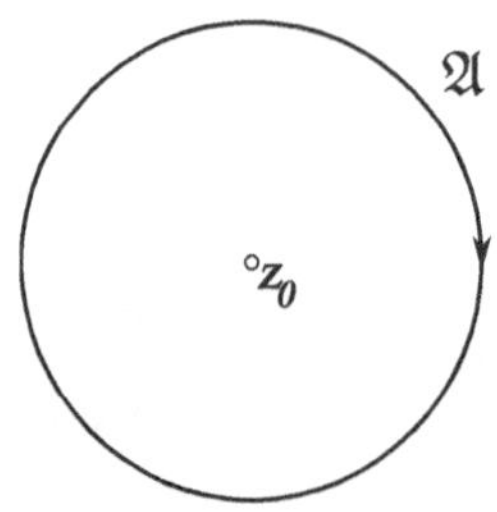

Fig. 17.

$$\int_{\mathfrak{A}} d \log R(z) = - \int_{\widehat{z_0}} d \log R(z) = 0,$$

da das zweite Integral so zu erstrecken ist, dass der Punkt z_0 links liegen bleibt, daher ist

$$\sum_1^{\mu} m_h - \sum_1^{\nu} n_\varkappa = 0,$$

oder die *rationale Funktion wird eben so oft null als unendlich.* Hierbei zählt ein n-facher Null- oder Unendlichkeitspunkt als n einfache Null- oder Unendlichkeitspunkte.

Ist

$$R(z) = a_n z^n + a_{n-1} z^{n-1} + \cdots + a_0$$

eine *ganze rationale Funktion*, welche also nur für $z = \infty$ von der n^{ten} Ordnung unendlich wird, und setzen wir voraus, dass sie in jedem der Punkte $z_1, z_2, \ldots z_m$ blos von der ersten Ordnung verschwindet, so muss

$$\sum_{\varkappa=1}^{m} 1 = n$$

sein, oder

$$m = n,$$

d. h. $R(z) = 0$ liefert genau n Werte $z_1, z_2, \ldots z_n$, welche diese Gleichung befriedigen oder *eine algebraische Gleichung n^{ten} Grades hat n Wurzeln.* Es ist dann

$$R(z) = a_n(z - z_1)(z - z_2) \cdots (z - z_n),$$

denn

$$\frac{R(z)}{a_n(z - z_1)(z - z_2) \cdots (z - z_n)} = \varphi(z)$$

wird für keinen endlichen Wert von z unendlich, da für $z = z_\nu$ $R(z) = (z - z_\nu)\psi(z)$ ist und $\psi(z_\nu) = A_\nu$ von Null verschieden ist, also ist

$$\varphi(z_\nu) = \frac{A_\nu}{a_n(z_\nu - z_1) \cdots (z_\nu - z_{\nu-1})(z_\nu + z_{\nu+1}) \cdots (z_\nu - z_n)}$$

endlich. Für $z = \infty$ ist aber $\varphi(\infty) = 1$, also ist überhaupt $\varphi(z) = 1$, was obige Behauptung erweist.

Würde $z_1 = z_2 = \cdots = z_\mu$ werden, so würde in der Umgebung von z_1

$$R(z) = (z - z_1)^\mu (A + A_1(z - z_1) + \cdots)$$

sein, d. h. $R(z)$ würde μ-mal verschwinden und z_1 heisst dann eine μ-fache Wurzel von $R(z)$. Es tritt dann in $R(z)$ der Faktor $(z - z_1)$ μ-mal auf.

Sagt man also, eine Gleichung n^{ten} Grades hat n Wurzeln, so ist jede μ-fache Wurzel als μ einfache Wurzeln zu zählen.

14. Wir untersuchen nun noch $\int f(z)dz$ um einen Unstetigkeitspunkt von $f(z)$ herum genommen. Ist b ein Unendlichkeitspunkt n^{ter} Ordnung, so ist

$$f(z) = \frac{A_n}{(z-b)^n} + \frac{A_{n-1}}{(z-b)^{n-1}} + \cdots + \frac{A}{z-b} + A_0 + B_1(z-b) + \cdots$$

Nun ist

$$J_\nu = \int_{\widehat{b}} \frac{dz}{(z-b)^\nu} = 0,$$

sobald ν von $+1$ verschieden ist. Denn setzt man

$$z - b = \varrho e^{i\varphi}$$
$$dz = i\varrho e^{i\varphi}\, d\varphi,$$

so ist

$$J_\nu = i\varrho^{1-\nu} \int_0^{2\pi} e^{i(1-\nu)\varphi} d\varphi = \frac{\varrho^{1-\nu}}{1-\nu} \left[e^{i(1-\nu)2\pi} - 1\right] = 0$$

für alle positiven oder negativen ganzen Zahlen ν mit Ausnahme $\nu = 1$. Hingegen ist

$$J_1 = \int_{\widehat{b}} \frac{dz}{z-b} = i \int_0^{2\pi} d\varphi = 2\pi i.$$

Also ist

$$\int_{\widehat{b}} f(z)dz = A_n \int_{\widehat{b}} \frac{dz}{(z-b)^n} + \cdots$$
$$+ A \int_{\widehat{b}} \frac{dz}{z-b} + A_0 \int_{\widehat{b}} dz + B_1 \int_{\widehat{b}} (z-b)\, dz + \cdots = 2\pi i A,$$

da alle übrigen Integrale verschwinden. Man nennt A oder den Koeffizienten von $(z-b)^{-1}$ in der Entwicklung der eindeutigen Funktion $f(z)$ in der Umgebung des Punktes b das *logarithmische Residuum* des Punktes b und zwar deshalb, weil in

$$\int f(z)\, dz = C - \frac{\frac{1}{n-1} A_n}{(z-b)^{n-1}} + \cdots + A \log(z-b) + A_0 z + \cdots,$$

wo C die Integrationskonstante bedeutet, A der Koeffizient des logarithmischen Gliedes ist, welches in der Entwicklung des Integrals auftritt.

Da nun der Logarithmus, wie wir gleich sehen werden, in der Umgebung eines Punktes, für welchen das Argument verschwindet oder unendlich wird, nicht eindeutig ist, so verdankt $\int f(z)dz$ in der Umgebung des Punktes b seine

Vieldeutigkeit nur dem logarithmischen Gliede. Fehlt dieses Glied, d. h. ist $A = 0$, dann wird

$$\int_{\widehat{b}} f(z)\,dz = 0$$

und das Integral ist dann auch in der Umgebung eines Unstetigkeitspunktes eine undeutige Funktion.

Ist b der unendlich ferne Punkt, so ist

$$f(z) = a_n z^n + a_{n-1} z + \cdots + a_0 + \frac{B}{z} + \frac{B_1}{z^2} + \cdots$$

Es ist aber

$$J_\nu = \int_{\widehat{\infty}} z^\nu\,dz = 0, \quad \nu \text{ nicht } = -1,$$

denn setzt man

$$\begin{aligned} z &= Re^{i\varphi} \\ dz &= Rie^{i\varphi} d\varphi, \end{aligned}$$

so ist*)

$$J_\nu = -iR^{\nu+1} \int_0^{2\pi} e^{i(\nu+1)\varphi}\,d\varphi = -\frac{R^{\nu+1}}{\nu+1}\left[e^{i(\nu+1)\varphi} - 1\right]_{\varphi=2\pi} = 0,$$

sobald ν nicht gleich -1 ist. Es ist aber

$$J_{-1} = \int_{\widehat{\infty}} \frac{dz}{z} = i\int_{2\pi}^{0} d\varphi = -2\pi i$$

und daher

$$\int_{\widehat{\infty}} f(z) dz = -2\pi i B,$$

wo B wieder Koeffizient des Gliedes $\frac{1}{z}$ ist.

Bezeichnet man das logarithmische Residuum des Punktes b oder den Koeffizienten von $(z-b)^{-1}$ in der Entwicklung von $f(z)$ nach Potenzen von $z - b$ mit

$$[f(z)]_{(z-b)^{-1}},$$

so kann man

$$\int_{\widehat{b}} f(z)\,dz = 2\pi i\,[f(z)]_{(z-b)^{-1}}$$

und

$$\int_{\widehat{\infty}} f(z)\,dz = -2\pi i\,[f(z)]_{z^{-1}}$$

setzen.

---

*) Da $\int_{\widehat{\infty}} z^\nu dz$ so zu nehmen ist, dass der Punkt $z = \infty$ links liegt, also φ sich von 2π bis 0 ändert.

Ist nun $f(z)$ innerhalb $\mathfrak{A}$ (Fig. 18) eindeutig und nur in den Punkten $b_1, b_2, \ldots b_\nu$ unendlich, so ist, wenn innerhalb $\mathfrak{A}$ der Punkt $z = \infty$ nicht liegt

$$\int_{\mathfrak{A}} f(z)\,dz = \sum_h \int_{\widehat{b_h}} f(z)\,dz,$$

also

$$\int_{\mathfrak{A}} f(z)\,dz = 2\pi i \sum_h [f(z)]_{(z-b_h)^{-1}}.$$

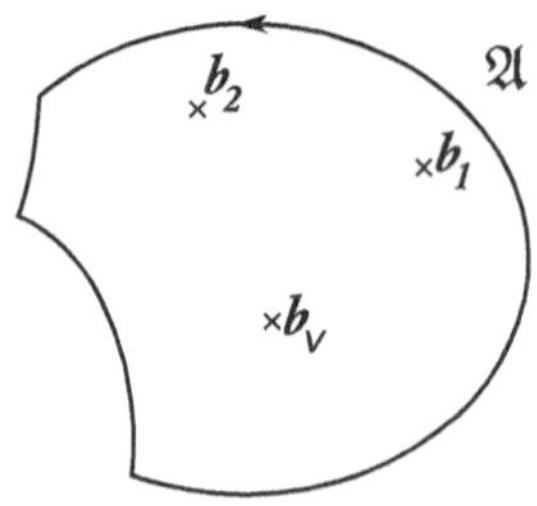

Fig. 18.

Ist aber $\mathfrak{A}$ derartig beschaffen, dass der Punkt $z = \infty$ darin liegt, wie z. B. in der Fläche, die $\mathfrak{K}$ ausschliesst, welche also links liegt, wenn $\mathfrak{K}$ (Fig. 19) in der Richtung des Pfeiles durchlaufen wird, und liegen $b_1, b_2, \ldots b_\nu$ auch links, so ist

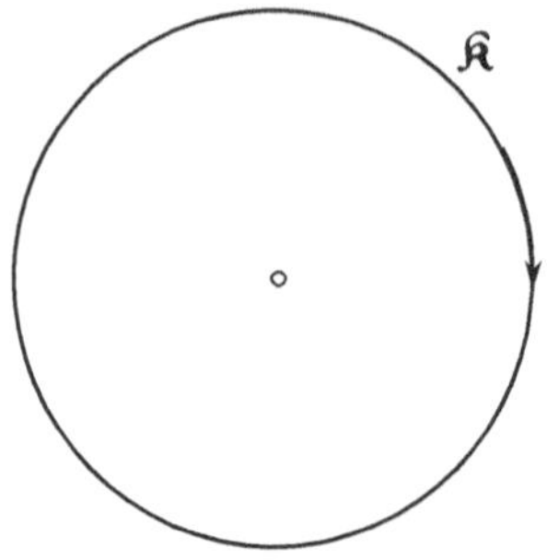

Fig. 19.

$$\int_{\mathfrak{K}} f(z)\,dz = \sum_h \int_{\widehat{b_h}} f(z)\,dz + \int_{\infty} f(z)\,dz$$

$$= 2\pi i \sum_h [f(z)]_{(z-b_h)^{-1}} - 2\pi i\,[f(z)]_{z^{-1}}.$$

Ist beispielsweise $R(z)$ eine rationale Funktion, welche für $z = z_0$ endlich ist und $\mathfrak{K}$ ein den Punkt z_0 so umgebender Kreis, dass innerhalb desselben keiner der Unendlichkeitspunkte von $R(z)$ liegt, so ist

$$-\int_{\mathfrak{K}} R(z)\,dz = 0,$$

also

$$[R(z)]_{z^{-1}} = \sum_h [R(z)]_{(z-b_h)^{-1}}.$$

Hieraus kann ebenfalls die Partialbruchzerlegung der rationalen Funktion abgeleitet werden.*)

*) Man braucht, wenn $R(z)$ die vorgelegte rationale Funktion ist, den eben bewiesenen Satz auf $\frac{R(z)}{x-z}$ anzuwenden, wo x irgend ein Wert von z ist, für den $R(z)$ endlich und von Null verschieden ist. Nehmen wir der Einfachheit halber $R(\infty) = 0$, also die Funktion als echt gebrochen an, so wird, wenn $R(z) = \infty$ ist, für $z = b_1, b_2, \cdots b_m$ von den Ordnungen $n_1, n_2, \cdots n_m$, $\frac{R(z)}{x-z}$ genau für dieselben Werte unendlich und noch für $z = x$, also ist

$$\left[\frac{R(z)}{x-z}\right]_{(z-x)^{-1}} + \sum_{i=1}^{m} \left[\frac{R(z)}{x-z}\right]_{(z-b_i)^{-1}} = 0,$$

oder da

$$\left[\frac{R(z)}{x-z}\right]_{(z-x)^{-1}} = -R(x)$$

15. Ich untersuche nun das Verhalten von

$$w = \int_1^z \frac{dz}{z} = \log z.$$

Das Integral ist in der Umgebung eines jeden von 0 und ∞ verschiedenen Punktes eindeutig. Ist aber z in die Nähe von 0 gerückt, so ist, da

$$\int_{\widehat{0}} \frac{dz}{z} = 2\pi i$$

sich ergiebt, w nicht mehr eindeutig. Es ändert sich das Integral beim Umkreisen des Punktes 0 um $2\pi i$, wenn das Umkreisen derart stattfindet, dass der Punkt 0 links liegen bleibt, und um $-2\pi i$, wenn der Punkt 0 rechts liegen bleibt.

Es ist ferner

$$\int_{\widehat{\infty}} \frac{dz}{z} = -2\pi i$$

es ändert also w seinen Wert um $-2\pi i$, wenn der Punkt z den Punkt ∞ so umkreist, dass dieser links liegen bleibt. Ist also w_1 der Wert von w für $z = z_1$, so ist $w = w_1 + 2m\pi i$ der Wert von w, welchen es überhaupt für $z = z_1$ annehmen kann, wenn m eine beliebige ganze + oder − Zahl bedeutet, die davon abhängt, wie oft man mit z den Punkt 0 oder ∞ umkreist, bevor man in z_1 anlangt. Denn dass der Unterschied der Werte überhaupt nur eine Konstante sein kann, ersieht man daraus, dass $\frac{dw}{dz} = \frac{1}{z}$ eine eindeutige Funktion ist.

w ist also eine unendlich vieldeutige Funktion von z und zwar kann

$$w = \log z$$

für reelle Werte von z reell genommen werden, sobald z die reelle Achse von

---

ist,

$$R(x) = \sum_{i=1}^{m} \left[\frac{R(z)}{x-z}\right]_{(z-b_i)^{-1}}$$

Nun ist für die Umgebung von b_i

$$R(z) = \frac{A_1^{(i)}}{z-b_i} + \frac{A_2^{(i)}}{(z-b_i)^2} + \cdots \frac{A_{n_i}^{(i)}}{(z-b_i)^{n_i}} + B_0 + B_1(z-b_i) + \cdots$$

und

$$\frac{1}{x-z} = \frac{1}{x-b} + \frac{z-b_i}{(x-b_i)^2} + \cdots \frac{(z-b_i)^{n_i-1}}{(x-b_i)^{n_i}} + \cdots,$$

also

$$\left[\frac{R(z)}{x-z}\right]_{(z-b_i)^{-1}} = \frac{A_1^{(i)}}{x-b_i} + \frac{A_2^{(i)}}{(x-b_i)^2} + \cdots + \frac{A_{n_i}^{(i)}}{(x-b_i)^{n_i}}$$

und daher

$$R(x) = \sum_{i=1}^{m} \left[\frac{A_1^{(i)}}{x-b_i} + \frac{A_2^{(i)}}{(x-b_i)^2} + \cdots + \frac{A_n^{(i)}}{(x-b_i)^{n_i}}\right],$$

was mit der in 12 S. 30 erhaltenen Formel übereinstimmt.

$z = 1$ bis $z = x$ durchläuft, also*)

$$w = \int\limits_1^x \frac{dz}{z} = \log x$$

wird, so ist w reell. Wir ersehen aber, dass der $\log x$ noch unendlich viele komplexe Werte besitzt, welche in $\log x + 2m\pi i$ enthalten sind. Nun ist auch $z = f(w)$ eine Funktion der komplexen Grösse $w = u + iv$ und zwar ist

$$z = e^w.$$

Wir sehen also, dass z eine *eindeutige* Funktion von w ist, denn z besitzt die Periode $2\pi i$, da $e^{2\pi i} = 1$ ist, so wird

$$z = e^{w+2m\pi i} = e^w.$$

Die eindeutige Funktion e^w wird für keinen endlichen Wert von y null oder unendlich, für $w = \infty$ wird sie aber in einer ganz eigenthümlichen Art unendlich gross. Man kann keine endliche ganze Zahl finden derart, dass

$$\left[\frac{1}{w^n} e^w\right]_{w=\infty}$$

einen endlichen Wert erlangt. Man nennt einen Punkt von der Beschaffenheit, wie der Punkt $w = \infty$ für e^w ist, einen *wesentlich singulären Punkt* der Funktion e^w.

Es lässt sich leicht zeigen, dass e^w in der Umgebung des wesentlich singulären Punktes jeden Wert unendlich oft annimmt. Um die Umgebung besser zu übersehen, betrachten wir $e^{\frac{1}{w}}$, für welche Funktion $w = 0$ der wesentlich singuläre Punkt ist. Es sei

$$A = e^\alpha e^{i\beta}$$

der beliebig gegebene Wert, wo also α und β reelle Grössen sind. Setzen wir $w = \varrho(\cos\varphi + i \sin\varphi)$, so muss

$$e^\alpha e^{i\beta} = e^{\frac{\cos\varphi}{\varrho}} e^{-i\frac{\sin\varphi}{\varrho}}$$

*) Unter $\int\limits_{z_0}^{z} f(z)\,dz$ soll das Integral auf dem gradlinigen Wege von z_0 nach z verstanden werden.

sein, also

$$\alpha = \frac{\cos\varphi}{\varrho}$$
$$2n\pi - \beta = \frac{\sin\varphi}{\varrho},$$

d. h.

$$\operatorname{tg}\varphi = \frac{2n\pi - \beta}{\alpha},$$
$$\varrho^2 = \frac{1}{\alpha^2 + (2n\pi - \beta)^2}.$$

Aus diesen Gleichungen bestimmen sich also φ und ϱ, sobald α und β gegeben sind. Da aber in beiden die willkürliche Zahl n enthalten ist, so ersieht man, dass ϱ und φ, also auch w unendlich viele Werte annehmen können, für welche immer $e^{\frac{1}{w}} = A$ wird.

Hierbei wird, wenn n sehr gross ist, ϱ unendlich klein, also w in der Umgebung von 0 sich befinden.

So wird für

$$\alpha = -\infty, \quad \varrho = 0, \quad \varphi = \pi, \quad A = 0,$$

d. h. nähert man sich dem Punkte $w = 0$ von der Seite der negativen reellen Zahlen, so wird $e^{\frac{1}{w}} = 0$. Ist aber $\alpha = +\infty$, so ist $\varrho = 0$, $\varphi = 0$, $e^{\frac{1}{w}} = \infty$, d. h. nähert man sich dem Punkte $w = 0$ von der Seite der + reellen Zahlen, so ist $e^{\frac{1}{w}} = \infty$. Nähert man sich dem Punkte $w = 0$ von der Seite der positiven rein imaginären Zahlen, ist also $\varphi = \frac{\pi}{2}$, so ist

$$\operatorname{tg}\varphi = \infty, \ \alpha = 0, \ \varrho = \frac{1}{2n\pi - \beta}.$$

Setzt man $n = 0$, so ist $\varrho = -\frac{1}{\beta}$. Es wird also für $\varrho = 0$

$$e^{\frac{1}{w}} = A = e^{i\beta} = \cos\beta + i\sin\beta = \cos\frac{1}{\varrho} - i\sin\frac{1}{\varrho}$$

vollständig unbestimmt.

16. Ist

$$w = \int_{z_0}^{z} R(z)dz$$

und $R(z)$ eine *rationale* Funktion von z, so wird w, als Funktion der oberen Grenze z aufgefasst, in der Umgebung eines jeden Punktes, für den $R(z)$ endlich ist, eine eindeutige Funktion von z sein.

Wird aber $R(z)$ für $z = b$ unendlich, so dass

$$R(z) = \frac{A_n}{(z-b)^n} + \frac{A_{n-1}}{(z-b)^{n-1}} + \cdots \frac{A_2}{(z-b)^2} + \frac{A_1}{z-b} \\ + B_0 + B_1(z-b) + \cdots$$

ist, so wird

$$w = C - \frac{1}{n-1}\frac{A_n}{(z-b)^{n-1}} - \frac{1}{n-2}\frac{A_{n-1}}{(z-b)^{n-2}} - \cdots - \frac{A_2}{z-b} \\ + A_1 \lg(z-b) + B_0(z-b) + \frac{1}{2}B_1(z-b)^2 + \cdots$$

wo C eine endliche Konstante bedeutet.

Umkreist nun z ohne aus der Umgebung von b herauszutreten den Punkt b, so wird sich der $\log(z-b)$ um $2\pi i$ ändern, also w um $2\pi i A_1$ und w kann daher nur eindeutig sein, wenn $A_1 = 0$ ist.

Wird die rationale Funktion $R(z)$ *unendlich* für b_1, $b_2, \ldots b_m$, *aber so, dass jeder Koeffizient A_h von $(z-b_h)^{-1}$ in der Entwicklung von $R(z)$ nach Potenzen von $(z-b_h)$ verschwindet* und für den Punkt $z = \infty$ in der Entwicklung der Koeffizient von z^{-1} daher null ist (Satz 14, S. 37), *dann wird w für alle Werte von z eine eindeutige Funktion sein, die in den Punkten $b_1 \ldots b_m$, ∞, nur von einer* ***endlichen ganzzahligen*** *Ordnung unendlich* wird, und muss daher auch für eine endliche Anzahl von Werten verschwinden, d. h. *sie ist eine* ***rationale*** *Funktion von z.*

I. Theil

Doppeltperiodische Funktionen.

I. Doppeltperiodische Funktionen im Allgemeinen.

1. Die allgemeine *eindeutige* doppeltperiodische Funktion $F(u)$ genügt den beiden Gleichungen

$$F(u+\Omega) = F(u)$$
$$F(u+\Omega') = F(u),$$

d. h. der Wert der Funktion bleibt ungeändert, wenn man zu dem Argumente u die konstante Grösse Ω oder Ω' addirt. Ω, Ω' heissen die *Perioden*. Es ist ohne weiteres klar, dass auch

$$F(u+m\Omega+m'\Omega') = F(u)$$

sein wird, wenn m und m' beliebige ganze positive oder negative Zahlen bedeuten, denn da sich $F(u)$ nicht ändert bei Addition von Ω oder Ω' zum Argument, so kann es sich bei Subtraktion dieser Grössen vom Argumente auch nicht ändern und ebensowenig bei wiederholter Addition oder Subtraktion.

Es besitzt also $F(u)$ nicht blos zwei Perioden, sondern unendlich viele, aber alle übrigen Perioden sind ganzzahlige Vielfache der beiden ersten Perioden Ω und Ω'.

Die Perioden, aus denen sich alle übrigen als ganzzahlige Vielfache ableiten lassen, heissen *primitive Perioden.*

Ω, Ω' sind primitive Perioden. Es giebt aber auch unendlich viele primitive Perioden.

Denn setzt man

$$m\Omega + m'\Omega' = \omega$$
$$\mu\Omega + \mu'\Omega' = \omega'$$

und bestimmt μ, μ' so, dass, wenn m, m' keinen gemeinschaftlichen Faktor haben,

$$m\mu' - m'\mu = 1$$

ist, so folgt

$$\Omega = \mu'\omega - m'\omega'$$
$$\Omega' = -\mu\omega + m\omega',$$

d. h. Ω, Ω' sind ganzzahlige Vielfache von ω, ω' und daher lassen sich alle Perioden, die ganzzahlige Vielfache von Ω, Ω' sind, auch als ganzzahlige Vielfache von ω, ω' darstellen oder ω, ω' sind *primitive* Perioden.

2. Damit eine doppeltperiodische Funktion möglich ist, welche die Perioden Ω, Ω' besitzt, *darf der Quotient* $\frac{\Omega}{\Omega'}$ *nicht reell sein.* Denn wäre erstens $\frac{\Omega}{\Omega'} = \frac{m}{n}$, wo m und n ganze rationale Zahlen ohne gemeinschaftlichen Theiler sind, so bestimme man zwei ganze Zahlen μ und ν so, dass

$$m\nu + n\mu = 1$$

ist und setze

$$\begin{aligned} \nu\Omega + \mu\Omega' &= \delta \\ n\Omega - m\Omega' &= 0, \end{aligned}$$

dann ist δ eine Periode und es folgt

$$\begin{aligned} \Omega &= m\delta \\ \Omega' &= n\delta, \end{aligned}$$

d. h. Ω und Ω' sind ganzzahlige Vielfache der einen Periode δ, es ist also die Funktion, welche die Perioden Ω, Ω' besitzt, nur einfach periodisch und hat die Periode δ.

Wäre zweitens $\frac{\Omega}{\Omega'}$ irrational, so kann man einen Kettenbruch bilden, der diesen Quotienten mit beliebiger Annäherung darstellt. Ist $\frac{Z_n}{N_n}$ der n^{te} Näherungswert, so wird

$$\frac{\Omega}{\Omega'} - \frac{Z_n}{N_n} = \pm\frac{\varepsilon}{N_n^2}$$

und $\varepsilon < 1$ sein, oder

$$N_n\Omega - Z_n\Omega' = \pm\frac{\varepsilon\Omega'}{N_n}$$

ist auch eine Periode. Da aber N_n über alle Grenzen wächst, so wird die Periode $N_n\Omega = Z_n\Omega'$ unendlich klein, d. h. die Funktion bleibt unverändert, wenn man das Argument um unendlich wenig ändert, solche Funktionen wollen wir aber ausschliessen. Ist die Funktion eine Funktion des komplexen Arguments $u = x + iy$, so muss sie eine Konstante sein, da sie durch Änderung des Argumentes nicht blos in der Richtung von Ω, die mit der von Ω' zusammenfällt, konstant bleibt, sondern zufolge der Grundeigenschaft der komplexen Funktion bei der Änderung in jeder Richtung konstant bleiben muss.*)

*) Es lässt sich auch zeigen, worauf hier nicht eingegangen werden soll, dass eine eindeutige Funktion *einer* Variablen mit mehr als zwei von einander unabhängigen Perioden nicht existiren kann. Vergl. Königsberger, »Theorie der ellipt. Funktionen.« I. Theil. S. 363.

3. Es ist also nur möglich, dass $\frac{\Omega}{\Omega'} = \alpha + i\beta$ ist und β von Null verschieden, d. h. dass die Strecken 0Ω und $0\Omega'$, (Fig. 20), verschiedene Richtungen haben, es also stets möglich ist ein Parallelogramm zu bilden, dessen Seiten Ω und Ω' sind. Dieses Parallelogramm heisse *Periodenparallelogramm.*

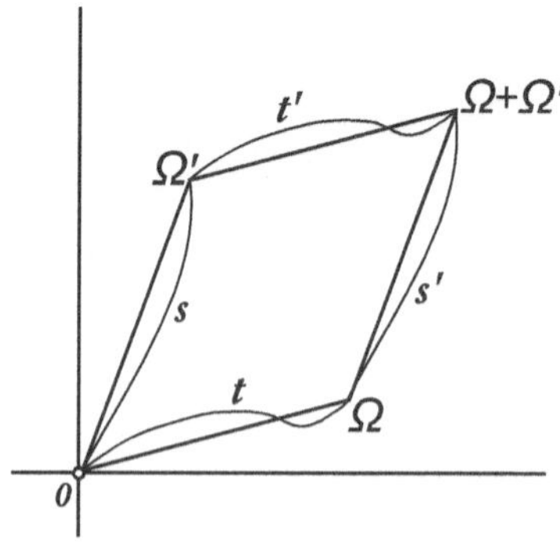

Fig. 20.

Setzt man an das erste Periodenparallelogramm an jede Seite ein zweites, an diese erhaltenen wieder andere, so erhält man die ganze Ebene auf diese Art lückenlos mit solchen Parallelogrammen überdeckt.

Ist v ein beliebiger Punkt der Ebene, so kann man

$$v = m\Omega + m'\Omega' + \xi\Omega + \xi'\Omega'$$

setzen, wo m und m' ganze Zahlen bedeuten und

$$0 \leqq \xi \leqq 1; \quad 0 \leqq \xi' \leqq 1$$

ist, da v notwendig in einem der konstruirten Parallelogramme liegt. Dann ist aber

$$\begin{aligned} F(v) &= f(m\Omega + m'\Omega' + \xi\Omega + \xi'\Omega') \\ &= F(\xi\Omega + \xi'\Omega') = F(u), \end{aligned}$$

wenn $u = \xi\Omega + \xi'\Omega'$ gesetzt wird.

Der Punkt u liegt aber zu Folge der Bedingung

$$0 \leqq \xi \leqq 1; \quad 0 \leqq \xi' \leqq 1$$

in dem Periodenparallelogramm, welches an den Anfangspunkt angelegt ist, und man ersieht aus obiger Gleichung, *dass die doppeltperiodische Funktion $F(u)$ im ersten Periodenparallelogramm schon alle Werte annimmt, die sie überhaupt annehmen kann.*

Es ist irrelevant, das Periodenparallelogramm geradlinig anzunehmen. Denken wir uns von 0 nach Ω und 0 nach Ω' (Fig. 20) irgend eine sich nicht überschneidende Kurve $0t\Omega$ und $0s\Omega'$ gezogen, und die parallelen Seiten hinzu $\Omega' t'\ \Omega + \Omega'$ und $\Omega s'\ \Omega + \Omega'$ konstruirt, so dass dieselben durch Verschiebung um Ω' resp. Ω aus den ersteren hervorgehen, so wird ein solches Parallelogramm ebenso dazu geeignet sein die ganze Ebene durch seine kongruenten Reproduktionen lückenlos zu überdecken; und innerhalb eines derselben nimmt die doppeltperiodische Funktion $F(u)$ alle ihre Werte bereits an.

4. Bevor wir dazu übergehen, die fundamentalen Eigenschaften der doppeltperiodischen Funktionen zu entwickeln, wollen wir spezielle doppeltperiodische Funktionen aufstellen, damit an der Existenz der Funktionen kein Zweifel obwaltet.

Gesetzt wir hätten eine eindeutige einfach periodische Funktion mit der Periode ω gefunden, welche den beiden Gleichungen genügt:

$$\begin{aligned} f(u+\omega) &= f(u) \\ f(u+\omega') &= f(u)e^{-(2u+\omega')\frac{\pi i}{\omega}} \end{aligned}$$

und wir bilden die Funktion

$$F(u) = \frac{f(u)}{f(u+\frac{1}{2}\omega)},$$

von der wir nachweisen können, dass sie keine Konstante ist, dann wird

$$\begin{aligned} F(u+\omega) &= \quad F(u) \\ F(u+\omega') &= -F(u), \end{aligned}$$

also

$$F(u+2\omega') = F(u),$$

d. h. $F(u)$ wird eine doppeltperiodische Funktion mit den Perioden $\omega, 2\omega'$ sein. Solche Funktionen $f(u)$, wie wir sie forderten, können wir aber in der That leicht aufstellen. Es sind das die *Thetafunktionen*, zu denen wir daher übergehen wollen.

II. Theorie der Thetafunktionen.

5. Ist

$$f(u) = \sum_{n=-\infty}^{+\infty} A_n e^{2n\frac{u}{\omega}\pi i}$$

eine konvergente Reihe, so stellt sie eine eindeutige, einfach periodische Funktion dar.

Denn es ist

$$f(u+\omega) = f(u),$$

da

$$e^{2n\frac{u+\omega}{\omega}\pi i} = e^{2n\frac{u}{\omega}\pi i} e^{2n\pi i} = e^{2n\frac{u}{\omega}\pi i}$$

ist. Damit die Reihe konvergirt, ist notwendig und hinreichend, dass die beiden Reihen

$$\sum_{n=1}^{\infty} A_n e^{2n\frac{u}{\omega}\pi i}$$

und

$$A_0 + \sum_{n=-\infty}^{-1} A_n e^{2n\frac{u}{\omega}\pi i} = A_0 + \sum_{n=1}^{\infty} A_{-n} e^{-2n\frac{u}{\omega}\pi i}$$

unbedingt konvergiren. Die Reihen konvergiren jedenfalls gleichmässig und unbedingt, wenn*)

$$\lim \left| \frac{A_{n+1}}{A_n} e^{2\frac{u}{\omega}\pi i} \right|_{n=\infty} < 1 \tag{A}$$

resp.

$$\lim \left| \frac{A_{-n+1}}{A_{-n}} e^{-2\frac{u}{\omega}\pi i} \right|_{n=\infty} < 1.$$

Wir legen nun $f(u)$ die zweite Bedingung auf, dass

$$f(u+\omega') = e^{-(2u+\omega')\frac{\pi i}{\omega}} f(u)$$

wird, und setzen u der Bedingung (A) gemäss gewählt voraus. Es ist

$$f(u+\omega') = \sum_{n=-\infty}^{+\infty} A_n e^{2n\frac{u}{\omega}\pi i + 2n\frac{\omega'}{\omega}\pi i}$$

---

*) Vergl. Harnack: Elemente der Differential- und Integralrechnung. Leipzig 1881. S. 129 ff.

und

$$e^{-(2u+\omega')\frac{\pi i}{\omega}} f(u) = \sum_{n=-\infty}^{+\infty} A_n e^{2(n-1)\frac{u}{\omega}\pi i - \frac{\omega'}{\omega}\pi i}.$$

Setzt man in der ersten Reihe $n-1$ an Stelle von n, wodurch die Summationsgrenzen ungeändert bleiben, so muss

$$\sum_{n=-\infty}^{+\infty} A_{n-1} e^{2(n-1)\frac{u}{\omega}\pi i} \cdot e^{2(n-1)\frac{\omega'}{\omega}\pi i} = \sum_{n=-\infty}^{+\infty} A_n e^{2(n-1)\frac{u}{\omega}\pi i} \cdot e^{-\frac{\omega'}{\omega}\pi i}$$

sein, daher*)

$$A_{n-1} e^{2(n-1)\frac{\omega'}{\omega}\pi i} = A_n e^{-\frac{\omega'}{\omega}\pi i}$$

oder

$$A_n = A_{n-1} e^{(2n-1)\frac{\omega'}{\omega}\pi i},$$

mithin

$$\begin{aligned} A_{n-1} &= A_{n-2} e^{(2n-3)\frac{\omega'}{\omega}\pi i} \\ A_{n-2} &= A_{n-3} e^{(2n-5)\frac{\omega'}{\omega}\pi i} \\ &\vdots \\ A_2 &= A_1 e^{3\frac{\omega'}{\omega}\pi i} \\ A_1 &= A_0 e^{\frac{\omega'}{\omega}\pi i}. \end{aligned}$$

Multiplizirt man die Gleichungen mit einander, so fällt rechts und links das Produkt

$$A_{n-1}A_{n-2}\dots A_2A_1$$

aus, und es folgt†)

$$A_n = A_0 e^{(1+3+\cdots+2n-3+2n-1)\frac{\pi i}{\omega}} = A_0 e^{n^2\frac{\omega'}{\omega}\pi i},$$

folglich

$$\begin{aligned} f(u) &= A_0 \sum_{n=-\infty}^{+\infty} e^{n^2\frac{\omega'}{\omega}\pi i} \cdot e^{2n\frac{u}{\omega}\pi i} \\ &= A_0 \sum_{n=-\infty}^{+\infty} e^{(n^2\omega'+2nu)\frac{\pi i}{\omega}}. \end{aligned}$$

---

*) Setzt man $e^{2\frac{u}{\omega}\pi i} = x$, so ist der angewandte Satz ein bekannter Satz über Potenzreihen.

†) Setzt man $1+3+5+\cdots+2n-1 = s$, so ist $n(2n+1) = 1+2+3+\cdots+2n = s+2(1+2+\cdots+n) = s+n(n+1)$, daher $s = n^2$.

Wie man sich leicht überzeugt, besitzt auch $f(u)$ die beiden verlangten Eigenschaften. Wir wollen die Bedingung für die Konvergenz der Reihe aufstellen.

Zu dem Zwecke betrachten wir zuerst die Halbreihe

$$\sum_{n=1}^{\infty} e^{(n^2\omega'+2nu)\frac{\pi i}{\omega}}$$

und wenden das Kriterium (A) an, dass die Reihe

$$\sum_{n=1}^{\infty} v_n$$

konvergirt, wenn

$$\lim \left|\frac{v_{n+1}}{v_n}\right|_{n=\infty} < 1$$

ist. Nun ist

$$\frac{v_{n+1}}{v_n} = e^{[(2n+1)\omega'+2u]\frac{\pi i}{\omega}}.$$

Setzen wir

$$\frac{\omega'}{\omega} = \alpha + i\beta, \quad \frac{u}{\omega} = \xi + i\eta,$$

so wissen wir, dass β nicht null sein darf, damit wir ω und ω' zu Perioden einer doppeltperiodischen Funktion wählen können. Es wird dann

$$\begin{aligned}\frac{v_{n+1}}{v_n} &= e^{(2n+1)(\alpha+i\beta)\pi i+2(\xi+i\eta)\pi i}\\ &= e^{-(2n+1)\beta\pi-2\eta\pi} \cdot e^{[(2n+1)\alpha+2\xi]\pi i},\end{aligned}$$

daher

$$\left|\frac{v_{n+1}}{v_n}\right| = e^{-(2n+1)\beta\pi-2\eta\pi}.$$

Die notwendige und hinreichende Bedingung dafür, dass

$$\lim \left|\frac{v_{n+1}}{v_n}\right|_{n=\infty} < 1$$

ist, ist daher

$$\beta > 0.$$

Ist β positiv, so wird

$$\lim \left|\frac{v_n+1}{v_n}\right|_{n=\infty} = 0$$

und die Reihe

$$\sum_{1}^{\infty} e^{(n^2\omega' + 2nu)\frac{\pi i}{\omega}}$$

konvergirt für alle endlichen Werte von u.

Die zweite Halbreihe

$$\sum_{-\infty}^{0} e^{(n^2\omega' + 2nu)\frac{\pi i}{\omega}} = 1 + \sum_{-\infty}^{-1} e^{(n^2\omega' + 2nu)\frac{\pi i}{\omega}}$$

transformiren wir durch die Substitution $n = -m$ in

$$1 + \sum_{m=1}^{\infty} e^{(m^2\omega' - 2mu)\frac{\pi i}{\omega}},$$

wodurch die Summe dieselbe ist, wie die frühere, nur $-u$ statt u gesetzt. Da aber die frühere Reihe, sobald $\beta > 0$ ist, für jedes endliche u konvergirt, so konvergirt sie auch für $-u$, d. h. die letzte Reihe konvergirt unter derselben Bedingung. Wir haben also:

Die Reihe

$$\sum_{n=-\infty}^{+\infty} e^{(n^2\omega' + 2nu)\frac{\pi i}{\omega}}$$

konvergirt unbedingt und gleichmässig für alle endlichen u, sobald der Koeffizient von i in $\frac{\omega'}{\omega}$ *positiv ist.*

Wir setzen

$$\vartheta_3(u) = \sum_{n=-\infty}^{+\infty} e^{(n^2\omega' + 2nu)\frac{\pi i}{\omega}} \tag{B}$$

so ersehen wir, dass $\vartheta_3(u)$ eine eindeutige, für jedes endliche u endliche Funktion ist, welche die Eigenschaft besitzt, dass

$$\vartheta_3(u + \omega) = \vartheta_3(u)$$
$$\vartheta_3(u + \omega') = \vartheta_3(u) e^{-(2u+\omega')\frac{\pi i}{\omega}}$$

ist. Diese Eigenschaften bestimmen, wie wir sehen werden, die Funktion $\vartheta_3(u)$ bis auf einen konstanten Faktor, indem die allgemeinste Funktion $f(u)$, welche diese Eigenschaften besitzt, sich gleich

$$A_0 \vartheta_3(u) = f(u)$$

ergiebt.

6. Wir wollen aus der Funktion $\vartheta_3(u)$ durch Hinzufügen von halben Perioden noch drei andere Funktionen ableiten. Und zwar setzen wir

$$\begin{aligned}
\vartheta_0(u) = \vartheta_3(u - \tfrac{1}{2}\omega) &= \sum_{n=-\infty}^{+\infty} e^{[n^2\omega' + 2n(u - \frac{1}{2}\omega)]\frac{\pi i}{\omega}} \\
&= \sum_{n=-\infty}^{+\infty} (-1)^n e^{(n^2\omega' + 2nu)\frac{\pi i}{\omega}}
\end{aligned}$$

$$\begin{aligned}
\vartheta_2(u) &= e^{\frac{1}{2}(2u + \frac{1}{2}\omega)\frac{\pi i}{\omega}} \cdot \vartheta_3(u + \tfrac{1}{2}\omega') \\
&= e^{\frac{1}{2}(2u + \frac{1}{2}\omega)\frac{\pi i}{\omega}} \sum_{n=-\infty}^{+\infty} e^{(n^2\omega' + n\omega' + 2nu)\frac{\pi i}{\omega}} \\
&= \sum_{n=-\infty}^{+\infty} e^{[n^2\omega' + n\omega' + \frac{1}{4}\omega' + (2n+1)u]\frac{\pi i}{\omega}} \\
&= \sum_{n=-\infty}^{+\infty} e^{[(n+\frac{1}{2})^2\omega' + 2(n+\frac{1}{2})u]\frac{\pi i}{\omega}};
\end{aligned}$$

$$\begin{aligned}
\vartheta_1(u) = \vartheta_2(u - \tfrac{1}{2}\omega) &= e^{\frac{1}{2}(2u - \omega + \frac{1}{2}\omega')\frac{\pi i}{\omega}} \cdot \vartheta_3(u - \tfrac{1}{2}\omega + \tfrac{1}{2}\omega') \\
&= \sum_{n=-\infty}^{+\infty} e^{[(n+\frac{1}{2})^2\omega' + 2(n+\frac{1}{2})(u - \frac{1}{2}\omega)]\frac{\pi i}{\omega}} \\
&= \sum_{n=-\infty}^{+\infty} (-1)^{-(n+\frac{1}{2})} e^{[(n+\frac{1}{2})^2\omega' + 2(n+\frac{1}{2})u]\frac{\pi i}{\omega}} \\
&= \frac{1}{i} \sum_{n=-\infty}^{+\infty} (-1)^n e^{[(n+\frac{1}{2})^2\omega' + 2(n+\frac{1}{2})u]\frac{\pi i}{\omega}}
\end{aligned}$$

Mit Rücksicht auf das Verhalten von $\vartheta_3(u)$ gegenüber den Perioden ω und ω' erhält man zufolge der Definitionsgleichungen der ϑ_3-Funktion die

Gleichungen:

$$\begin{aligned}
\vartheta_3(u+\omega) &= \quad \vartheta_3(u)\\
\vartheta_3(u+\omega') &= \quad \vartheta_3(u)e^{-(2u+\omega')\frac{\pi i}{\omega}}\\[1em]
\vartheta_0(u+\omega) &= \quad \vartheta_0(u)\\
\vartheta_0(u+\omega') &= -\,\vartheta_0(u)e^{-(2u+\omega')\frac{\pi i}{\omega}}\\[1em]
\vartheta_2(u+\omega) &= -\,\vartheta_2(u)\\
\vartheta_2(u+\omega') &= \quad \vartheta_2(u)e^{-(2u+\omega')\frac{\pi i}{\omega}}\\[1em]
\vartheta_1(u+\omega) &= -\,\vartheta_1(u)\\
\vartheta_1(u+\omega') &= -\,\vartheta_1(u)e^{-(2u+\omega')\frac{\pi i}{\omega}}
\end{aligned} \tag{I}$$

Diese Gleichungen sind mit Hilfe der Reihenentwicklungen der ϑ-Funktionen leicht zu verificiren. Umgekehrt giebt jedes Paar von Gleichungen als Definitionsgleichungen der Funktion ϑ die entsprechende Reihenentwicklung, wenn der konstante Faktor $A_0 = 1$ gesetzt wird.

7. Setzt man

$$\vartheta(u,\varepsilon,\varepsilon') = \sum_{n=-\infty}^{+\infty} e^{\left[\left(n+\frac{\varepsilon}{2}\right)^2\omega' + 2\left(n+\frac{\varepsilon}{2}\right)\left(u+\frac{\varepsilon'}{2}\omega\right)\right]\frac{\pi i}{\omega}}, \tag{1}$$

so ist $\vartheta(u,\varepsilon,\varepsilon')$ die *allgemeine Thetafunktion*, welche für spezielle Werte von $\varepsilon, \varepsilon'$ in die vier obigen ϑ übergeht. $\varepsilon, \varepsilon'$ heissen die *Charakteristiken* der ϑ-Funktion.

Es ist

$$\begin{aligned}
\vartheta(u,0,\ \ \,0) &= \vartheta_3(u)\\
\vartheta(u,1,\ \ \,0) &= \vartheta_2(u)\\
\vartheta(u,0,-1) &= \vartheta_0(u)\\
\vartheta(u,1,-1) &= \vartheta_1(u),
\end{aligned} \tag{2}$$

wie aus der Vergleichung der Reihen ohne weiteres folgt.

Man überzeugt sich, wie bei $\vartheta_3(u)$, dass die Reihe für $\vartheta(u,\varepsilon,\varepsilon')$ konvergirt, sobald nur der Koeffizient von i in $\frac{\omega'}{\omega}$ positiv ist.

Es ist ferner

$$\begin{aligned}
\vartheta(u,\varepsilon+2,\varepsilon') &= \qquad\quad \vartheta(u,\varepsilon,\varepsilon')\\
\vartheta(u,\varepsilon,\varepsilon'+2) &= (-1)^{\varepsilon}\,\vartheta(u,\varepsilon,\varepsilon'),
\end{aligned} \tag{3}$$

denn ändert man ε um 2 und schreibt $n-1$ an Stelle von n, wodurch die $\vartheta(u,\varepsilon,\varepsilon')$ nicht geändert wird, so ersieht man, dass die erste der Gleichungen richtig ist. Um die zweite zu verificiren beachte man, dass jeder Exponent von e in (1) um $(2\pi+\varepsilon)\pi i$ wächst und dass

$$e^{(2n+\varepsilon)\pi i}=(-1)^{\varepsilon}$$

ist. Man kann also alle $\vartheta(u,\varepsilon,\varepsilon')$ mit ganzzahligen Charakteristiken auf die vier ϑ zurückführen mit den Charakteristiken $(\varepsilon,\varepsilon')=(0,0)$, $(0,-1)$, $(1,0)$, $(1,-1)$, welches genau unsere vier ϑ-Funktionen sind. Ersetzt man in $\vartheta(u,\varepsilon,\varepsilon')$ das u durch

$$u+\varkappa'\tfrac{\omega}{2}+\varkappa\tfrac{\omega'}{2},$$

wo $\varkappa$ und $\varkappa'$ ganze Zahlen sein sollen, so wird der Exponent von e, abgesehen vom Faktor $\frac{\pi i}{\omega}$,

$$\begin{aligned}&\left(n+\tfrac{\varepsilon}{2}\right)^2\omega'+2\left(n+\tfrac{\varepsilon}{2}\right)\left(u+\varkappa'\tfrac{\omega}{2}+\varkappa\tfrac{\omega'}{2}+\varepsilon'\tfrac{\omega}{2}\right)\\&=\left(n+\tfrac{\varepsilon+\varkappa}{2}\right)^2\omega'+2\left(n+\tfrac{\varepsilon+\varkappa}{2}\right)\left(u+\tfrac{\varepsilon'+\varkappa'}{2}\omega\right)\\&\quad-\tfrac{\varkappa^2}{4}\omega'-\varkappa\left(u+\tfrac{\varepsilon'+\varkappa'}{2}\omega\right).\end{aligned}$$

Daher ist

$$\begin{aligned}&\vartheta\left(u+\varkappa'\tfrac{\omega}{2}+\varkappa\tfrac{\omega'}{2},\varepsilon,\varepsilon'\right)\\&=\sum_{-\infty}^{+\infty}e^{\left[\left(n+\frac{\varepsilon+\varkappa}{2}\right)^2\omega'+2\left(n+\frac{\varepsilon+\varkappa}{2}\right)\left(u+\frac{\varepsilon'+\varkappa'}{2}\omega\right)\right]\frac{\pi i}{\omega}}\cdot e^{-\varkappa\left(u+\frac{\varepsilon'+\varkappa'}{2}\omega+\frac{\varkappa}{4}\omega'\right)\frac{\pi i}{\omega}},\end{aligned}$$

also

$$\begin{aligned}&\vartheta\left(u+\varkappa'\tfrac{\omega}{2}+\varkappa\tfrac{\omega'}{2},\varepsilon,\varepsilon'\right)\\&=\vartheta(u,\varepsilon+\varkappa,\varepsilon'+\varkappa')\cdot e^{-\varkappa\left(u+\frac{\varepsilon'+\varkappa'}{2}\omega+\frac{\varkappa}{4}\omega'\right)\frac{\pi i}{\omega}}.\end{aligned}\tag{4}$$

Hieraus folgt für $\varkappa=0$, $\varkappa'=2$ resp. $\varkappa=2$, $\varkappa'=0$,

$$\begin{aligned}\vartheta(u+\omega\,,\varepsilon,\varepsilon')&=(-1)^{\varepsilon}\vartheta(u,\varepsilon,\varepsilon')\\\vartheta(u+\omega',\varepsilon,\varepsilon')&=(-1)^{\varepsilon'}\vartheta(u,\varepsilon,\varepsilon')\cdot e^{-(2u+\omega')\frac{\pi i}{\omega}},\end{aligned}\tag{II}$$

woraus man für die speziellen Werte der Charakteristiken die vier Paar Definitionsgleichungen (I) für die vier ϑ-Funktionen erhält.

Es ist ferner

$$\vartheta(-u,\varepsilon,\varepsilon') = \sum_{-\infty}^{+\infty} e^{\left[\left(n+\frac{\varepsilon}{2}\right)^2\omega' + 2\left(n+\frac{\varepsilon}{2}\right)\left(-u+\frac{\varepsilon'}{2}\omega\right)\right]\frac{\pi i}{\omega}}.$$

Da aber

$$2\left(n+\tfrac{\varepsilon}{2}\right)\left(-u+\tfrac{\varepsilon'}{2}\omega\right) = -2\left(n+\tfrac{\varepsilon}{2}\right)\left(u+\tfrac{\varepsilon'}{2}\omega\right) + 2\left(n+\tfrac{\varepsilon}{2}\right)\varepsilon'\omega$$

ist, so folgt

$$\vartheta(-u,\varepsilon,\varepsilon') = e^{2\left(n+\frac{\varepsilon}{2}\right)\varepsilon'\pi i} \sum_{-\infty}^{+\infty} e^{\left[\left(n+\frac{\varepsilon}{2}\right)^2\omega' - 2\left(n+\frac{\varepsilon}{2}\right)\left(u+\frac{\varepsilon'}{2}\omega\right)\right]\frac{\pi i}{\omega}},$$

also

$$\vartheta(-u,\varepsilon,\varepsilon') = (-1)^{\varepsilon\varepsilon'}\vartheta(-u,\varepsilon,\varepsilon'), \tag{5}$$

da man in der Summe n durch $-(n+\varepsilon)$ ersetzen kann, sobald $\varepsilon, \varepsilon' \ldots 0$ oder 1 sind, was blos die Ordnung der Summation ändert.

Von unseren vier ϑ-Funktionen sind also drei gerade und nur eine ungerade, denn es ist

$$\begin{aligned} \vartheta_3(-u) &= \vartheta_3(u), & \vartheta_0(-u) &= \vartheta_0(u) \\ \vartheta_2(-u) &= \vartheta_2(u), & \vartheta_1(-u) &= -\vartheta_1(u). \end{aligned} \tag{6}$$

8. Die Formel

$$\begin{aligned} &\vartheta(u,\varepsilon+\varkappa,\varepsilon'+\varkappa) \\ &\qquad = \vartheta\left(u+\varkappa'\tfrac{\omega}{2}+\varkappa\tfrac{\omega}{2},\varepsilon,\varepsilon'\right) e^{\varkappa\left(u+\frac{\varepsilon'+\varkappa'}{2}\omega+\frac{\varkappa}{4}\omega'\right)\frac{\pi i}{\omega}} \\ &\qquad = (-1)^{\frac{\varkappa(\varepsilon'+\varkappa')}{2}}\vartheta\left(u+\varkappa'\tfrac{\omega}{2}+\varkappa\tfrac{\omega}{2},\varepsilon,\varepsilon'\right) e^{\varkappa\left(u+\frac{\varkappa}{4}\omega'\right)\frac{\pi i}{\omega}} \end{aligned} \tag{4}$$

giebt uns die Verwandlungsformeln der vier ϑ-Funktionen ineinander.

a) $\varepsilon = 0$, $\varepsilon' = 0$:

$$\begin{aligned} \vartheta(u,\varkappa,\varkappa') &= (-1)^{\frac{\varkappa\varkappa'}{2}}\vartheta_3\left(u+\varkappa'\tfrac{\omega}{2}+\varkappa\tfrac{\omega}{2}\right) e^{\varkappa\left(u+\frac{\varkappa}{4}\omega'\right)\frac{\pi i}{\omega}} \\ \vartheta_0(u) &= \vartheta_3\left(u-\tfrac{\omega}{2}\right) = \vartheta_3\left(u+\tfrac{\omega}{2}\right) \\ \vartheta_2(u) &= \vartheta_3\left(u+\tfrac{\omega'}{2}\right) e^{\left(u+\frac{\omega'}{4}\right)\frac{\pi i}{\omega}} \\ \vartheta_1(u) &= \tfrac{1}{i}\vartheta_3\left(u-\tfrac{\omega}{2}+\tfrac{\omega'}{2}\right) e^{\left(u+\frac{\omega'}{4}\right)\frac{\pi i}{\omega}}. \end{aligned} \tag{III}$$

b) $\varepsilon = 0$, $\varepsilon' = -1$:

$$\vartheta(u, \varkappa, \varkappa' - 1) = (-1)^{\frac{\varkappa(\varkappa'-1)}{2}} \vartheta_0 \left(u + \varkappa' \tfrac{\omega}{2} + \varkappa \tfrac{\omega'}{2} \right) e^{\varkappa(u + \frac{\varkappa}{4}\omega') \frac{\pi i}{\omega}}$$

$$\left.\begin{aligned} \vartheta_3(u) &= \vartheta_0 \left(u + \tfrac{\omega}{2}\right) = \vartheta_0 \left(u - \tfrac{\omega}{2}\right) \\ \vartheta_2(u) &= \vartheta_0 \left(u + \tfrac{\omega}{2} + \tfrac{\omega'}{2}\right) e^{\left(u + \frac{\omega'}{4}\right)\frac{\pi i}{\omega}} \\ \vartheta_1(u) &= \tfrac{1}{i} \vartheta_0 \left(u + \tfrac{\omega'}{2}\right) e^{\left(u + \frac{\omega'}{4}\right)\frac{\pi i}{\omega}}. \end{aligned}\right\} \qquad \text{(IV)}$$

c) $\varepsilon = 1$, $\varepsilon' = 0$:

$$\vartheta(u, 1 + \varkappa, \varkappa') = (-1)^{\frac{\varkappa\varkappa'}{2}} \vartheta_2 \left(u + \varkappa' \tfrac{\omega}{2} + \varkappa \tfrac{\omega'}{2} \right) e^{\varkappa(u + \frac{\varkappa}{4}\omega') \frac{\pi i}{\omega}}$$

$$\left.\begin{aligned} \vartheta_3(u) &= \vartheta_2 \left(u + \tfrac{\omega'}{2}\right) e^{\left(u + \frac{\omega'}{4}\right)\frac{\pi i}{\omega}} \\ \vartheta_0(u) &= \tfrac{1}{i} \vartheta_2 \left(u - \tfrac{\omega}{2} + \tfrac{\omega'}{2}\right) e^{\left(u + \frac{\omega'}{4}\right)\frac{\pi i}{\omega}} \\ \vartheta_1(u) &= \vartheta_2 \left(u - \tfrac{\omega}{2}\right) = -\vartheta_2 \left(u + \tfrac{\omega}{2}\right). \end{aligned}\right\} \qquad \text{(V)}$$

d) $\varepsilon = 1$, $\varepsilon' = -1$:

$$\vartheta(u, 1 + \varkappa, \varkappa' + 1) = (-1)^{\frac{\varkappa(\varkappa'-1)}{2}} \vartheta_1 \left(u + \varkappa' \tfrac{\omega}{2} + \varkappa \tfrac{\omega'}{2} \right) e^{\varkappa(u + \frac{\varkappa}{4}\omega') \frac{\pi i}{\omega}}$$

$$\left.\begin{aligned} \vartheta_3(u) &= \vartheta_1 \left(u + \tfrac{\omega}{2} + \tfrac{\omega'}{2}\right) e^{\left(u + \frac{\omega'}{4}\right)\frac{\pi i}{\omega}} \\ \vartheta_0(u) &= \tfrac{1}{i} \vartheta_1 \left(u + \tfrac{\omega'}{2}\right) e^{\left(u + \frac{\omega'}{4}\right)\frac{\pi i}{\omega}} \\ \vartheta_2(u) &= \vartheta_1 \left(u + \tfrac{\omega}{2}\right) = -\vartheta_1 \left(u - \tfrac{\omega}{2}\right). \end{aligned}\right\} \qquad \text{(VI)}$$

9. Die Reihen für die ϑ-Funktionen können noch in anderer Form dargestellt werden.

Man setze mit Jacobi, dem Begründer der Theorie der ϑ-Funktionen,

$$e^{\frac{\omega'}{\omega}\pi i} = q,$$

so wissen wir, dass $\operatorname{mod} q < 1$ ist, da $\frac{\omega'}{\omega}$ einen positiven Koeffizienten von i besitzt. Es wird dann

$$\begin{aligned} \vartheta_3(u) &= \sum_{n=-\infty}^{+\infty} e^{(n^2\omega + 2nu)\frac{\pi i}{\omega}} = \sum_{n=-\infty}^{+\infty} q^{n^2} e^{2n\frac{u}{\omega}\pi i} \\ &= \sum_{n=-\infty}^{-1} q^{n^2} e^{2n\frac{u}{\omega}\pi i} + 1 + \sum_{n=1}^{\infty} q^{n^2} e^{2n\frac{u}{\omega}\pi i} \end{aligned}$$

Schreibt man in der ersten Summe $-n$ an Stelle von n, so wird die Summe von $+\infty$ bis $+1$ zu erstrecken sein, und es wird daher

$$\vartheta_3(u) = 1 + \sum_{n=1}^{\infty} q^{n^2} e^{-2n\frac{u}{\omega}\pi i} + \sum_{n=1}^{\infty} q^{n^2} e^{2n\frac{u}{\omega}\pi i}.$$

Da die Reihen aber unbedingt konvergiren für alle endlichen u, so kann man die Glieder mit q^{n^2} zusammenfassen und hat

$$\vartheta_3(u) = 1 + \sum_{n=1}^{\infty} q^{n^2} \left(e^{2n\frac{u}{\omega}\pi i} + e^{-2n\frac{u}{\omega}\pi i}\right).$$

Da nun

$$e^{xi} + e^{-xi} = 2\cos x$$

ist, so ergiebt sich $\vartheta_3(u)$ in der Form

$$\vartheta_3(u) = 1 + 2\sum_{n=1}^{\infty} q^{n^2} \cos 2n\tfrac{u}{\omega}\pi.$$

Ändert man u um $\frac{\omega}{2}$, so erhält man

$$\vartheta_3(u) = 1 + 2\sum_{n=1}^{\infty} (-1)^n q^{n^2} \cos 2n\tfrac{u}{\omega}\pi,$$

da $\cos(n\pi + x) = (-1)^n \cos x$ ist.

Es war ferner

$$\vartheta_2(u) = \sum_{n=-\infty}^{+\infty} e^{[(n+\frac{1}{2})^2\omega' + 2(n+\frac{1}{2})u]\frac{\pi i}{\omega}} = \sum_{n=-\infty}^{+\infty} q^{(n+\frac{1}{2})^2} e^{2(n+\frac{1}{2})u\frac{\pi i}{\omega}}$$

$$= \sum_{n=-\infty}^{-1} q^{(n+\frac{1}{2})^2} e^{2(n+\frac{1}{2})\frac{u}{\omega}\pi i} + \sum_{n=0}^{\infty} q^{(n+\frac{1}{2})^2} e^{2(n+\frac{1}{2})\frac{u}{\omega}\pi i}.$$

In der ersten Summe setzen wir für n, $-n-1$, wodurch sie von $+\infty$ bis

0 für das neue n zu erstrecken ist und es ist

$$\vartheta_2(u) = \sum_{n=\infty}^{0} q^{(n+\frac{1}{2})^2} e^{-2(n+\frac{1}{2})\frac{u}{\omega}\pi i} + \sum_{0}^{\infty} q^{(n+\frac{1}{2})^2} e^{2(n+\frac{1}{2})\frac{u}{\omega}\pi i}$$

$$= \sum_{0}^{\infty} q^{(n+\frac{1}{2})^2} \left(e^{2(n+\frac{1}{2})\frac{u}{\omega}\pi i} + e^{-2(n+\frac{1}{2})\frac{u}{\omega}\pi i}\right),$$

$$\vartheta_2(u) = 2\sum_{0}^{\infty} q^{(n+\frac{1}{2})^2} \cos(2n+1)\tfrac{u}{\omega}\pi$$

$$= 2q^{\frac{1}{4}} \sum_{0}^{\infty} q^{n(n+1)} \cos(2n+1)\tfrac{u}{\omega}\pi,$$

oder, wenn man für $n \ldots n-1$ einführt,

$$\vartheta_2(u) = 2q^{\frac{1}{4}} \sum_{n=1}^{\infty} q^{n(n-1)} \cos(2n-1)\tfrac{u}{\omega}\pi.$$

Ändert man u um $-\frac{\omega}{2}$, so wird

$$\vartheta_1(u) = 2q^{\frac{1}{4}} \sum_{n=1}^{\infty} (-1)^{n-1} q^{n(n-1)} \sin(2n-1)\tfrac{u}{\omega}\pi,$$

da

$$\cos(2n-1)\left(x - \tfrac{\pi}{2}\right) = (-1)^{n-1}\sin(2n-1)x$$

ist. Fassen wir die vier Formeln zusammen, so ist also

$$\left.\begin{aligned}
\vartheta_3(u) &= 1 + 2\sum_{n=1}^{\infty} q^{n^2} \cos 2n\tfrac{u}{\omega}\pi \\
\vartheta_0(u) &= 1 + 2\sum_{n=1}^{\infty} (-1)^n q^{n^2} \cos 2n\tfrac{u}{\omega}\pi \\
\vartheta_2(u) &= 2q^{\frac{1}{4}} \sum_{n=1}^{\infty} q^{n(n-1)} \cos(2n-1)\tfrac{u}{\omega}\pi \\
\vartheta_1(u) &= 2q^{\frac{1}{4}} \sum_{n=1}^{\infty} (-1)^{n-1} q^{n(n-1)} \sin(2n-1)\tfrac{u}{\omega}\pi.
\end{aligned}\right\} \tag{VII}$$

Hieraus ersehen wir wie früher, dass

$$\begin{aligned}
\vartheta_3(-u) &= \vartheta_3(u) & \vartheta_0(-u) &= \vartheta_0(u) \\
\vartheta_2(-u) &= \vartheta_2(u) & \vartheta_1(-u) &= -\vartheta_1(u)
\end{aligned}$$

ist, d. h. dass nur die Funktion $\vartheta_1(u)$ ungerade, die übrigen gerade Funktionen von u sind. Es ist ferner, wenn $\vartheta(0) = \vartheta$ gesetzt wird,

$$\vartheta_3 = 1 + 2\sum_{n=1}^{\infty} q^{n^2} = 1 + 2(q + q^4 + q^9 + q^{16} + q^{25} + \cdots) \tag{VIII}$$

$$\vartheta_0 = 1 + 2\sum_{n=1}^{\infty} (-1)^n q^{n^2} = 1 - 2(q - q^4 + q^9 - q^{16} + \cdots)$$

$$\vartheta_2 = 2q^{\frac{1}{4}} \sum_{n=1}^{\infty} q^{n(n-1)} = 2q^{\frac{1}{4}}(1 + q^2 + q^6 + q^{12} + q^{20} + \cdots)$$

$$\vartheta_1 = 0.$$

Diese Reihenentwicklungen für die $\vartheta(u)$ und ϑ sind äusserst konvergent, da $|q| < 1$ ist und die Potenzen von q äusserst rasch wachsen.

10. Wir sahen soeben, dass

$$\vartheta_1(u - \alpha) \text{ für } u = \alpha$$

verschwindet, da aber bei der Addition von $m\omega + m'\omega'$ (m, m' ganze Zahlen) zum Argument die ϑ_1-Funktion sich reproduzirt multiplizirt mit einem Exponentialfaktor, so muss auch

$$\vartheta_1(u - \alpha + m\omega + m'\omega') = 0,$$

sein für $u = \alpha$, d. h. es ist

$$\vartheta_1(m\omega + m'\omega') = 0,$$

wenn m und m' beliebige ganze Zahlen sind. Man ersieht aber, dass, wenn $\vartheta_1(u - \alpha) = 0$ wäre für $u - \alpha = \beta$, wo β innerhalb des ersten Periodenparallelogramms läge, dass auch

$$\vartheta_1(\beta + m\omega + m'\omega') = 0$$

wäre, d. h. aus jeder Verschwindungsstelle der Funktion $\vartheta_1(u - \alpha)$ innerhalb des ersten Periodenparallelogrammes folgen unendlich viele, jede als eine dazu kongruente Stelle in jedem der unendlich vielen Parallelogramme, die man aus ω, ω' konstruirend neben einander legen kann. Können wir daher nachweisen, dass $\vartheta_1(u - \alpha)$ nur *einmal* innerhalb des ersten Parallelogramms, nämlich für $u = \alpha$, *verschwindet*, so sind alle Nullstellen von $\vartheta_1(u)$ in der Formel

$$u = m\omega + m'\omega'$$

enthalten, wo m, m' ganze Zahlen sind.

Wir bemerken, dass $\vartheta_1(u)$ für keinen endlichen Wert u unendlich wird.

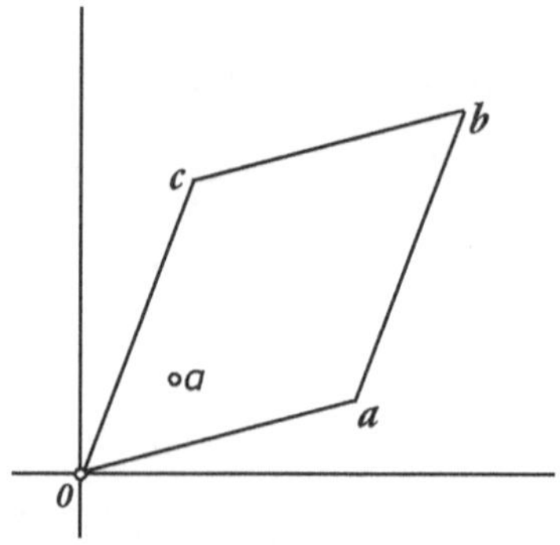

Fig. 21.

Nun ist $\int d\log\vartheta_1(u-\alpha)$ genommen längs der Begrenzung einer Fläche, innerhalb welcher $\vartheta_1(u)$ eindeutig ist, und die den Punkt $u=\infty$ nicht einschliesst, gleich $2\pi i n$, wenn n die Anzahl der Nullstellen von $\vartheta_1(u-\alpha)$ ist (vergl. Satz 13, S. 32), da $\vartheta_1(u-\alpha)$ nicht unendlich werden kann.

Wir nehmen das Periodenparallelogramm $0abc$ (Fig. 21), als die Fläche, längs deren Begrenzung das Integral zu erstrecken ist, wobei

$$0a=\omega=cb,\ 0c=\omega'=ab$$

ist. Es ist*)

$$\begin{aligned}2\pi i n &= \int_{0abc} d\log\vartheta_1(u-\alpha)\\ &= \int\limits_{0a} d\log\vartheta_1(u-\alpha)+\int\limits_{ab} d\log\vartheta_1(u-\alpha)+\int\limits_{bc} d\log\vartheta_1(u-\alpha)+\\ &\qquad +\int\limits_{c0} d\log\vartheta_1(u-\alpha)\\ &= \int_0^{\omega} d\log\vartheta_1(u-\alpha)+\int_{\omega}^{\omega+\omega'} d\log\vartheta_1(u-\alpha)+\int_{\omega+\omega'}^{\omega'} d\log\vartheta_1(u-\alpha)+\\ &\qquad +\int_{\omega'}^{0} d\log\vartheta_1(u-\alpha).\end{aligned}$$

Im dritten Integral setzen wir $u=u'+\omega'$, da dann

$$\vartheta_1(u-\alpha)=\vartheta_1(u'-\alpha+\omega')=-\vartheta_1(u'-\alpha)e^{-(2u'-2\alpha+\omega')\frac{\pi i}{\omega}}.$$

*) Unter $\int\limits_{0a}$ das längs der Geraden $0a$ hin erstreckte Integral verstanden.

ist, so ist

$$\log\vartheta_1(u-\alpha) = \log(-1) + \log\vartheta_1(u'-\alpha) - (2u'-2\alpha+\omega')\frac{\pi i}{\omega}$$

$$d\log\vartheta_1(u-\alpha) = d\log\vartheta_1(u'-\alpha) - \frac{2\pi i}{\omega}du'$$

$$\int\limits_{\omega+\omega'}^{\omega'} d\log\vartheta_1(u-\alpha) = \int\limits_{\omega}^{0} d\log\vartheta_1(u'-\alpha) - \frac{2\pi i}{\omega}\int\limits_{\omega}^{0} du'$$

$$= -\int\limits_{0}^{\omega} d\log\vartheta_1(u'-\alpha) + 2\pi i.$$

Im zweiten Integral setzen wir $u'+\omega = u$; da dann

$$d\log\vartheta_1(u'-\alpha) = d\log\vartheta_1(u-\alpha)$$

wird, so ist

$$\int_{\omega}^{\omega+\omega'} d\log\vartheta_1(u-\alpha) = \int_{0}^{\omega'} d\log\vartheta_1(u'-\alpha).$$

Führt man diese Werte der Integrale in obige Gleichung ein, und ersetzt die Integrationsvariable u' durch u, so wird

$$2\pi i n = \int_{0abc} d\log\vartheta_1(u-\alpha)$$

$$= \int\limits_{0}^{\omega} d\log\vartheta_1(u-\alpha) - \int\limits_{0}^{\omega'} d\log\vartheta_1(u-\alpha)$$

$$- \int\limits_{0}^{\omega} d\log\vartheta_1(u-\alpha) + 2\pi i - \int\limits_{0}^{\omega'} d\log\vartheta_1(u-\alpha)$$

$$= 2\pi i,$$

d. h. $n = 1$; es verschwindet also $\vartheta_1(u-\alpha)$ nur einmal innerhalb des Periodenparallelogrammes und zwar für $u = \alpha$ und daher sind alle Werte von u, für welche

$$\vartheta_1(u) = 0$$

ist, enthalten in

$$u = m\omega + m'\omega'.$$

Betrachtet man die Formeln (VI) S. 56, so ergeben sich hieraus die Werte, für welche die übrigen ϑ-Funktionen verschwinden. Wir erhalten auf diese Art:

$$\begin{aligned}
\vartheta_1(u) &= 0 \quad \text{für} \quad u = m\omega + m'\omega' \\
\vartheta_2(u) &= 0 \quad \text{"} \quad u = (m + \tfrac{1}{2})\omega + m'\omega' \\
\vartheta_3(u) &= 0 \quad \text{"} \quad u = (m + \tfrac{1}{2})\omega + (m' + \tfrac{1}{2})\omega' \\
\vartheta_0(u) &= 0 \quad \text{"} \quad u = m\omega + (m' + \tfrac{1}{2})\omega',
\end{aligned}$$

wobei m, m' ganze positive oder negative Zahlen sind. Zugleich sind die Werte von u die *einzigen*, für welche die ϑ-Funktionen verschwinden.

11. Mit Hilfe der aufgestellten ϑ-Funktionen ist es nun leicht, doppeltperiodische Funktionen zu bilden. So ist

$$\varphi(u) = c\frac{\vartheta_1(u)}{\vartheta_0(u)},$$

c eine beliebige von u unabhängige Grösse, eine eindeutige Funktion von u, welche die Perioden 2ω und ω' besitzt. Dass $\varphi(u)$ keine Konstante ist ersieht man daraus, dass sie für $u = \frac{\omega'}{2}$ unendlich und für $u = 0$ null wird. Da ferner

$$\varphi(u + \omega) = c\frac{\vartheta_1(u + \omega)}{\vartheta_0(u + \omega)} = -c\frac{\vartheta_1(u)}{\vartheta_0(u)} = -\varphi(u)$$

ist, so ist

$$\varphi(u + 2\omega) = -\varphi(u + \omega) = \varphi(u).$$

Ebenso ist

$$\varphi(u + \omega') = c\frac{\vartheta_1(u + \omega')}{\vartheta_0(u + \omega')} = c\frac{-\vartheta_1(u)e^{-(2u+\omega')\frac{\pi i}{\omega}}}{-\vartheta_0(u)e^{-(2u+\omega')\frac{\pi i}{\omega}}} = c\frac{\vartheta_1(u)}{\vartheta_0(u)},$$

daher:

$$\varphi(u + \omega') = \varphi(u).$$

In ganz derselben Weise erkennt man, dass die Quotienten:

$\frac{\vartheta_1(u)}{\vartheta_0(u)}, \frac{\vartheta_0(u)}{\vartheta_1(u)}$	die Perioden	2ω	ω'	haben,
$\frac{\vartheta_2(u)}{\vartheta_0(u)}, \frac{\vartheta_0(u)}{\vartheta_2(u)}$	,, ,,	2ω	$\omega+\omega'$	,,
$\frac{\vartheta_3(u)}{\vartheta_0(u)}, \frac{\vartheta_0(u)}{\vartheta_3(u)}$	,, ,,	ω	$2\omega'$	,,
$\frac{\vartheta_1(u)}{\vartheta_2(u)}, \frac{\vartheta_2(u)}{\vartheta_1(u)}$	,, ,,	ω	$2\omega'$	,,
$\frac{\vartheta_1(u)}{\vartheta_3(u)}, \frac{\vartheta_3(u)}{\vartheta_1(u)}$	,, ,,	2ω	$\omega+\omega'$	,,
$\frac{\vartheta_2(u)}{\vartheta_3(u)}, \frac{\vartheta_3(u)}{\vartheta_2(u)}$	,, ,,	2ω	ω'	,,

also mit beliebigen, von u unabhängigen Grössen multiplizirt doppeltperiodische Funktionen liefern.

III. Fundamentale Sätze über doppeltperiodische Funktionen.

12. *Jede eindeutige doppeltperiodische Funktion wird innerhalb eines Periodenparallelogramms*) ebenso oft unendlich als null.*

Wir wollen voraussetzen, dass jede Null- oder Unendlichkeitsstelle der Funktion eine einfache ist, da, wenn dieselbe mehrfach ist, dies bei dem Zählen derselben immer als ein Zusammenrücken mehrerer einfacher aufgefasst werden kann. Ist die Stelle $u = a$ eine ν-fache Null- oder Unendlichkeitsstelle, so ist auch in obigem Satze diese Stelle als ν Null- oder Unendlichkeitswerte einzuführen. Hat also die doppeltperiodische Funktion $F(u)$ innerhalb des Periodenparallelogrammes 0, Ω, $\Omega + \Omega'$, $\Omega' \dots m$ Nullstellen und n Unendlichkeitsstellen, so ist nach Satz 13 d. E., S. 34

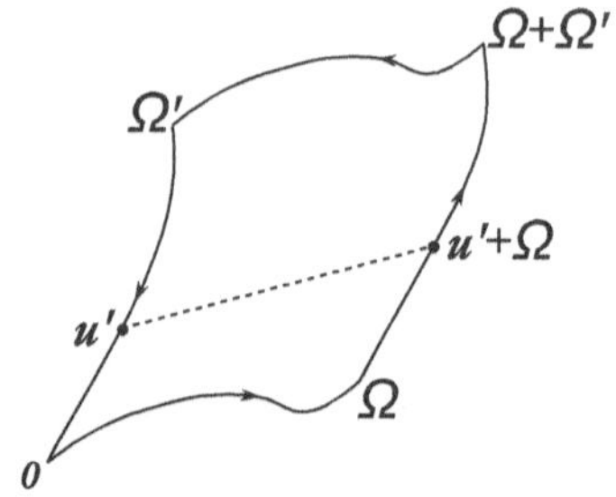

Fig. 22.

$$\int_{\mathfrak{A}} d\log F(u) = 2\pi i(m-n),$$

unter $\mathfrak{A}$ die Kontur des krummlinigen Parallelogrammes Fig. 22 verstanden. Nun ist[†])

$$\int_{\mathfrak{A}} d\log F(u) = \int_0^{\Omega} d\log Fu + \int_{\Omega}^{\Omega+\Omega'} d\log Fu + \int_{\Omega+\Omega'}^{\Omega'} d\log Fu + \int_{\Omega'}^{0} d\log Fu.$$

Im zweiten Integral bewegt sich die Integrationsvariable von Ω nach $\Omega + \Omega'$, ersetzen wir sie durch $u' + \Omega'$, so wird u' von 0 nach Ω' laufen und es ist dann

$$\int_{\Omega}^{\Omega+\Omega'} d\log Fu = \int_0^{\Omega} d\log F(u'+\Omega) = \int_0^{\Omega'} d\log Fu' = \int_0^{\Omega'} d\log Fu,$$

da $F(u'+\Omega) = F(u')$ ist, und das bestimmte Integral von der Integrationsvariablen unabhängig ist, denn der Weg derselben ist vorgeschrieben. Ersetzt

*) Wir setzen immer ein primitives Periodenparallelogramm voraus, d. h. ein solches, dessen Seiten primitive Perioden sind. Die eine Ecke möge $u = 0$ sein, was unwesentlich ist.

[†]) Sollte auf dem Integrationswege ein Unstetigkeitspunkt von $d\lg F(u)$ liegen, so kann man denselben so abändern, dass der neue Weg nicht hindurchgeht, wodurch der zu diesem parallele Weg auch durch keinen solchen Punkt führen wird.

man in dem dritten Integral u durch $u' + \Omega'$, so wird u' die Werte von Ω nach 0 durchlaufen und da auch

$$F(u' + \Omega') = F(u')$$

ist, so wird

$$\int_{\Omega+\Omega'}^{\Omega'} d\log F(u) = \int_{\Omega}^{0} d\log F(u' + \Omega') = \int_{\Omega}^{0} d\log F(u),$$

also ist

$$\int_{\mathfrak{A}} d\log F(u) = \int_0^{\Omega} d\log Fu + \int_0^{\Omega'} d\log Fu + \int_{\Omega}^{0} d\log Fu + \int_{\Omega'}^{0} d\log Fu = 0,$$

da sich das erste und dritte, sowie das zweite und letzte Integral gegenseitig aufheben.

Mithin ist

$$m = n,$$

wodurch der ausgesprochene Satz bewiesen ist.

13. *Jede eindeutige doppeltperiodische Funktion nimmt einen beliebig gegebenen Wert A eben so oft an, als sie unendlich oder null wird.* Denn $F(u) - A$ ist eine doppeltperiodische Funktion von u, welche genau so oft unendlich wird, wie $F(u)$, also muss $F(u) - A = 0$ eben so oft werden, als $F(u)$ unendlich oder $F(u) = 0$ wird. Hierbei ist als Voraussetzung, dass $F(u) = A$ für $u = a$ wird, aber so, dass $F'(a)$ nicht null ist, weil sonst $F(u) - A$ für $u = a$ zweimal null werden würde. Ist also $A = F(a)$ und $F'(a) = 0$, so ist eine solche Stelle so zu zählen, dass $F(a)$ zweimal gleich A wird.

Man nennt eine doppeltperiodische Funktion, welche im primitiven Periodenparallelogramm n-mal unendlich wird, *eine doppeltperiodische Funktion n^{ter} Ordnung*. In dem Vorstehenden und Folgenden ist n stets als endliche Zahl anzunehmen. (Vergleiche die Bedingungen für den Satz 13 und 8 der Einleitung.) Dann können wir die Sätze 12 und 13 einfach so ausdrücken:

Eine doppeltperiodische Funktion n^{ter} Ordnung nimmt jeden Wert genau n-mal in einem primitiven Periodenparallelogramme an, d. h. wenn das Argument u derselben nur Werte annimmt von der Form $\xi\Omega + \xi'\Omega'$, wo $0 \leqq \xi < 1, 0 \leqq \xi' < 1$.

14. *Für jede eindeutige doppeltperiodische Funktion ist die Summe der logarithmischen Residua null.*

Nach Satz 14 S. 37 ist

$$\int_{\mathfrak{A}} F(u)\,du = 2\pi i \sum_{\nu=1}^{n} \big[F(u)\big]_{(u-\alpha_\nu)^{-1}} = 2\pi i \sum_{\nu=1}^{n} A_\nu,$$

wenn $F(\alpha_\nu) = \infty$ ist und $[F(u)]_{(u-\alpha_\nu)^{-1}} = A_\nu$ der Koeffizient von $(u-\alpha_\nu)^{-1}$ in der Entwicklung von $F(u)$ in der Umgebung von α_ν, da wir $\mathfrak{A}$ so wählen werden, dass der Punkt $u = \infty$ nicht innerhalb liegt. Wir nehmen als $\mathfrak{A}$ das Periodenparallelogramm (Fig. 22), und es ist

$$\int_{\mathfrak{A}} F(u)\,du = \int_0^{\Omega} F(u)\,du + \int_{\Omega}^{\Omega+\Omega'} F(u)\,du + \int_{\Omega+\Omega'}^{\Omega'} F(u)\,du + \int_{\Omega'}^{0} F(u)\,du = 0,$$

da $F(u+\Omega) = F(u)$ und $F(u+\Omega') = F(u)$ ist. Mithin ist

$$\sum_{1}^{n} A_\nu = 0.$$

Wäre nun jedes $A_\nu = 0$, so könnte $F(u)$ nur so unendlich werden, dass jede Unendlichkeitsstelle eine mehrfache wird.

Wird $F(u)$ innerhalb des Periodenparallelogramms nicht unendlich gross, so kann $F(u)$ für keinen Wert innerhalb des Periodenparallelogramms auch verschwinden, d. h. $F(u)$ wird überhaupt für keinen endlichen Wert von u unendlich gross oder null. Da also $F(u)$ $\big[$ebenso $\frac{1}{F(u)}\big]$ als eindeutige Funktion von u für keinen endlichen noch so grossen Wert von u unendlich werden kann, sondern stets dieselben endlichen Werte annehmen muss, die es im ersten Parallelogramme hatte, so muss $F(u)$ von u unabhängig, d. h. eine Konstante sein.*) Daher:

Jede doppeltperiodische eindeutige Funktion, welche innerhalb eines Periodenparallelogrammes nicht unendlich wird, ist eine Konstante. Eindeutige doppeltperiodische Funktionen, welche nur für einen Wert von u innerhalb des Periodenparallelogrammes einfach unendlich werden, existiren nicht.

*) Denn da $F(u)$ für alle endlichen u endlich bleibt und eindeutig ist, so gilt um den Punkt a die Entwicklung

$$F(u) = A + A_1(u-a) + A_2(u-a)^2 + A_3(u-a)^3 + \cdots$$

für alle endlichen noch so grossen u. Wenn aber u über alle Grenzen wächst, so wird die Reihe rechts auch über alle Grenzen wachsen müssen, d. h. $F(u)$ selbst ins Unendliche wachsen müssen, wenn nicht $A_1 = 0, A_2 = 0 \ldots$, also $F(u) = A$ eine Konstante ist.

Denn soll $F(u)$ für $u = \alpha$ einfach unendlich werden, so muss

$$F(u) = \frac{A}{u-\alpha} + B + B_1(u-\alpha) + \cdots$$

sein, da aber nach eben bewiesenem $\sum A_r = 0$ sein muss, so müsste $A = 0$ sein, d. h. $F(u)$ würde für $u = \alpha$ auch nicht unendlich werden, müsste daher eine Konstante sein.

Doppeltperiodische Funktionen niedrigster Ordnung sind daher die von der zweiten Ordnung. Sind die beiden Unendlichkeitspunkte von einander verschieden, so muss

$$F(u) = \frac{A}{u-\alpha_1} + B + B_1(u-\alpha_1) + \cdots$$
$$F(u) = \frac{-A}{u-\alpha_2} + B' + B_1'(u-\alpha_2) + \cdots$$

sein in der Umgebung von α_1 resp. α_2. Sind aber die beiden Unendlichkeitspunkte nicht verschieden, dann wird $F(u)$ für $u = \alpha$ von der zweiten Ordnung unendlich und es muss

$$F(u) = \frac{-A}{(u-\alpha)^2} + B + B_1(u-\alpha) + \cdots,$$

sein, d. h. das Glied mit $\frac{1}{u-\alpha}$ muss ausfallen.

Zusatz. Soll eine *eindeutige* für alle *endlichen* Werte von u *endliche* Funktion von u den beiden Gleichungen

$$\varphi(u+\omega) = (-1)^{\varepsilon}\varphi(u)$$
$$\varphi(u+\omega') = (-1)^{\varepsilon'}\varphi(u)\varepsilon^{-(2u+\omega')\frac{\pi i}{\omega}}$$

genügen, so muss $\varphi(u) = C \cdot \vartheta(u,\varepsilon,\varepsilon')$ sein, wo C eine von u unabhängige Grösse ist und $\vartheta(u,\varepsilon,\varepsilon')$ die in (7) S. 53 aufgestellte ϑ-Funktion ist. Denn es ist

$$\frac{\varphi(u)}{\vartheta(u,\varepsilon,\varepsilon')} = f(u)$$

eine doppeltperiodische Funktion mit den Perioden ω und ω'; also ist

$$\varphi(u) = f(u)\vartheta(u,\varepsilon,\varepsilon').$$

Nun soll $\varphi(u)$ nicht unendlich werden, also kann $f(u)$ nur unendlich werden, wenn $\vartheta(u,\varepsilon,\varepsilon') = 0$ ist. Wie wir sahen verschwindet aber $\vartheta(u,\varepsilon,\varepsilon')$ nur für einen Wert von u *einfach* innerhalb des Periodenparallelogramms, also könnte $f(u)$ nur für einen Wert von u innerhalb des Periodenparallelogramms unendlich von der ersten Ordnung werden, und daher muss $f(u)$ eine von u unabhängige Konstante sein, folglich ist

$$\varphi(u) = C \cdot \vartheta(u, \varepsilon, \varepsilon').$$

15. *Wird $F(u) = A$ nur für $u = u_1, u_2 \dots u_n$, ohne dass $F'(u_\nu) = 0$ wäre, ist also $F(u)$ eine doppeltperiodische Funktion n^{ter} Ordnung, so ist*

$$u_1 + u_2 + u_3 + \cdots u_n = c,$$

wo c eine von u und von A unabhängige Grösse ist (Liouville'scher Satz).

Es sei $F(u) = \infty$ für $u = \alpha_1, \alpha_2 \dots \alpha_n$, diese also lauter einfache Unendlichkeitsstellen und alle im ersten Periodenparallelogramm. Dann ist

$$\begin{aligned} J = \int_{\mathfrak{A}} u d \log(F(u) - A) &= \int_{\mathfrak{A}} \frac{uF'(u)}{F(u) - A} du \\ &= 2\pi i \left[\sum_{\nu=1}^{n} \int_{\widehat{u_\nu}} \frac{uF'(u)}{F(u) - A} du + \sum_{\nu=1}^{n} \int_{\widehat{\alpha_\nu}} \frac{uF'(u)}{F(u) - A} du \right] \end{aligned}$$

nach Satz 14 S. 37.

Es ist aber

$$\int_{\widehat{u_\nu}} \frac{uF'(u)}{F(u) - A} du = 2\pi i u_\nu \left[\frac{F'(u)}{F(u) - A} \right]_{(u - u_\nu)^{-1}} = 2\pi i u_\nu,$$

denn es ist $F'(u) - A = (u - u_\nu)\varphi(u)$, wo $\varphi(u_\nu) = B \lessgtr 0$ ist, also ist

$$\frac{d}{du} \log(F(u) - A) = \frac{1}{u - u_\nu} + \frac{\varphi'(u)}{\varphi(u)} = \frac{F'(u)}{F(u) - A} du$$

und $\varphi(u)$ verschwindet nicht in der Umgebung von u_ν, wird auch nicht unendlich, also ist $\frac{\varphi'(u)}{\varphi(u)}$ endlich. Genau so ergibt sich

$$\int_{\alpha_\nu} \frac{uF'(u)}{F(u) - A} du = -2\pi i \alpha_\nu,$$

da

$$\frac{d}{du} \log(F(u) - A) = \frac{-1}{u - \alpha} + \frac{\varphi'(u)}{\varphi(u)} = \frac{F'(u)}{F(u) - A} du$$

ist. Also folgt, wenn wir $\mathfrak{A}$ als das Periodenparallelogramm (Fig. 22) nehmen:

$$J = \int_{\mathfrak{A}} u\, d \log(F(u) - A) = 2\pi i \left[\sum_{\nu=1}^{n} u_\nu - \sum_{\nu=1}^{n} \alpha_\nu \right].$$

Andrerseits können wir J direkt berechnen. Es ist

$$J = \int_0^{\Omega} u d \log(F(u)-A) + \int_{\Omega}^{\Omega+\Omega'} u d \log(F(u)-A) + \int_{\Omega+\Omega'}^{\Omega} u d \log(F(u)-A) + \int_{\Omega'}^{0} u d \log(F(u) - A);$$

ersetzt man im zweiten Integral u durch $u + \Omega$, im dritten durch $u + \Omega'$, so wird

$$J = \int_0^{\Omega} u\, d \log(F(u) - A) + \int_0^{\Omega'} (u + \Omega') d \log(F(u) - A) + \int_{\Omega}^{0} (u + \Omega') d \log(F(u) - A) + \int_{\Omega'}^{0} u\, d \log(F(u) - A)$$

und wenn man die sich aufhebenden Integrale fortlässt

$$J = \Omega \int_0^{\Omega'} d \log(F(u) - A) - \Omega' \int_0^{\Omega} d \log(F(u) - A).$$

Setzt man nun

$$F(u) - A = e^z,$$

wo z die neue Integrationsvariable sein soll, so wird

$$\begin{aligned} F(0) \quad -A &= e^{z_0} \\ F(\Omega') -A &= e^{z_0 + 2\varkappa' \pi i} \\ F(\Omega) \quad -A &= e^{z_0 + 2\varkappa \pi i}, \end{aligned}$$

wo $\varkappa$ und $\varkappa'$ ganze Zahlen sein müssen, da

$$F(0) = F(\Omega') = F(\Omega)$$

ist. Dann wird

$$J = \Omega \int_{z_0}^{z_0 + 2\varkappa' \pi i} dz - \Omega' \int_{z_0}^{z_0 + 2\varkappa \pi i} dz,$$

d. h.

$$J = 2\pi i(\varkappa'\Omega - \varkappa\Omega').$$

Nun folgt ohne weiteres, dass J von A unabhängig ist. Denn ändert man A unendlich wenig ab, so müsste, wenn J von A abhängen würde, sich dieses auch im Allgemeinen unendlich wenig ändern. Da aber $\varkappa$ und $\varkappa'$ ganze Zahlen sind, so kann sich J nur um Ω oder Ω' oder allgemein um $m\Omega - m'\Omega'$ ändern, welche Grösse nie unendlich klein sein kann, also kann J von Ω nicht abhängen.

Es ist überdiess auch

$$\begin{aligned}\frac{\partial J}{\partial A} =& \Omega \int_0^{\Omega} \frac{d \lg(F(u)-A)}{F(u)-A} - \Omega' \int_0^{\Omega} \frac{d \lg(F(u)-A)}{F(u)-A} \\ =& \Omega \int_{z_0}^{z_0+2\varkappa'\pi i} e^{-z} dz - \Omega' \int_{z_0}^{z_0+2\varkappa\pi i} e^{-z} dz = 0,\end{aligned}$$

also J von A unabhängig. Daher ist

$$\sum_{\nu=1}^{n} u_\nu - \sum_{\nu=1}^{n} \alpha_\nu = \varkappa'\Omega - \varkappa\Omega'$$

und

$$\sum_{\nu=1}^{n} u_\nu = \sum_{\nu=1}^{n} \alpha_\nu + \varkappa'\Omega - \varkappa\Omega',$$

wodurch der Satz bewiesen.*)

Wird also $F(u) = 0$ für $u = \beta_1, \beta_2 \dots \beta_n$, so ist

$$\sum_{\nu=1}^{n} \beta_\nu = \sum_{\nu=1}^{n} \alpha_\nu + \varkappa'\Omega - \varkappa\Omega',$$

*) Würde für $u = u_\nu \dots F(u) - A = (u - u_\nu)^{\varkappa}[B + B_1(u - u_\nu) + \cdots]$ sein und B von Null verschieden, d. h. würde $F(u)$ für $u = u_\nu$ den Wert A $\varkappa$-mal annehmen, also $F'(u_\nu) = 0$, $F''(u_\nu) = 0, \dots F^{(\varkappa-1)}(u_\nu) = 0$ sein, so ergibt sich $\int_{\widehat{u_\nu}} u d\lg(F(u) - A) = 2\pi i\varkappa u_\nu$, d. h. es würde in der $\sum_{\nu=1}^{n} u_n$ das Argument $\varkappa u_\nu$ als Summand auftreten, das ist genau so, als ob $\varkappa$ der Werte u_ν einander gleich würden. Ebenso verhält es sich mit den Unendlichkeitsstellen, wenn $F(u) - A$ für $u = \alpha_\mu$ unendlich von der λ^{ten} Ordnung wird, dann ist $\int_{\widehat{u_\mu}} u d\lg(F(u) - A) = -2\pi i\lambda\alpha_\mu$, also tritt in der Summe der α die Grösse α_μ λ-mal auf. Ist also jede Stelle u_ν eine $\varkappa_\nu$-fache Nullstelle von $F(u) - A$ und jedes α_μ eine λ_μ-fache Unendlichkeitsstelle von $F(u) - A$, so kann die Gleichung des Textes auch geschrieben werden: $\sum_{\nu=1}^{n'} \varkappa_\nu u_\nu = \sum_1^{m'} \lambda_\mu\alpha_\mu + \varkappa'\Omega - \varkappa\Omega'$, wobei $\sum_{\nu=1}^{n'} \varkappa_\nu = \sum_1^{m'} \lambda_\mu = n$ ist.

also ist

$$\sum_{\nu=1}^{n} u_\nu = \sum_{\nu=1}^{n} \beta_\nu.$$

Wenn sich zwei Grössen u und v nur um ganzzahlige Vielfache der Perioden Ω, Ω' unterscheiden, wenn also

$$v = u + m\Omega + m'\Omega'$$

(m, m' ganze Zahlen), so wollen wir $v \equiv u$ (mod. Ω, Ω') schreiben und v congruent u modulo Perioden nennen. Es ist also

$$\sum_{\nu=1}^{n} u_\nu \equiv \sum_{\nu=1}^{n} \alpha_\nu \quad (\text{mod } \Omega,\ \Omega').$$

Wir können nun immer einfach bewirken, dass die Summe der Argumente, für welche eine Funktion einen bestimmten Wert annimmt, $\equiv 0$ ist. Setzen wir nämlich

$$v = u - \frac{\sum_{\nu=1}^{n} \alpha_\nu}{n},$$

so ist

$$\sum_{\nu=1}^{n} v_\nu = \sum_{\nu=1}^{n} u_\nu - \sum_{\nu=1}^{n} \alpha_\nu \equiv 0 \quad (\text{mod } \Omega, \Omega').$$

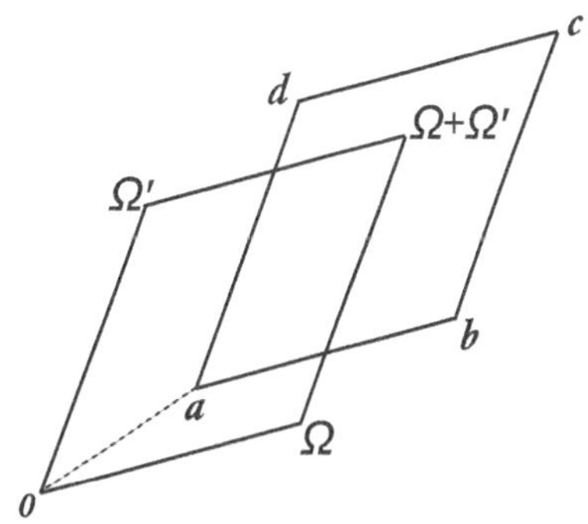

Fig. 22a.

Die doppeltperiodische Funktion $F(u)$ wird

$$F(u) = F\Big(v + \frac{\sum \alpha_\nu}{n}\Big) = F_1(v)$$

eine doppeltperiodische Funktion von v mit denselben Perioden Ω, Ω', nur ist das Periodenparallelogramm dieser gegen jenes verschoben.

0, Ω, $\Omega + \Omega'$, Ω' sei das Periodenparallelogramm für $F(u)$ (Fig. 22a), das Argument von $a = \frac{\sum \alpha_\nu}{n}$ Dann ist das um $0a$ in der Richtung $\overline{0a}$ mit sich selbst parallel verschobene Parallelogramm das Periodenparallelogramm für $F_1(v) = F\big(v + \frac{\sum \alpha_\nu}{n}\big)$.

16. *Jede doppeltperiodische Funktion mit den Perioden Ω und Ω' kann durch die ϑ-Funktionen mit denselben Perioden ausgedrückt werden.* (Hermite'scher Satz.)

Es sei

$$\begin{aligned} F(u) &= 0 \quad \text{für } u = \beta_1, \beta_2 \dots \beta_n \\ F(u) &= \infty \quad \text{"} \quad u = \alpha_1, \alpha_2 \dots \alpha_n, \end{aligned}$$

jeder dieser Werte entspräche einer einfachen Null- resp. Unendlichkeitsstelle, $F(u)$ sei also von der n^{ten} Ordnung; dann wissen wir, dass

$$\sum_{\nu=1}^{n} \beta_\nu - \sum_{\nu=1}^{n} \alpha_\nu = \varkappa' \Omega - \varkappa \Omega'$$

ist, wo $\varkappa$, $\varkappa'$ ganze Zahlen sind.

Bilden wir die Funktion:

$$\varphi(u) = \frac{\vartheta_1(u-\beta_1)\,\vartheta_1(u-\beta_2)\cdots\vartheta_1(u-\beta_n)}{\vartheta_1(u-\alpha_1)\,\vartheta_1(u-\alpha_2)\cdots\vartheta_1(u-\alpha_n)}\, e^{2\varkappa\frac{u}{\Omega}\pi i},$$

so ist

$$\begin{aligned} \varphi(u+\Omega) &= \varphi(u) \\ \varphi(u+\Omega') &= \varphi(u) \cdot e^{2(\sum\beta - \sum\alpha)\frac{\pi i}{\Omega}} \cdot e^{2\varkappa\frac{\Omega'}{\Omega}\pi i} \\ &= \varphi(u) e^{2(\varkappa'\Omega - \varkappa\Omega')\frac{\pi i}{\Omega} + 2\varkappa\frac{\Omega'}{\Omega}\pi i} \\ &= \varphi(u), \end{aligned}$$

d. h. $\varphi(u)$ ist ebenfalls eine doppeltperiodische Funktion mit den Perioden Ω und Ω'.

Es wird

$$\begin{aligned} \varphi(u) &= 0 \quad \text{für } u = \beta_1, \beta_2 \dots \beta_n \\ &\text{und} \\ \varphi(u) &= \infty \quad \text{"} \quad u = \alpha_1, \alpha_2 \dots \alpha_n \end{aligned}$$

und nur für diese Werte und zwar für jeden einfach null resp. einfach unendlich. Daher wird die doppeltperiodische eindeutige Funktion $\frac{F(u)}{\varphi(u)}$ für keinen Wert von u innerhalb des Periodenparallelogrammes null oder unendlich, sie ist folglich eine Konstante, also ist

$$F(u) = c\varphi(u) = c\frac{\vartheta_1(u-\beta_1)\,\vartheta_1(u-\beta_2)\cdots\vartheta_1(u-\beta_n)}{\vartheta_1(u-\alpha_1)\,\vartheta_1(u-\alpha_2)\cdots\vartheta_1(u-\alpha_n)}\, e^{2\varkappa\frac{u}{\Omega}\pi i},$$

wobei

$$\sum_{\nu=1}^{n} \beta_\nu - \sum_{\nu=1}^{n} \alpha_\nu = \varkappa' \Omega - \varkappa \Omega'$$

ist. Man erkennt hieraus, dass für eine doppeltperiodische Funktion nicht alle Werte gegeben sein können, für welche sie verschwindet und unendlich gross wird, sondern dass einer dieser Werte der Bedingung gemäss

$$\sum \beta_\nu - \sum \alpha_\nu \equiv 0 \pmod{\Omega, \Omega'}$$

bestimmt werden muss, sobald alle übrigen gegeben sind.

Die obige Form von $F(u)$ lässt sich noch etwas modificiren.

Nach 7, S. 54, Formel (4) ist, wenn $\varepsilon = 1$, $\varepsilon' = -1$ und $2\varkappa'$, $-2\varkappa$ an Stelle von $\varkappa'$, $\varkappa$ gesetzt werden:

$$\begin{aligned}\vartheta_1(v + \varkappa'\Omega - \varkappa\Omega') &= \vartheta(v, 1 - 2\varkappa, -1 + 2\varkappa') e^{2\varkappa\left(v + \frac{2\varkappa' - 1}{2}\Omega - \frac{\varkappa}{2}\Omega'\right)\frac{\pi i}{\Omega}} \\ &= (-1)^{\varkappa' - \varkappa} \vartheta_1(v)\, e^{2\varkappa\frac{v}{\Omega}\pi i - \varkappa^2 \frac{\Omega'}{\Omega}\pi i},\end{aligned}$$

daher

$$e^{2\varkappa\frac{v}{\Omega}\pi i} = (-1)^{\varkappa' - \varkappa} e^{\varkappa^2 \frac{\Omega'}{\Omega}\pi i} \frac{\vartheta_1(v + \varkappa'\Omega - \varkappa\Omega')}{\vartheta_1(v)};$$

setzt man nun $v = u - \sum \beta_\nu = u - \sum \alpha_\nu - (\varkappa'\Omega - \varkappa\Omega')$, so wird

$$e^{2\varkappa\frac{u}{\Omega}\pi i} = (-1)^{\varkappa' - \varkappa} e^{2\varkappa\frac{\sum\beta}{\Omega}\pi i} e^{\varkappa^2\frac{\Omega'}{\Omega}\pi i} \frac{\vartheta_1(u - \sum \alpha_\nu)}{\vartheta_1(u - \sum \beta_\nu)},$$

oder wenn

$$(-1)^{\varkappa' - \varkappa} e^{2\varkappa\frac{\sum\beta}{\Omega}\pi i} e^{\varkappa^2\frac{\Omega'}{\Omega}\pi i} = c$$

gesetzt wird

$$e^{2\varkappa\frac{u}{\Omega}\pi i} = c \frac{\vartheta_1(u - \sum \alpha_\nu)}{\vartheta_1(u - \sum \beta_\nu)}.$$

Setzt man nun diesen Wert für die Exponentielle in $\varphi(u)$ ein, lässt c in C eingehen, so wird:

$$F(u) = C \frac{\vartheta_1(u - \beta_1)\vartheta_1(u - \beta_2) \ldots \vartheta_1(u - \beta_n)\vartheta_1(u - \sum \alpha_\nu)}{\vartheta_1(u - \alpha_1)\vartheta_1(u - \alpha_2) \ldots \vartheta_1(u - \alpha_n)\vartheta_1(u - \sum \beta_\nu)},$$

wo nur lauter ϑ_1-Funktionen auftreten.

Man ersieht sehr leicht, dass, wenn $u = \beta_1$ eine μ-fache Nullstelle von $F(u)$ wäre, dann statt $\vartheta_1(u - \beta_1)$ der Faktor $[\vartheta_1(u - \beta_1)]^\mu$ aufzutreten brauchte, damit dieselben Schlüsse, wie früher, gelten, denn dann muss in $\sum \alpha_\nu \ldots \alpha_1$ μ-mal auf treten, also $\sum \alpha_\nu = \mu\alpha_1 + \alpha_2 + \alpha_3 + \ldots \alpha_n$ sein.

17. Die doppeltperiodischen Funktionen niedrigster Ordnung, welche existiren, sind die *zweiter* Ordnung. Es sei $\varphi(u)$ eine solche Funktion, so wird dieselbe innerhalb des Periodenparallelogramms Ω, Ω' zweimal unendlich gross und zwar sei diess für $u = \gamma_1, \gamma_2$ der Fall. Wir setzen

$$\gamma_1 + \gamma_2 = c.$$

Soll nun $\varphi(u) = A$ und $\varphi(v) = A$ sein, so muss

$$u + v \equiv c \pmod{\Omega,\, \Omega'}),$$

d. h.

$$v = c - u + \varkappa'\Omega - \varkappa\Omega',$$

daher ist

$$\varphi(u) = \varphi(c - u + \varkappa'\Omega - \varkappa\Omega') = \varphi(c - u).$$

Setzt man für $u \cdots \frac{c}{2} + u$ ein, so wird

$$\varphi\left(\tfrac{c}{2} + u\right) = \varphi\left(\tfrac{c}{2} - u\right),$$

d. h. $\varphi\left(\frac{c}{2} + u\right)$ ist eine *gerade* doppeltperiodische Funktion zweiter Ordnung von u, welche unendlich wird für u gleich

$$\tfrac{\gamma_1 - \gamma_2}{2} \quad \text{und} \quad -\tfrac{\gamma_1 - \gamma_2}{2},$$

denn es ist

$$\varphi\left(\tfrac{c}{2} + \tfrac{\gamma_1 - \gamma_2}{2}\right) = \varphi(\gamma_1) = \infty, \quad \varphi\left(\tfrac{c}{2} - \tfrac{\gamma_1 - \gamma_2}{2}\right) = \varphi(\gamma_2) = \infty.$$

Sind γ_1 und γ_2 von einander *verschieden*, so wird $\varphi(u)$ für jede Stelle *einfach* unendlich, dann werden $\frac{\gamma_1 - \gamma_2}{2}$ und $-\frac{\gamma_1 - \gamma_2}{2}$ einander *nicht* congruent nach den Perioden sein; denn wäre

$$\tfrac{\gamma_1 - \gamma_2}{2} \equiv -\tfrac{\gamma_1 - \gamma_2}{2} \pmod{\Omega,\, \Omega'},$$

so müsste

$$\gamma_1 - \gamma_2 \equiv 0 \pmod{\Omega,\, \Omega'}$$

oder

$$\gamma_1 \equiv \gamma_2 \pmod{\Omega,\, \Omega'}$$

sein, was wir nicht voraussetzten; daher wird $\varphi\left(\frac{c}{2} + u\right)$ auch für zwei von einander *verschiedene* Stellen des Periodenparallelogramms *einfach* unendlich, an denen, für welche

$$u \equiv \pm\tfrac{\gamma_1 - \gamma_2}{2} \pmod{\Omega,\, \Omega'}.$$

Wäre aber $\gamma_1 = \gamma_2$, dann müsste $\varphi(u)$ für $u = \gamma_1$ *doppelt* unendlich gross werden, dann wird aber auch

$$\varphi\left(\tfrac{c}{2} + u\right) = \varphi(\gamma_1 + u)$$

für $u = 0$ *doppelt* unendlich gross.

Da

$$\varphi\left(\tfrac{c}{2} + u\right) = \varphi\left(\tfrac{c}{2} - u\right)$$

ist, so ist

$$\varphi'\left(\tfrac{c}{2} + u\right) = -\varphi'\left(\tfrac{c}{2} - u\right),$$

$\varphi'(u) = \frac{d\varphi(u)}{du}$ gesetzt, d. h. $\varphi'\left(\frac{c}{2} + u\right)$ ist eine *ungerade* doppeltperiodische Funktion mit denselben Perioden wie $\varphi\left(\frac{c}{2} + u\right)$ oder $\varphi(u)$. Wird γ_1 nicht gleich γ_2 angenommen, d. h. wird $\varphi(u)$, also auch $\varphi\left(\frac{c}{2} + u\right)$ für zwei von einander verschiedene Werte von u unendlich gross, so ist $\varphi'\left(\frac{c}{2} + u\right)$ eine doppeltperiodische Funktion *vierter* Ordnung. Ist aber $\gamma_1 = \gamma_2$, so ist $\varphi'\left(\frac{c}{2} + u\right)$ eine doppeltperiodische Funktion *dritter* Ordnung.

$\varphi'\left(\frac{c}{2} + u\right)$ kann als Ableitung der eindeutigen Funktion $\varphi\left(\frac{c}{2} + u\right)$ nur unendlich werden, wenn $\varphi'\left(\frac{c}{2} + u\right)$ unendlich wird (cf. Satz 13, S. 34). Da für die einfache Unendlichkeitsstelle $u \equiv \frac{\gamma_1 - \gamma_1}{2} = \gamma'$, wo γ' im ersten Periodenparallelogramm liegen soll,

$$\varphi\left(\tfrac{c}{2} + u\right) = \frac{A}{u - \gamma'} + B + B_1(u - \gamma')^2 + \cdots$$

ist, so folgt

$$\varphi'\left(\tfrac{c}{2} + u\right) = -\frac{A}{(u - \gamma')^2} + B_1 + \cdots,$$

d. h. $\varphi'\left(\frac{c}{2} + u\right)$ wird für jede der einfachen Unendlichkeitsstellen $u \equiv \pm\frac{\gamma_1 - \gamma_2}{2}$ doppelt unendlich gross, ist also von der *vierten* Ordnung.

Ist aber $\gamma_1 = \gamma_2$, dann muss

$$\varphi\left(\tfrac{c}{2} + u\right) = \frac{A}{(u - \gamma_1)^2} + B_0 + B_1(u - \gamma_1)^2 + \cdots$$

sein, indem das Glied mit $\frac{1}{(u - \gamma_1)}$ fehlen muss und

$$\varphi'\left(\tfrac{c}{2} + u\right) = \frac{-2A}{(u - \gamma_1)^3} + B_1 + \cdots$$

wird für $u = \gamma_1$ dreifach unendlich gross und es fehlen die Glieder zweiter und erster Ordnung, $\varphi'\left(\frac{c}{2}+u\right)$ ist also von der *dritten* Ordnung.

Wir können auch die Nullstellen von $\varphi'\left(\frac{c}{2}+u\right)$ einfach angeben.

a) $\varphi'\left(\frac{c}{2}+u\right)$ sei von der 4. Ordnung, es besitzt dann vier Nullstellen. Nun ist

$$\varphi'\left(\tfrac{c}{2}+u\right) = -\varphi'\left(\tfrac{c}{2}-u\right),$$

setzt man $u = 0$, so folgt

$$\varphi'\left(\tfrac{c}{2}\right) = -\varphi'\left(\tfrac{c}{2}\right),$$

es muss also $\varphi'\left(\frac{c}{2}\right) = 0$ sein, da es nicht unendlich sein kann, denn die Unendlichkeitsstellen von $\varphi'\left(\frac{c}{2}+u\right)$ sind

$$u \equiv \pm\tfrac{\gamma_1-\gamma_2}{2}.$$

Setzt man ferner $u = \frac{\Omega}{2}, \frac{\Omega'}{2}, \frac{\Omega+\Omega'}{2}$, so ergiebt sich

$$\begin{aligned}
\varphi'\left(\tfrac{c}{2}+\tfrac{\Omega}{2}\right) &= -\varphi'\left(\tfrac{c}{2}-\tfrac{\Omega}{2}\right) &&= -\varphi'\left(\tfrac{c}{2}+\tfrac{\Omega}{2}\right) &&= 0\\
\varphi'\left(\tfrac{c}{2}+\tfrac{\Omega'}{2}\right) &= -\varphi'\left(\tfrac{c}{2}-\tfrac{\Omega'}{2}\right) &&= -\varphi'\left(\tfrac{c}{2}+\tfrac{\Omega'}{2}\right) &&= 0\\
\varphi'\left(\tfrac{c}{2}+\tfrac{\Omega+\Omega'}{2}\right) &= -\varphi'\left(\tfrac{c}{2}-\tfrac{\Omega+\Omega'}{2}\right) &&= -\varphi'\left(\tfrac{c}{2}+\tfrac{\Omega+\Omega'}{2}\right) &&= 0
\end{aligned}$$

aus demselben Grunde wie oben. Es wird daher:*)

$$\begin{aligned}
&\varphi'\left(\tfrac{c}{2}+u\right) = 0 \quad \text{für } u = 0, \tfrac{\Omega}{2}, \tfrac{\Omega'}{2}, \tfrac{\Omega+\Omega'}{2},\\
&\varphi'\left(\tfrac{c}{2}+u\right) = \infty \quad \text{"} \quad u \equiv \tfrac{\gamma_1-\gamma_2}{2}, \tfrac{\gamma_1-\gamma_2}{2}, \tfrac{-\gamma_1+\gamma_2}{2}, \tfrac{-\gamma_1+\gamma_2}{2}
\end{aligned}$$

Daher ist auch*)

$$\begin{aligned}
&\varphi'(u) = 0 \ \text{ für } \ u \equiv \tfrac{c}{2}, \ \tfrac{c}{2}+\tfrac{\Omega}{2}, \tfrac{c}{2}+\tfrac{\Omega'}{2}, \tfrac{c}{2}+\tfrac{\Omega+\Omega'}{2}\\
&\varphi'(u) = 0 \ \text{ " } \ u \equiv \gamma_1, \quad \gamma_1, \quad \gamma_2, \quad \gamma_2.
\end{aligned}$$

b) $\varphi'\left(\frac{c}{2}+u\right)$ sei von der 3. Ordnung und werde daher nur für $u = 0$ dreimal unendlich innerhalb des ersten Periodenparallelogramms.

---

*) Es sollen für diese Werte diejenigen genommen werden, die ins erste Periodenparallelogramm fallen.

Da
$$\varphi'\left(\tfrac{c}{2}+u\right) = -\varphi'\left(\tfrac{c}{2}-u\right)$$
ist, so ergiebt sich, wie früher, dass für
$$u = \tfrac{\Omega}{2}, \tfrac{\Omega'}{2}, \tfrac{\Omega+\Omega'}{2}$$
$$\begin{aligned}
\varphi'\left(\tfrac{c}{2}+\tfrac{\Omega}{2}\right) &= -\varphi'\left(\tfrac{c}{2}+\tfrac{\Omega}{2}\right) &= 0\\
\varphi'\left(\tfrac{c}{2}+\tfrac{\Omega'}{2}\right) &= -\varphi'\left(\tfrac{c}{2}+\tfrac{\Omega'}{2}\right) &= 0\\
\varphi'\left(\tfrac{c}{2}+\tfrac{\Omega+\Omega'}{2}\right) &= -\varphi'\left(\tfrac{c}{2}+\tfrac{\Omega+\Omega'}{2}\right) &= 0
\end{aligned}$$
sein muss. $u = 0$ ist hier keine Nullstelle, da $\varphi'\left(\frac{c}{2}\right) = \infty$ ist. Es ist also
$$\begin{aligned}
\varphi'\left(\tfrac{c}{2}+u\right) &= 0 \quad \text{für } u = \tfrac{\Omega}{2}, \tfrac{\Omega'}{2}, \tfrac{\Omega+\Omega'}{2}\\
\varphi'\left(\tfrac{c}{2}+u\right) &= \infty \quad \text{"} \quad u = 0, \quad 0, \quad 0,
\end{aligned}$$
oder es ist
$$\begin{aligned}
\varphi'(u) &= 0 \quad \text{für } u \equiv \tfrac{c}{2}+\tfrac{\Omega}{2}, \tfrac{c}{2}+\tfrac{\Omega'}{2}, \tfrac{c}{2}+\tfrac{\Omega+\Omega'}{2}\\
\varphi'(u) &= \infty \quad \text{"} \quad u = \tfrac{c}{2}, \quad \tfrac{c}{2}, \quad \tfrac{c}{2},
\end{aligned}$$
hierbei ist $\frac{c}{2} = \gamma_1$ die dreifache Unendlichkeitsstelle von $\varphi(u)$.

18. *Jede eindeutige doppeltperiodische Funktion n^{ter} Ordnung $F(u)$ lässt sich rational durch die doppeltperiodische Funktion zweiter Ordnung $\varphi(u)$ und ihre Ableitung $\varphi'(u)$ ausdrücken, welche dieselben Perioden besitzen wie $F(u)$.*

Wir beweisen zuerst folgenden einfacheren Satz: Jede *gerade* doppeltperiodische Funktion lässt sich *rational* durch $\varphi\left(\frac{c}{2}+u\right)$ allein ausdrücken.

Ist nämlich $f(u) = f(-u)$, so wird
$$\left.\begin{aligned}
f(u) &= 0 \quad \text{für } u \equiv \pm\beta_1, \pm\beta_2 \ldots \pm\beta_m\\
f(u) &= \infty \quad \text{für } u \equiv \pm\alpha_1, \pm\alpha_2 \ldots \pm\alpha_m
\end{aligned}\right\} \pmod{\Omega, \Omega'},$$
indem wir voraussetzen, dass, wenn β_1 im ersten Periodenparallelogramme liegt, man für $-\beta_1$ setzte: $m\Omega + m_1\Omega' - \beta_1$ und m, m_1 so als ganze Zahlen wähle, dass auch $m\Omega + m_1\Omega_1' - \beta_1$ ins erste Periodenparallelogramm falle. Man sieht leicht ein, dass m und m_1 nur die Werte 0, 1 anzunehmen brauchen. So denken wir uns alle Null- und Unendlichkeitsstellen von $f(u)$

ins erste Periodenparallelogramm übertragen und setzten vor der Hand voraus, dass keine derselben $\frac{\gamma_1-\gamma_2}{2}$ resp. $-\frac{\gamma_1-\gamma_2}{2}$ [den Unendlichkeitsstellen von $\varphi\left(\frac{c}{2}+u\right)$] congruent nach den Perioden Ω, Ω' sei, dass ferner alle Null- und Unendlichkeitsstellen *einfache* sind, und daher keiner der Werte β mit den α zusammenfalle. Bilden wir dann

$$\psi(u) = \frac{[\varphi(\frac{c}{2}+u)-\varphi(\frac{c}{2}+\beta_1)]\,[\varphi(\frac{c}{2}+u)-\varphi(\frac{c}{2}+\beta_2)]\dots[\varphi(\frac{c}{2}+u)-\varphi(\frac{c}{2}+\beta_m)]}{[\varphi(\frac{c}{2}+u)-\varphi(\frac{c}{2}+\alpha_1)]\,[\varphi(\frac{c}{2}+u)-\varphi(\frac{c}{2}+\alpha_2)]\dots[\varphi(\frac{c}{2}+u)-\varphi(\frac{c}{2}+\alpha_m)]},$$

so ist $\psi(u)$ eine gerade doppeltperiodische Funktion von u mit den Perioden Ω, Ω', sie wird null für dieselben Werte, für welche $f(u)=0$ ist und unendlich für dieselben Werte, für welche $f(u)=\infty$ ist. Sonst wird sie aber nicht unendlich, da der Nenner sonst nicht verschwinden kann und der Zähler nur unendlich wird, wenn $\varphi\left(\frac{c}{2}+u\right)=\infty$ ist, dann bleibt aber der Bruch endlich, da sich das Unendliche im Zähler und Nenner gegeneinander weghebt.

Es wird daher $\frac{f(u)}{\psi(u)}$ eine Konstante sein, also

$$f(u) = c\frac{[\varphi(\frac{c}{2}+u)-\varphi(\frac{c}{2}+\beta_1)]\dots[\varphi(\frac{c}{2}+u)-\varphi(\frac{c}{2}+\beta_m)]}{[\varphi(\frac{c}{2}+u)-\varphi(\frac{c}{2}+\alpha_1)]\dots[\varphi(\frac{c}{2}+u)-\varphi(\frac{c}{2}+\alpha_m)]} = R\Big(\varphi\big(\tfrac{c}{2}+u\big)\Big),$$

wenn R eine rationale Funktion des Argumentes $\varphi\left(\frac{c}{2}+u\right)$ bedeutet. Die Koeffizienten von R enthalten nur die gegebenen Grössen $\varphi\left(\frac{c}{2}+\beta\right)$ und $\varphi\left(\frac{c}{2}+\alpha\right)$.

Würde die Nullstelle β_1 μ-mal auftreten, so ersieht man, dass nur

$$\left[\varphi\left(\tfrac{c}{2}+u\right)-\varphi\left(\tfrac{c}{2}+\beta_1\right)\right]^\mu$$

in den Zähler zu setzen ist, um dieselben Schlüsse anwenden zu können wie eben. Die Funktion $R\left(\varphi\left(\frac{c}{2}+u\right)\right)$ bleibt nach wie vor eine rationale Funktion von $\varphi\left(\frac{c}{2}+u\right)$.

Treten unter den α oder β aber die Stellen $\frac{\gamma_1-\gamma_2}{2}$ und $-\frac{\gamma_1-\gamma_2}{2}$ auf, so hat man für den betreffenden Faktor

$$\varphi\left(\tfrac{c}{2}+u\right)-\varphi\left(\tfrac{c}{2}+\alpha\right) \qquad \text{nur } \frac{1}{\varphi\left(\frac{c}{2}+u\right)}$$

zu setzen, um, wie man leicht ersieht, dieselben Schlüsse wie früher wieder anwenden zu können. Würde unter den β oder α einer der Werte

$$0, \tfrac{\Omega}{2}, \tfrac{\Omega'}{2}, \tfrac{\Omega+\Omega'}{2}$$

vorkommen, so müsste die betreffende Stelle zweiter Ordnung sein, da $\pm\alpha$ oder $\pm\beta$ auftritt und es ist

$$\begin{aligned}\tfrac{\Omega}{2} &\equiv -\tfrac{\Omega}{2}\\ \tfrac{\Omega'}{2} &\equiv -\tfrac{\Omega'}{2}\\ \tfrac{\Omega+\Omega'}{2} &\equiv -\tfrac{\Omega+\Omega'}{2}.\end{aligned}$$

Für diese Werte wird aber auch

$$\varphi\left(\tfrac{c}{2}+u\right)-\varphi\left(\tfrac{c}{2}+\alpha\right)=(u-\alpha)^2\left\{\tfrac{1}{2}\varphi''\left(\tfrac{c}{2}+\alpha\right)+\cdots\right\},$$

da

$$\varphi'\left(\tfrac{c}{2}+\alpha\right)=0,$$

wenn

$$\alpha\equiv 0, \tfrac{\Omega}{2}, \tfrac{\Omega+\Omega'}{2}, \tfrac{\Omega'}{2}$$

ist. Die obige Schlussweise bleibt also auch inalterirt.

Wir beweisen ferner folgenden zweiten Satz:

Jede *ungerade* doppeltperiodische Funktion lässt sich ausdrücken durch eine *rationale* Funktion von $\varphi\left(\frac{c}{2}+u\right)$ allein multiplizirt mit $\varphi'\left(\frac{c}{2}+u\right)$.

Denn ist

$$f_1(u)=-f_1(-u),$$

so ist, da

$$\begin{aligned}\varphi'\left(\tfrac{c}{2}+u\right) &= -\varphi'\left(\tfrac{c}{2}-u\right)\\ \frac{f_1(u)}{\varphi'\left(\frac{c}{2}+u\right)} &= \frac{f_1(-u)}{\varphi'\left(\frac{c}{2}-u\right)},\end{aligned}$$

d. h.

$$\frac{f_1(u)}{\varphi'\left(\frac{c}{2}+u\right)}$$

ist eine *gerade* doppeltperiodische Funktion von u und es ist daher

$$\frac{f_1(u)}{\varphi'\left(\frac{c}{2}+u\right)}=R_1\Big(\varphi\big(\tfrac{c}{2}+u\big)\Big)$$

oder

$$f_1(u)=\varphi'\left(\tfrac{c}{2}+u\right)\cdot R_1\Big(\varphi\big(\tfrac{c}{2}+u\big)\Big).$$

Mit Hilfe dieser beiden Sätze ergiebt sich der Hauptsatz. Ist $F(u)$ eine beliebige eindeutige doppeltperiodische Funktion von u mit denselben Perioden wie $\varphi(u)$, so ist

$$f(u) = \tfrac{1}{2}\left[F\left(\tfrac{c}{2}+u\right) + F\left(\tfrac{c}{2}-u\right)\right]$$

eine *gerade*,

$$f_1(u) = \tfrac{1}{2}\left[F\left(\tfrac{c}{2}+u\right) - F\left(\tfrac{c}{2}-u\right)\right]$$

eine *ungerade* doppeltperiodische Funktion und daher

$$f(u) = R\Big(\varphi\left(\tfrac{c}{2}+u\right)\Big), \quad f_1(u) = \varphi'\left(\tfrac{c}{2}+u\right) R_1\Big(\varphi\left(\tfrac{c}{2}+u\right)\Big)$$

und da

$$F\left(\tfrac{c}{2}+u\right) = f(u) + f_1(u)$$

ist, so folgt

$$F\left(\tfrac{c}{2}+u\right) = R\Big(\varphi\left(\tfrac{c}{2}+u\right)\Big) + \varphi'\left(\tfrac{c}{2}+u\right) R_1\Big(\varphi\left(\tfrac{c}{2}+u\right)\Big),$$

oder

$$F(u) = R\big(\varphi(u)\big) + \varphi'(u)\, R_1\big(\varphi(u)\big).$$

Die rational gebrochenen Funktionen R und R_1 von φ denken wir uns auf gleichen Nenner gebracht, dann wird auch

$$F(u) = \frac{r\big(\varphi(u)\big) + \varphi'(u)\, r_1\big(\varphi(u)\big)}{r_2\big(\varphi(u)\big)}$$

sein, wo r, r_1, r_2 *ganze rationale* Funktionen von $\varphi(u)$ sind.

19. *Das Quadrat der ersten Ableitung einer doppeltperiodischen Funktion der zweiten Ordnung lässt sich rational und gerne durch diese ausdrücken.*

Es ist $[\varphi'(u)]^2 = R\big(\varphi(u)\big)$, wo R eine *ganze rationale* Funktion von φ der 4. oder 3. Ordnung ist.

Da

$$\varphi'\left(\tfrac{c}{2}+u\right) = -\varphi'\left(\tfrac{c}{2}-u\right)$$

ist, so ist

$$\left[\varphi'\left(\tfrac{c}{2}+u\right)\right]^2$$

eine *gerade* doppeltperiodische Funktion von u und als solche also durch $\varphi\left(\frac{c}{2}+u\right)$ allein *rational* auszudrücken, mithin ist $[\varphi'(u)]^2$ durch $\varphi(u)$ allein rational ausdrückbar.

Wir setzen voraus, dass $\varphi(u) = \infty$ wird für $u = \gamma_1$ und $u = \gamma_2$, wo γ_1 und γ_2 verschiedene Werte von u im ersten Periodenparallelogramm sind. Dann wird

$$\varphi'(u) = \infty \quad \text{für} \quad u = \gamma_1, \gamma_1, \gamma_2, \gamma_2$$

$$\varphi'(u) = 0 \quad \text{"} \quad u \equiv \tfrac{c}{2}, \tfrac{c}{2} + \tfrac{\Omega}{2}, \tfrac{c}{2} + \tfrac{\Omega'}{2}, \tfrac{c}{2} + \tfrac{\Omega+\Omega'}{2},$$

wenn $\frac{c}{2} = \frac{\gamma_1+\gamma_2}{2}$ ist, und für die Werte der zweiten Zeile die Punkte im ersten Periodenparallelogramm eingesetzt werden. Es ist also $[\varphi'(u)]^2$ eine doppeltperiodische Funktion 8. Ordnung, welche für $u = \gamma_1, \gamma_2$ je von der 4. Ordnung unendlich und für

$$u \equiv \tfrac{c}{2}, \tfrac{c}{2} + \tfrac{\Omega}{2}, \tfrac{c}{2} + \tfrac{\Omega'}{2}, \tfrac{c}{2} + \tfrac{\Omega+\Omega'}{2}$$

je von der zweiten Ordnung null wird.

Es wird $\left[\varphi(u) - \varphi\left(\frac{c}{2}\right)\right]$ für $u = \frac{c}{2}$ auch null von der zweiten Ordnung, denn es ist $\varphi'\left(\frac{c}{2}\right) = 0$ ebenso werden

$$\left[\varphi(u) - \varphi\left(\tfrac{c}{2} + \tfrac{\Omega}{2}\right)\right], \left[\varphi(u) - \varphi\left(\tfrac{c}{2} + \tfrac{\Omega'}{2}\right)\right], \left[\varphi(u) - \varphi\left(\tfrac{c}{2} + \tfrac{\Omega+\Omega'}{2}\right)\right]$$

zweimal null für $u = \frac{c}{2} + \frac{\Omega}{2}$, resp. $\frac{c}{2} + \frac{\Omega'}{2}$, resp. $\frac{c}{2} + \frac{\Omega+\Omega'}{2}$, d. h. die doppeltperiodische Funktion

$$\left[\varphi(u) - \varphi\left(\tfrac{c}{2}\right)\right] \left[\varphi(u) - \varphi\left(\tfrac{c}{2} + \tfrac{\Omega}{2}\right)\right] \left[\varphi(u) - \varphi\left(\tfrac{c}{2} + \tfrac{\Omega'}{2}\right)\right] \times \left[\varphi(u) - \varphi\left(\tfrac{c}{2} + \tfrac{\Omega+\Omega'}{2}\right)\right]$$

von u ist von der 8. Ordnung und zwar wird sie nur für $u = \gamma_1, \gamma_2$ je von der 4. Ordnung unendlich und verschwindet für $u = \frac{c}{2}, \frac{c}{2} + \frac{\Omega}{2}, \frac{c}{2} + \frac{\Omega'}{2}, \frac{c}{2} + \frac{\Omega+\Omega'}{2}$ je von der zweiten Ordnung, also genau so wie $[\varphi(u)]^2$ und daher muss

$$[\varphi'(u)]^2 = G^2 \left[\varphi(u) - \varphi\left(\tfrac{c}{2}\right)\right] \left[\varphi(u) - \varphi\left(\tfrac{c}{2} + \tfrac{\Omega}{2}\right)\right] \times \left[\varphi(u) - \varphi\left(\tfrac{c}{2} + \tfrac{\Omega'}{2}\right)\right] \left[\varphi(u) - \varphi\left(\tfrac{c}{2} + \tfrac{\Omega+\Omega'}{2}\right)\right]$$

sein, wo G^2 eine von u unabhängige Konstante ist. $[\varphi'(u)]^2$ ist also eine ganze rationale Funktion 4. Ordnung von φ.

Würde $\varphi(u)$ doppelt unendlich blos für $u = \gamma_1$, so würde $\varphi'(u)$ für $u = \gamma$ dreifach unendlich und alle Schlüsse im Vorhergehenden bleiben erhalten, bis darauf, dass $u = \gamma$ nicht eine Nullstelle von $[\varphi'(u)]^2$ ist, sondern eine Unendlichkeitsstelle, und es ergiebt sich

$$[\varphi'(u)]^2 = G^2 \left[\varphi(u) - \varphi\left(\gamma + \tfrac{\Omega}{2}\right)\right] \left[\varphi(u) - \varphi\left(\gamma + \tfrac{\Omega'}{2}\right)\right], \times \left[\varphi(u) - \varphi\left(\gamma + \tfrac{\Omega+\Omega'}{2}\right)\right]$$

also eine ganze rationale Funktion 3. Ordnung von φ.

Setzt man $z = \varphi(u)$ so wird entweder

$$\left(\frac{dz}{du}\right)^2 = G^2(z^4 + Az^3 + Bz^2 + Cz + D), \tag{1}$$

oder

$$\left(\frac{dz}{du}\right)^2 = G^2(z^3 + Az^2 + Bz + C), \tag{1a}$$

wo G, A, B, C, D Konstanten sind. Wir werden in der Theorie der elliptischen Integrale sehen, dass man diese Konstanten beliebig wählen kann, und dass sie dann die eindeutige Funktion $z = \varphi(u)$ bestimmen, welche der Differentialgleichung (1) oder (1a) genügt.

Da $[\varphi']^2 = r_1(\varphi)$ sich ergiebt, so folgt durch Differentiation nach u:

$$\varphi'' = \tfrac{1}{2} r_1'(\varphi),$$

wenn

$$r_1'(\varphi) = \frac{dr_1(\varphi)}{d\varphi}$$

gesetzt wird und hieraus, *dass sich alle höheren als ersten Ableitungen von φ rational und ganz durch φ und φ' ausdrücken*, was auch aus dem Satze 18 folgt.

Denn da

$$\varphi^{(n)}\left(\tfrac{c}{2} + u\right) = (-1)^n \varphi^{(n)}\left(\tfrac{c}{2} - u\right)$$

ist, so wird für jedes gerade $n = 2\nu$

$$\varphi^{(2\nu)}\left(\tfrac{c}{2} + u\right) = \varphi^{(2\nu)}\left(\tfrac{c}{2} - u\right)$$

sein, d. h. $\varphi^{(2\nu)}\left(\tfrac{c}{2} + u\right)$ ist als gerade doppeltperiodische Funktion durch $\varphi\left(\tfrac{c}{2} + u\right)$ allein ausdrückbar. Für $n = 2\nu + 1$ aber ist

$$\varphi^{(2\nu+1)}\left(\tfrac{c}{2} + u\right) = -\varphi^{(2\nu+1)}\left(\tfrac{c}{2} - u\right),$$

d. h. $\varphi^{(2\nu+1)}\left(\tfrac{c}{2} + u\right)$ ist als rationale Funktion von $\varphi\left(\tfrac{c}{2} + u\right)$ multiplizirt mit $\varphi'\left(\tfrac{c}{2} + u\right)$ ausdrückbar. Daher ist

$$\begin{aligned} \varphi^{(2\nu)}(u) &= r_\nu[\varphi(u)] \\ \varphi^{(2\nu+1)}(u) &= \varphi'(u)\, \varrho_\nu[\varphi(u)], \end{aligned}$$

wo r_ν und ϱ_ν *ganze rationale* Funktionen sind, wie man ohne weiteres daraus erkennt, dass $\varphi^{(n)}(u)$ nur unendlich werden kann, wenn $\varphi(u)$ unendlich wird.

Für $r_\nu(\varphi)$ und $\varrho_\nu(\varphi)$ ergeben sich leicht mittels (1) Rekursionsformeln zur Berechnung der Koeffizienten dieser Funktionen.

20. *Zwischen je zwei doppeltperiodischen Funktionen $F(u)$, $\Phi(u)$ von u mit denselben Perioden besteht eine rationale Gleichung.*

Denn aus

$$F = \frac{r(\varphi) + \varphi' r_1(\varphi)}{r_2(\varphi)}$$

folgt

$$[F r_2(\varphi) - r(\varphi)]^2 - (\varphi')^2 r_1^2(\varphi) = 0, \qquad \text{(A)}$$

welche Gleichung in φ rational ist, da $(\varphi')^2$ sich durch φ rational ausdrückt. Da nun auch

$$\Phi = \frac{\varrho(\varphi) + \varphi' \varrho_1(\varphi)}{\varrho_2(\varphi)}$$

ist, also

$$[\Phi \varrho_2(\varphi) - \varrho(\varphi)]^2 - (\varphi')^2 \varrho_1^2(\varphi) = 0 \qquad \text{(A')}$$

sich ergiebt, so kann man aus (A) und (A′) die darin rational auftretende Grösse φ eliminiren und erhält als Resultat

$$G(F, \Phi) = 0, \qquad \text{(B)}$$

eine in F und Φ rationale Gleichung.

Ist $F(u)$ eine doppeltperiodische Funktion n^{ter} Ordnung, $\Phi(u)$ eine solche m^{ter} Ordnung, so wird Φ höchstens im n^{ten} Grade, F im m^{ten} Grade in G, oder einen Faktor von G wenn diese reduktibel wäre, eintreten, denn einem Werte F_1 von $F(u)$ entsprechen n Werte u: $u_1, u_2 \ldots u_n$, für die Φ im Allgemeinen n verschiedene Werte liefert, die der Gleichung $G(F_1, \Phi) = 0$ genügen, in der F_1 denselben Wert behält.

Die Gleichung n^{ten} Grades in Φ und m^{ten} Grades in F ist aber nun leicht aufzustellen. Denn sei $F(u) = F$ für $u = u_1, u_2 \ldots u_n$, so sind

$$\begin{aligned}
\Phi(u_1) + \Phi(u_2) + \cdots + \Phi(u_n) &= A_1 \\
\Phi(u_1)\Phi(u_2) + \Phi(u_1)\Phi(u_3) + \cdots + \Phi(u_{n-1})\Phi(u_n) &= A_2 \\
\vdots \qquad\qquad \vdots \qquad\qquad \vdots \qquad & \quad \vdots \\
\Phi(u_1)\Phi(u_2)\cdots\Phi(u_n) &= A_n
\end{aligned}$$

$A_1, A_2 \ldots A_n$ symmetrische Funktionen von F, und Φ die Wurzel der Gleichung

$$A_0 \Phi^n + A_1 \Phi^{n-1} + A_2 \Phi^{n-2} \cdots + A_n = 0.$$

So besteht zwischen $F(u)$ und $F'(u) = \frac{dF}{du}$ eine rationale Gleichung, in der $F'(u)$ bis zur n^{ten} Potenz ansteigt, wenn $F(u)$ eine doppeltperiodische Funktion n^{ter} Ordnung ist. Für diese ist A_0 eine Konstante, da $F'(u)$ nur unendlich wird, wenn $F(u)$ unendlich ist.

21. *Jede eindeutige doppeltperiodische Funktion mit den Perioden Ω, Ω' lässt sich* ***rational*** *durch irgend zwei doppeltperiodische Funktionen $F(u)$ und $\Phi(u)$ ausdrücken, die dieselben Perioden besitzen.*

Wir werden beweisen, dass sich die doppeltperiodische Funktion zweiter Ordnung $\varphi(u)$ und ihre Ableitung $\varphi'(u)$ durch $F(u)$ und $\Phi(u)$ rational ausdrücken lassen, wodurch dann der Satz mit Rücksicht auf (18) bewiesen erscheint.

Hilfssatz: Wenn zwei irreduktibele*) algebraische Gleichungen

$$\begin{aligned} f(x) &= a_0 + a_1 x + \cdots + a_n x^n = 0 \\ \varphi(x) &= b_0 + b_1 x + \cdots + b_m x^m = 0 \end{aligned}$$

eine Wurzel $x = \xi$ gemeinschaftlich haben, so wird für diese das System der $m + n$ Gleichungen

$$\begin{aligned} &f(\xi) = 0,\ \xi f(\xi) = 0,\ \xi^2 f(\xi) = 0\ \cdots \xi^m f(\xi) = 0 \\ &\varphi(\xi) = 0,\ \xi\varphi(\xi) = 0,\ \xi^2\varphi(\xi) = 0\ \cdots \xi^n \varphi(\xi) = 0 \end{aligned}$$

bestehen; eliminirt man aus denselben die darin homogen und linear auftretenden $(m + n + 1)$ Grössen:

$$\xi^0,\ \xi^1,\ \xi^2 \cdots \xi^{m+n},$$

so ist das Resultat

$$R = \begin{vmatrix} a_0\ a_1\ a_2 \ldots\ a_n & & \\ & a_0\ a_1\ a_2\ \ldots\ a_n & \\ & & a_0\ a_1\ a_2\ \ldots\ a_n \\ & \vdots\ \ \vdots & \vdots \\ b_0\ b_1\ b_2 \ldots b_m & & \\ & b_0\ b_1\ b_2\ \ldots\ b_m & \\ & & b_0\ b_1\ b_2\ \ldots\ b_m \\ \vdots & \vdots & \vdots \end{vmatrix} = \begin{vmatrix} f(x) & a_1\ a_2 \ldots & \\ xf(x) & a_0\ a_1\ a_2 \ldots & \\ x^2 f(x) & & a_0\ a_1\ a_2 \ldots \\ \vdots & & \vdots \\ \varphi(x) & b_1\ b_2 \ldots & \\ x\varphi(x) & b_0\ b_1\ b_2 \ldots & \\ x^2\varphi(x) & & b_0\ b_1 \ldots \\ \vdots & & \end{vmatrix} = P \cdot f + Q \cdot \varphi,$$

*) D. h. solche Gleichungen, deren keine Wurzel einer Gleichung niedrigeren Grades, deren Koeffizienten sich rational aus denen der gegebenen zusammensetzen, genügt.

wo die Determinante m Zeilen der a und n Zeilen der b enthält. Nun ist auch

$$S = \begin{vmatrix} a_0 + a_1 x \; a_2 \; a_3 \dots & & \\ a_0 x \; a_1 \; a_2 \; a_3 \dots & & \\ a_0 \; a_1 \; a_2 \dots & & \\ & & \\ b_0 + b_1 x \; b_2 \; b_3 \dots & & \\ b_0 x \; b_1 \; b_2 \; b_3 \dots & & \\ b_0 \; b_1 \; b_2 \; b_3 \dots & & \end{vmatrix} = \begin{vmatrix} f(x) & a_2 \; a_3 \dots \\ x f(x) & a_1 \; a_2 \; a_3 \dots \\ x^2 f(x) & a_0 \; a_1 \; a_2 \; a_3 \dots \\ \vdots & \vdots \; \vdots \\ \varphi(x) & b_2 \; b_3 \dots \\ x\varphi(x) & b_1 \; b_2 \; b_3 \dots \\ x^2 \varphi(x) & b_0 \; b_1 \; b_2 \; b_3 \dots \end{vmatrix} = P_1 \cdot f + Q_1 \cdot \varphi,$$

wo die auftretenden Determinanten je eine Zeile der a und b und eine Colonne weniger haben als R hat. Ist nun $f = 0$, $\varphi = 0$, also auch $R = 0$, d. h. haben f und φ *eine* gemeinschaftliche Wurzel, so folgt auch $S = 0$; da aber S die gemeinschaftliche Wurzel nur linear enthält, so ist

$$S = S_0 + S_1 x$$

und es ergiebt sich aus $S = 0 \dots x = -\frac{S_0}{S_1}$ als rationale Funktion der a und b. Es kann S_1 nicht verschwinden, ohne dass $f(x) = 0$ und $\varphi(x) = 0$ zwei Wurzeln gemeinschaftlich hätten.*)

Sei nun

$$F = \frac{r(\varphi) + \varphi' r_1(\varphi)}{r_2(\varphi)}, \tag{1}$$

$$\Phi = \frac{\varrho(\varphi) + \varphi' \varrho_1(\varphi)}{\varrho_2(\varphi)}, \tag{2}$$

so folgen die Gleichungen

$$[F \cdot r_2(\varphi) - r(\varphi)]^2 - \varphi'^2 r_1^2(\varphi) = 0, \tag{3}$$

$$[\Phi \cdot \varrho_2(\varphi) - \varrho(\varphi)]^2 - \varphi'^2 r_1^2(\varphi) = 0 \tag{4}$$

zwischen F, φ und Φ, φ. Es sei (3) in φ vom n^{ten}, (4) vom m^{ten} Grade, nachdem man irgend etwa auftretende gemeinschaftliche Faktoren unterdrückt hat.

Dann werden einem Werte von F im Allgemeinen n Werte von φ : $\varphi_1, \varphi_2 \dots \varphi_n$ entsprechen und aus (1) ergeben sich die zugehörigen Werte von φ' : $\varphi'_1, \varphi'_2 \dots \varphi'_n$. Soll nun für einen Wert von F die Gleichung (3) zwei gleiche Wurzeln haben, also reduktibel sein†) als Gleichung in φ aufgefasst,

*) Vergleiche: BALTZER, Theorie der Determinanten, 4. Auflage, S. 109.

†) Denn diese Wurzel genügt $f(x) = 0$, $\frac{df(x)}{dx} = 0$, da $f(x) = 0$ eine Doppelwurzel hat, und daher lässt sich diese rational durch die Koeffizienten von f ausdrücken.

so muss sie auch reduktibel sein als Gleichung für F aufgefasst; das letztere kann aber nur dann stattfinden, wenn entweder $\varphi' = 0$ oder $r_1(\varphi) = 0$ ist. Dann wird aber jede sich aus $F \cdot r_2(\varphi) - r(\varphi) = 0$ ergebende Wurzel $\varphi_1 \dots \varphi_{n'}$ für den Wert von F zwei gleiche entgegengesetzt bezeichnete φ' liefern, wenn nicht φ' selbst null ist.

Analoge Betrachtungen gelten für die Gleichung (4). Schliessen wir nun die Werte von F und Φ aus, welche entweder $\varphi'(u) = 0$ oder $r_1(\varphi) = 0$ oder $\varrho_1(\varphi) = 0$ machen, so sind hierdurch nur eine *endliche* Anzahl von Werten F und Φ ausgeschlossen und für alle übrig bleibenden Werte von F und Φ haben sowohl (3) als (4) nur lauter verschiedene Wurzeln.

Sei nun $F = F_1$ einer der zulässigen Werte, dann liefert (3) n von einander verschiedene Wurzeln $\varphi : \varphi_1, \varphi_2 \dots \varphi_n$ und mit Hilfe derselben (1) ebensoviele Werte von $\varphi' : \varphi_1', \varphi_2' \dots \varphi_n'$.

Setzen wir nun das Wertepaar φ_1, φ_1' in (2) ein, so erhalten wir $\Phi = \Phi_1$, welches von den Werten $\Phi = \Phi_i$ verschieden sein muss, die man erhält, wenn man $\varphi = \varphi_i$, $\varphi' = \varphi_i'$ daselbst einsetzt, sobald $i \neq 1$ ist. Setzen wir nun $\Phi = \Phi_1$ in (4) ein, so genügt dieser Gleichung, als Gleichung für φ aufgefasst, der Wert $\varphi = \varphi_1$ und nur dieser aus der Reihe der Werte φ_1, $\varphi_2 \dots \varphi_n$, welche (3) genügen; denn würde ihr auch $\varphi = \varphi_i$, $i \neq 1$ genügen, so würde aus derselben

$$\Phi_1 = \frac{\varrho(\varphi_i) + \varphi_i' \varrho_1(\varphi_i)}{\varrho_2(\varphi_i)} = \Phi_i$$

folgen, was nicht möglich ist. Da also (3) und (4) die einzige Wurzel φ_1 gemeinschaftlich haben, so lässt sich diese nach dem Hilfssatze rational durch die Koeffizienten der Gleichungen, d. h. rational durch F_1 und Φ_1 ausdrücken, oder es ist

$$\varphi(u) = R\big(F(u), \Phi(u)\big)$$

für alle Werte von u, für welche F und Φ die oben ausgeschlossenen Werte nicht besitzen, und da letztere nur eine endliche Anzahl von Werten von u darstellen, die Gleichung aber für das übrig bleibende zweifach ausgedehnte komplexe Gebiet von u gilt, so gilt sie ganz allgemein.

Da nun aus (1) sich φ' rational durch F und φ ausdrückt, so ist auch

$$\varphi' = R_1(F, \Phi).$$

Wir haben also, wenn wir das in der vorigen und dieser Nummer Erhaltene zusammenfassen, folgenden allgemeinen Satz:

Zwischen zwei beliebigen eindeutigen doppeltperiodischen Funktionen $F(u)$, $\Phi(u)$ mit denselben Perioden besteht eine rationale Gleichung

$$G(F, \Phi) = 0$$

und jede beliebige eindeutige doppeltperiodische Funktion von u *mit denselben Perioden wie* F *und* Φ *lässt sich rational durch* F *und* Φ *darstellen.*

IV. Elliptische Funktionen.

22. Wir gehen über zu den speziellen doppeltperiodischen Funktionen zweiter Ordnung, die wir folgendermassen definiren:

$$s(u) = c_1 \frac{\vartheta_1(u)}{\vartheta_0(u)}, \ c(u) = c_2 \frac{\vartheta_2(u)}{\vartheta_0(u)}, \ \Delta(u) = c_3 \frac{\vartheta_3(u)}{\vartheta_0(u)},$$

wobei c_1, c_2, c_3 so bestimmt werden sollen, dass

$$s\left(\tfrac{\omega}{2}\right) = 1, \ c(0) = 1, \ \Delta(0) = 1,$$

ist, also

$$c_1 = \frac{\vartheta_0\left(\frac{\omega}{2}\right)}{\vartheta_1\left(\frac{\omega}{2}\right)}, \ c_2 = \frac{\vartheta_0}{\vartheta_2}, \ c_3 = \frac{\vartheta_0}{\vartheta_3}$$

und nach den Formeln auf S. 56 ergiebt sich

$$\frac{\vartheta_0\left(\frac{\omega}{2}\right)}{\vartheta_1\left(\frac{\omega}{2}\right)} = \frac{\vartheta_3}{\vartheta_2},$$

also wird

$$s(u) = \frac{\vartheta_3}{\vartheta_2}\frac{\vartheta_1(u)}{\vartheta_0(u)}; \ c(u) = \frac{\vartheta_0}{\vartheta_2}\frac{\vartheta_2(u)}{\vartheta_0(u)}; \ \Delta(u) = \frac{\vartheta_0}{\vartheta_3}\frac{\vartheta_3(u)}{\vartheta_0(u)}. \tag{2}$$

Diese drei Funktionen heissen *elliptische Funktionen* und sind *eindeutig* in u und zwar ist $s(u)$ eine ungerade, $c(u)$ sowie $\Delta(u)$ eine gerade Funktion von u, da

$$s(-u) = -s(u), \ c(-u) = c(u), \ \Delta(-u) = \Delta(u) \tag{3}$$

ist, wie sich aus den Formeln (6) S. 55 ergiebt.

Aus den Periodengleichungen I für die ϑ-Funktionen S. 53, folgt

$$\begin{aligned} s(u+\omega) &= -s(u) & s(u+\omega') &= s(u) \\ c(u+\omega) &= -c(u) & c(u+\omega') &= -c(u) \\ \Delta(u+\omega) &= \Delta(u) & \Delta(u+\omega') &= -\Delta(u). \end{aligned} \tag{4}$$

Daher ist

$$\begin{aligned} s(u+2\omega) &= s(u) & s(u+\omega') &= c(u) \\ c(u+2\omega) &= c(u) & c(u+\omega+\omega') &= c(u) \\ \Delta(u+\omega) &= \Delta(u) & \Delta(u+2\omega') &= \Delta(u), \end{aligned} \tag{5}$$

d. h. die Funktion

$$\begin{array}{lllll} s(u) & \text{hat} & \text{die} & \text{Perioden} & 2\omega, \omega' \\ c(u) & \text{"} & \text{"} & \text{"} & \omega, \omega+\omega' \\ \Delta(u) & \text{"} & \text{"} & \text{"} & \omega, 2\omega', \end{array}$$

die, wie wir gleich sehen werden, auch die kleinsten Perioden sind.

Jede dieser Funktionen hat also ein anderes Periodenparallelogramm, sie sind daher *nicht rational* durch einander ausdrückbar.

Die Funktionen sind alle von der zweiten Ordnung; denn mit Rücksicht auf die Nullwerte der ϑ-Funktionen, S. 62, folgt, dass alle drei Funktionen einfach unendlich werden, wenn

$$\vartheta_0(u) = 0, \quad \text{d. h.} \quad u = m\omega + (m' + \tfrac{1}{2})\omega'$$

wird. Also ist

$$\begin{aligned} s(u) &= \infty \qquad u = \tfrac{\omega'}{2},\ \omega + \tfrac{\omega'}{2} \\ c(u) &= \infty \qquad u = \omega + \tfrac{\omega'}{2},\ 2\omega + \tfrac{\omega'}{2} \\ \Delta(u) &= \infty \qquad u = \tfrac{\omega'}{2},\ \tfrac{3\omega'}{2} \end{aligned} \tag{6}$$

und *nur* für diese Werte innerhalb des zugehörigen ersten Periodenparallelogrammes, wie aus den nebenstehenden Figuren 23a, b, c ersichtlich, welche

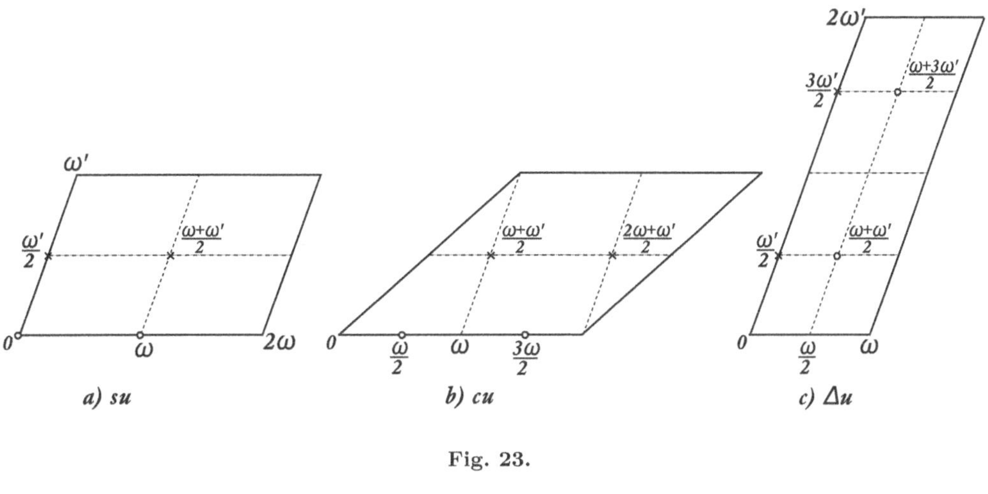

Fig. 23.

Periodenparallelogramme der darunter stehenden Funktionen sind, und in denen die Werte von u, für welche die Funktionen unendlich werden, durch $\times$ bezeichnet sind. Hieraus folgt aber, dass diese Periodenparallelogramme für die doppeltperiodischen Funktionen *zweiter* Ordnung su, cu, Δu *primitive*

Periodenparallelogramme sind, denn in jedem derselben wird die zugehörige Funktion *nur* zweimal unendlich.

Es wird ferner

$$\begin{aligned} s(u) &= 0 \text{ für } u = 0 \qquad , \quad \omega \\ c(u) &= 0 \quad " \quad u = \tfrac{1}{2}\omega \qquad , \quad \tfrac{3}{2}\omega \\ \Delta(u) &= 0 \quad " \quad u = \tfrac{1}{2}\omega + \tfrac{1}{2}\omega', \quad \tfrac{1}{2}\omega + \tfrac{3}{2}\omega'; \end{aligned} \tag{7}$$

die betreffenden Werte von u sind durch 0 bezeichnet.

Für $s(u)$ ergiebt sich also

$$\gamma_1 = \tfrac{1}{2}\omega' \qquad \gamma_2 = \omega + \tfrac{1}{2}\omega',$$

daher

$$c = \omega + \omega', \; \tfrac{c}{2} = \tfrac{\omega+\omega'}{2}.$$

Mithin wird mit Rücksicht auf S. 77, wenn

$$\Omega = 2\omega, \; \Omega' = \omega'$$

gesetzt wird:

$$s'(u) = 0 \text{ für } u \text{ gleich: } \tfrac{\omega+\omega'}{2}, \; \tfrac{3\omega+\omega'}{2}, \; \tfrac{\omega}{2}, \; \tfrac{3\omega}{2}, \tag{8a}$$

wenn man ganzzahlige Vielfache von ω' unterdrückt.

Ebenso findet man für $c(u)$, dass

$$c = 3\omega + \omega' \cdots \tfrac{c}{2} = \tfrac{3\omega+\omega'}{2}$$

ist, und wenn

$$\Omega = 2\omega, \; \Omega = \omega + \omega'$$

gesetzt wird,

$$c'(u) = 0 \text{ ist für } u = \tfrac{3\omega+\omega'}{2}, \; \tfrac{\omega+\omega'}{2}, \; \omega, \; 0; \tag{8b}$$

für $\Delta(u)$ ergiebt sich

$$c = 2\omega', \; \tfrac{c}{2} = \omega' \text{ und } \Omega = \omega, \; \Omega = 2\omega'.$$

Also ist

$$\Delta'(u) = 0 \text{ für } u = \omega', \; \omega' + \tfrac{\omega}{2}, \; 0, \; \tfrac{\omega}{2}, \tag{8c}$$

wenn man ganze Perioden unterdrückt.

23. Aus den Formeln (4) ersieht man, dass

$$\begin{aligned} s^2(u+\omega) &= s^2(u) & s^2(u+\omega') &= s^2(u) \\ c^2(u+\omega) &= c^2(u) & c^2(u+\omega') &= c^2(u) \\ \Delta^2(u+\omega) &= \Delta^2(u) & \Delta^2(u+\omega') &= \Delta^2(u), \end{aligned}$$

d. h. $s^2(u)$, $c^2(u)$, $\Delta^2(u)$ sind doppeltperiodische *gerade* Funktionen mit den gemeinschaftlichen primitiven Perioden ω, ω'. Sie sind alle von der zweiten Ordnung, denn jede wird *nur* unendlich für $u = \frac{\omega'}{2}$ und zwar von der *zweiten* Ordnung, wie $\vartheta_0^2(u)$ für $u = \frac{\omega'}{2}$.

Aus Satz (18) folgt daher, dass je zwei der Funktionen sich rational durch die dritte ausdrücken müssen.

Wir wollen $c^2(u)$ und $\Delta^2(u)$ durch $s^2(u)$ ausdrücken.

Es wird

$$\begin{aligned} c^2(u) &= \infty \text{ für } u = \tfrac{\omega'}{2},\ \tfrac{\omega'}{2} \\ c^2(u) &= 0 \quad \text{für } u = \tfrac{\omega}{2},\ \tfrac{\omega}{2} \end{aligned}$$

nun wird

$$s^2\left(\tfrac{\omega}{2}\right) - s^2(u) \text{ für } u = \tfrac{\omega}{2}$$

zweimal null, denn es ist

$$s^2(u) = s^2\left(\tfrac{\omega}{2}\right) + \left(\frac{ds^2(u)}{du}\right)_{u=\frac{\omega}{2}} \left(u - \tfrac{\omega}{2}\right) + \frac{1}{2}\left(\frac{d^2 s(u)}{du^2}\right)_{u=\frac{\omega}{2}} \left(u - \tfrac{\omega}{2}\right)^2 + \cdots$$

also

$$s^2\left(\tfrac{\omega}{2}\right) - s^2(u) = \left(u - \tfrac{\omega}{2}\right)^2 \left\{ -\frac{1}{2}\left(\frac{d^2 s^2(u)}{du^2}\right)_{u=\frac{\omega}{2}} + \cdots \right\}.$$

Da

$$\left(\frac{ds^2(u)}{du}\right)_{u=\frac{\omega}{2}} = 2\left(s'(u)s(u)\right)_{u=\frac{\omega}{2}} = 2s'\left(\tfrac{\omega}{2}\right)\cdot s\left(\tfrac{\omega}{2}\right) = 0$$

ist nach (8a), d. h.

$$\left[s^2\left(\tfrac{\omega}{2}\right) - s^2(u)\right]$$

wird für $u = \frac{\omega}{2}$ gerade so oft null, wie $c^2(u)$, es wird ferner nur für $u = \frac{\omega'}{2}$ unendlich von der zweiten Ordnung, besitzt die Perioden ω, ω'; also muss

$$c^2(u) = \mathfrak{C}\left[1 - s^2(u)\right],$$

da $s\left(\frac{\omega}{2}\right) = 1$ ist, sein. Nun ist $c^2(0) = 1$, also ist $\mathfrak{C} = 1$, daher ergiebt sich:

$$c^2(u) = 1 - s^2(u). \tag{9}$$

Wir haben ferner

$$\begin{aligned} \Delta^2(u) &= \infty, \quad u = \tfrac{\omega'}{2}, \ \tfrac{\omega'}{2} \\ \Delta^2(u) &= 0\,, \quad u = \tfrac{\omega+\omega'}{2}, \ \tfrac{\omega+\omega'}{2}. \end{aligned}$$

Es wird

$$s^2\left(\tfrac{\omega+\omega'}{2}\right) - s^2(u) \text{ für } u = \tfrac{\omega+\omega'}{2}$$

zweimal null, da wieder

$$\left(\frac{d(s^2u)}{du}\right)_{u=\frac{\omega+\omega'}{2}} = 2s'\left(\tfrac{\omega+\omega'}{2}\right)s\left(\tfrac{\omega+\omega'}{2}\right) = 0$$

ist, denn $s\left(\frac{\omega+\omega'}{2}\right)$ ist endlich und $s'\left(\frac{\omega+\omega'}{2}\right) = 0$ nach (8a).

Also ist, da

$$\left[s^2\left(\tfrac{\omega+\omega'}{2}\right) - s^2(u)\right]$$

auch *nur* für $u = \frac{\omega'}{2}$ unendlich von der *zweiten* Ordnung wird, die Perioden ω, ω' besitzt:

$$\Delta^2(u) = \mathfrak{C}\left[s^2\left(\tfrac{\omega+\omega'}{2}\right) - s^2(u)\right].$$

Da $\Delta^2(0) = 1$ ist, so folgt

$$\mathfrak{C} = \frac{s^2u}{s^2\left(\frac{\omega+\omega'}{2}\right)},$$

also

$$\Delta^2(u) = 1 - \frac{s^2(u)}{s^2\left(\frac{\omega+\omega'}{2}\right)}. \tag{10}$$

Mittels (9) und (10) können wir je zwei der Grössen s^2u, c^2u, Δ^2u durch die dritte rational ausdrücken.

Wenn nun $c(u)$ und $\Delta(u)$ selbst *nicht rational* durch $s(u)$ ausdrückbar sind, so geben uns die Gleichungen (9) und (10) ein Mittel an die Hand, die erwähnten Funktionen *irrational* durch $s(u)$ auszudrücken. Denn es ist

$$c(u) = \pm\sqrt{1 - s^2(u)}, \quad \Delta(u) = \pm\sqrt{1 - \frac{s^2(u)}{s^2\left(\frac{\omega+\omega'}{2}\right)}}.$$

Da für $u = 0$

$$c(u) = +1, \quad \Delta(u) = +1$$

ist, so ist für kleine Werte von u das Zeichen + der Quadratwurzel vorzusetzen. Da nun

$$c(u+\omega) = -cu, \quad c(u+\omega') = -cu, \quad \Delta(u+\omega) = \Delta(u),$$
$$\Delta(u+\omega') = -\Delta u$$

nach (4) folgt, so muss der Quadratwurzel ein anderes Vorzeichen gegeben werden, sobald u um ω resp. ω' sich ändert.

Und, zwar da

$$cu = +\sqrt{1-s^2u}$$

jedenfalls innerhalb des Parallelogrammes $ab'gd$, Fig. 24, ist, wenn

$$ab' = b'b = \omega; \quad af = fd' = \omega'$$

ist, so wird im Parallelogramm $b'gcb$

$$cu = -\sqrt{1-s^2u},$$

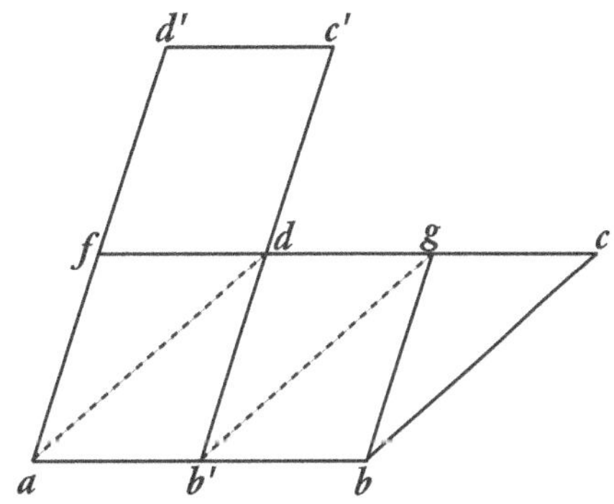

Fig. 24.

daher innerhalb des Parallelogrammes $ab'df$

$$cu = +\sqrt{1-s^2u}.$$

Ebenso ist innerhalb des Parallelogrammes $ab'df$

$$\Delta u = +\sqrt{1-\frac{s^2u}{s\left(\frac{\omega+\omega'}{2}\right)}}$$

und innerhalb des Parallelogrammes $fdd'c'$

$$\Delta u = -\sqrt{1-\frac{s^2u}{s\left(\frac{\omega+\omega'}{2}\right)}}.$$

Mithin folgt für Werte

$$u = \xi\omega + \xi'\omega, \quad 0 \leqq \xi < 1, \; 0 \leqq \xi' < 1$$

$$cu = +\sqrt{1 - s^2 u}$$

$$\Delta u = +\sqrt{1 - \frac{s^2}{s\left(\frac{\omega+\omega'}{2}\right)}}$$

auch dem Zeichen nach.

Analog kann man $s(u)$ und $c(u)$ oder $s(u)$ und $\Delta(u)$ mittels einer Quadratwurzel ausdrücken durch $\Delta(u)$ resp. $c(u)$, wobei dann beachtet werden muss, welches Vorzeichen der Quadratwurzel zu geben ist.

24. Wir führen folgende Grössen, die eine wichtige Rolle in der Theorie der elliptischen Funktionen spielen, ein, indem wir

$$\sqrt{\varkappa} = \frac{\vartheta_2}{\vartheta_3} = \frac{2q^{\frac{1}{4}} \sum_1^\infty q^{n(n-1)}}{1 + 2\sum_1^\infty q^{n^2}}; \quad \sqrt{\varkappa'} = \frac{\vartheta_0}{\vartheta_3} = \frac{1 + 2\sum_1^\infty (-1)^n q^{n^2}}{1 + 2\sum q^{n^2}} \tag{11}$$

setzen, wobei der Quadratwurzel das Vorzeichen der rechten Seite zukommt, die nur von

$$q = e^{\frac{\omega'}{\omega}\pi i}$$

abhängt.

Da nun

$$s\left(\frac{\omega+\omega'}{2}\right) = \frac{\vartheta_3}{\vartheta_2} \cdot \frac{\vartheta_1\left(\frac{\omega+\omega'}{2}\right)}{\vartheta_0\left(\frac{\omega+\omega'}{2}\right)} = \left(\frac{\vartheta_3}{\vartheta_2}\right)^2$$

nach den Formeln auf S. 76 ist, so ist

$$s\left(\frac{\omega+\omega'}{2}\right) = \frac{1}{\varkappa}$$

und man kann daher

$$c^2 u + s^2 u = 1, \quad \Delta^2 u + \varkappa^2 s^2 u = 1$$

oder

$$c(u) = \sqrt{1 - s^2(u)}, \quad \Delta(u) = \sqrt{1 - \varkappa^2 s^2(u)} \tag{12}$$

setzen, wobei über das Vorzeichen der Quadratwurzeln die früheren Festsetzungen zu beachten sind.

Es ist

$$\Delta\left(\tfrac{\omega}{2}\right) = +\sqrt{1 - \varkappa^2},$$

andrerseits aber

$$\Delta\left(\tfrac{\omega}{2}\right) = \frac{\vartheta_0}{\vartheta_3}\frac{\vartheta_3\left(\frac{\omega}{2}\right)}{\vartheta_0\left(\frac{\omega}{2}\right)} = \left(\frac{\vartheta_0}{\vartheta_3}\right)^2$$

nach den Formeln auf S. 76, also ist nach (11) auch

$$\varkappa' = \sqrt{1-\varkappa^2}$$

oder

$$\varkappa^2 + \varkappa'^2 = 1, \tag{13}$$

woraus nach (11) folgt:

$$\vartheta_2^4 + \vartheta_0^4 = \vartheta_3^4. \tag{13a}$$

Durch die eingeführten Grössen können die Definitionsgleichungen (2) auch geschrieben werden:

$$s(u) = \frac{1}{\sqrt{\varkappa}}\frac{\vartheta_1(u)}{\vartheta_0(u)}, \quad c(u) = \frac{\sqrt{\varkappa'}}{\sqrt{\varkappa}}\frac{\vartheta_2(u)}{\vartheta_0(u)}, \quad \Delta(u) = \sqrt{\varkappa'}\frac{\vartheta_3(u)}{\vartheta_0(u)}. \tag{2a}$$

25. Von Wichtigkeit für die Rechnungen mit den elliptischen Funktionen sind die Formeln für die Änderung derselben bei Zugabe von $\frac{\omega}{2}$ resp. $\frac{\omega'}{2}$ zum Argument der Funktion. Wir wollen dieselben daher ableiten.

Wir haben hierzu immer nur die Formeln auf p. 60 und 61 wiederholt zu benutzen. Es ist

$$s\left(u+\tfrac{\omega}{2}\right) = \frac{\vartheta_3}{\vartheta_2}\frac{\vartheta_1\left(u+\frac{\omega}{2}\right)}{\vartheta_0\left(u+\frac{\omega}{2}\right)} = \frac{\vartheta_3}{\vartheta_2}\frac{\vartheta_2(u)}{\vartheta_3(u)} = \frac{c(u)}{\Delta(u)}.$$

$$c\left(u+\tfrac{\omega}{2}\right) = \frac{\vartheta_0}{\vartheta_2}\frac{\vartheta_2\left(u+\frac{\omega}{2}\right)}{\vartheta_0\left(u+\frac{\omega}{2}\right)} = -\frac{\vartheta_0}{\vartheta_2}\frac{\vartheta_1(u)}{\vartheta_3(u)} = -\varkappa'\frac{s(u)}{\Delta(u)}$$

$$\Delta\left(u+\tfrac{\omega}{2}\right) = \frac{\vartheta_0}{\vartheta_3}\frac{\vartheta_3\left(u+\frac{\omega}{2}\right)}{\vartheta_0\left(u+\frac{\omega}{2}\right)} = \frac{\vartheta_0}{\vartheta_3}\frac{\vartheta_0(u)}{\vartheta_3(u)} = \frac{\varkappa'}{\Delta(u)};$$

$$s\left(u+\frac{\omega'}{2}\right) = \frac{\vartheta_3}{\vartheta_2}\frac{\vartheta_1\left(u+\frac{\omega'}{2}\right)}{\vartheta_0\left(u+\frac{\omega'}{2}\right)} = \frac{\vartheta_3}{\vartheta_2}\frac{\vartheta_0(u)}{\vartheta_1(u)} = \frac{1}{\varkappa s(u)}$$

$$c\left(u+\frac{\omega'}{2}\right) = \frac{\vartheta_0}{\vartheta_2}\frac{\vartheta_2\left(u+\frac{\omega'}{2}\right)}{\vartheta_0\left(u+\frac{\omega'}{2}\right)} = \frac{1}{i}\frac{\vartheta_0}{\vartheta_2}\frac{\vartheta_3(u)}{\vartheta_1(u)} = \frac{1}{i}\frac{\Delta(u)}{\varkappa s(u)}$$

$$\Delta\left(u+\frac{\omega'}{2}\right) = \frac{\vartheta_0}{\vartheta_3}\frac{\vartheta_3\left(u+\frac{\omega'}{2}\right)}{\vartheta_0\left(u+\frac{\omega'}{2}\right)} = \frac{1}{i}\frac{\vartheta_0}{\vartheta_3}\frac{\vartheta_2(u)}{\vartheta_1(u)} = \frac{1}{i}\frac{c(u)}{s(u)};$$

$$s\left(u+\tfrac{\omega}{2}+\tfrac{\omega'}{2}\right)=\frac{1}{\varkappa s\left(u+\frac{\omega}{2}\right)}=\frac{\Delta(u)}{\varkappa c(u)}$$

$$c\left(u+\tfrac{\omega}{2}+\tfrac{\omega'}{2}\right)=\frac{1}{i\varkappa}\frac{\Delta\left(u+\frac{\omega}{2}\right)}{s\left(u+\frac{\omega}{2}\right)}=\frac{1}{i}\frac{\varkappa'}{\varkappa}\frac{1}{c(u)}$$

$$\Delta\left(u+\tfrac{\omega}{2}+\tfrac{\omega'}{2}\right)=\frac{1}{i}\frac{c\left(u+\frac{\omega}{2}\right)}{s\left(u+\frac{\omega}{2}\right)}=-\frac{1}{i}\varkappa'\frac{s(u)}{c(u)}=i\varkappa'\frac{s(u)}{c(u)}.$$

Wir stellen diese Formeln zusammen und erhalten:

$$\left.\begin{aligned} s\left(u+\tfrac{\omega}{2}\right)&=\frac{c(u)}{\Delta(u)}\\ c\left(u+\tfrac{\omega}{2}\right)&=-\varkappa'\frac{s(u)}{\Delta(u)}\\ \Delta\left(u+\tfrac{\omega}{2}\right)&=\frac{\varkappa'}{\Delta(u)}\end{aligned}\right\}\tag{14a}$$

$$\left.\begin{aligned} s\left(u+\tfrac{\omega'}{2}\right)&=\frac{1}{\varkappa s(u)}\\ c\left(u+\tfrac{\omega'}{2}\right)&=\frac{1}{i}\frac{\Delta(u)}{\varkappa s(u)}\\ \Delta\left(u+\tfrac{\omega'}{2}\right)&=\frac{1}{i}\frac{c(u)}{s(u)}\end{aligned}\right\}\tag{14b}$$

$$\left.\begin{aligned} s\left(u+\tfrac{\omega}{2}+\tfrac{\omega'}{2}\right)&=\frac{1}{\varkappa}\frac{\Delta(u)}{c(u)}\\ c\left(u+\tfrac{\omega}{2}+\tfrac{\omega'}{2}\right)&=\frac{1}{i}\frac{\varkappa'}{\varkappa}\frac{1}{c(u)}\\ \Delta\left(u+\tfrac{\omega}{2}+\tfrac{\omega'}{2}\right)&=i\varkappa'\frac{s(u)}{c(u)}\end{aligned}\right\}\tag{14c}$$

26. Nach dem allgemeinen Satze über doppeltperiodische Funktionen zweiter Ordnung (Satz 19 S. 81) können wir unter Rücksicht auf die Gleichungen (8) $(s'u)^2$, $(c'u)^2$, $(\Delta'u)^2$ leicht durch su, cu, Δu ausdrücken.

Es ergiebt sich

$$(s'u)^2=G^2\left(1-s^2(u)\right)\left(1-\varkappa^2 s^2(u)\right),$$

da

$$s\left(\tfrac{\omega}{2}\right)=1,\quad s\left(\tfrac{\omega+\omega'}{2}\right)=\frac{1}{\varkappa}$$
$$s\left(3\tfrac{\omega}{2}\right)=-1,\quad s\left(\omega+\tfrac{\omega'+\omega}{2}\right)=-\frac{1}{\varkappa}$$

ist. Analog folgt:

$$(c'u)^2=G_1^2(1-c^2u)\left(1+\frac{\varkappa^2}{\varkappa'^2}c^2u\right),$$
$$(\Delta'u)^2=G_2^2(1-\Delta^2u)\left(1-\frac{1}{\varkappa'^2}\Delta^2u\right),$$

wo G^2, G_1^2, G_2^2 von *einer* unter ihnen abhängen.

Beachtet man, dass aus

$$c^2u=1-s^2u,\qquad\qquad \Delta^2u=1-\varkappa^2s^2u$$

folgt:

$$s^2u=1-c^2u,\qquad\qquad \varkappa^2s^2u=1-\Delta^2u$$
$$c^2u=-\frac{\varkappa'^2}{\varkappa'^2}\left(1-\frac{1}{\varkappa'^2}\Delta^2u\right),\qquad \Delta^2u=\varkappa'^2\left(1+\frac{\varkappa^2}{\varkappa'^2}c^2u\right),$$

so ergiebt sich

$$(s'u)^2=G^2c^2u\,\Delta^2u$$
$$(c'u)^2=\frac{1}{\varkappa'^2}G_1^2s^2u\,\Delta^2u$$
$$(\Delta'u)^2=-\frac{\varkappa^4}{\varkappa'^2}G_2^2s^2u\,c^2u.$$

Also ist

$$s'u=Gcu\,\Delta u;\quad c'u=\frac{1}{\varkappa'}G_1su\,\Delta u;\quad \Delta'u=\frac{i\varkappa^2}{\varkappa'}G_2su\,cu,$$

indem wir voraussetzen, dass

$$s'(0)=G,\quad c'\left(\tfrac{\omega}{2}\right)=G_1,\quad \Delta'\left(\tfrac{\omega+\omega'}{2}\right)=G_2$$

ist, da sich nach S. 56:

$$c\left(\tfrac{\omega+\omega'}{2}\right)=\frac{\vartheta_0}{\vartheta_2}\frac{\vartheta_2\left(\frac{\omega+\omega'}{2}\right)}{\vartheta_0\left(\frac{\omega+\omega'}{2}\right)}=\frac{1}{i}\frac{\varkappa'}{\varkappa}$$

ergiebt.

Da nun $s'u$ und $cu\,\Delta u$ beide eindeutige doppeltperiodische Funktionen mit den Perioden 2ω, ω' sind und die Gleichung

$$s'u = Gcu\,\Delta u$$

jedenfalls im Parallelogramm $ab'df$ in Fig. 24 auch dem Zeichen nach richtig ist, so besteht dieselbe für alle Werte von u. Dasselbe gilt von den andern Gleichungen.

Aus $c^2u = 1 - s^2u$ folgt aber

$$2cu\,c'u = -2su\,s'u = -2su\,Gcu\,\Delta u,$$

also

$$c'u = -Gsu\,\Delta u.$$

Analog aus

$$\begin{aligned} \Delta^2u &= 1 - \varkappa^2 s^2u \\ \Delta'u &= -\varkappa^2 Gsu\,cu, \end{aligned}$$

woraus folgt, dass

$$G_1 = -\varkappa' G, \quad G_2 = i\varkappa' G$$

ist, und dass also

$$s'u = Gcu\,\Delta u, \quad c'u = -Gsu\,\Delta u, \quad \Delta'u = -\varkappa^2 Gsu\,cu \tag{15}$$

sich ergiebt, daher

$$\left.\begin{aligned} s'u &= G\sqrt{1-s^2u}\sqrt{1-\varkappa^2 s^2u}, \\ c'u &= -\varkappa' G\sqrt{1-c^2u}\sqrt{1+\frac{\varkappa^2}{\varkappa'^2}c^2u}, \\ \Delta'u &= i\varkappa' G\sqrt{1-\Delta^2u}\sqrt{1-\frac{1}{\varkappa'^2}\Delta^2u} \end{aligned}\right\} \tag{16}$$

ist auch dem Zeichen nach im Parallelogramm $ab'df$ (Fig. 24) richtig, für andere u aber muss das Vorzeichen der Quadratwurzeln erst bestimmt werden.

Für die Konstante G ergiebt sich, da $G = s'(0)$ ist, und aus

$$\begin{aligned} s(u) &= \frac{\vartheta_3}{\vartheta_2}\frac{\vartheta_1(u)}{\vartheta_0(u)} \\ s'(u) &= \frac{\vartheta_3}{\vartheta_2}\frac{\vartheta_0 u\,\vartheta_1' u - \vartheta_1 u\,\vartheta_0' u}{\vartheta_0^2 u} \end{aligned}$$

folgt

$$G = s'(0) = \frac{\vartheta_3 \vartheta_1'}{\vartheta_2 \vartheta_0}, \tag{17}$$

denn es ist

$$\vartheta_0(-u) = \vartheta_0(u)$$
$$\vartheta_0'(-u) = -\vartheta_0'(u),$$

und da $\vartheta_0'(u)$ für jedes endliche u endlich sein muss,

$$\vartheta_0'(0) = -\vartheta_0'(0) = 0.$$

Es hängt also G von $q = e^{\frac{\omega'}{\omega}\pi i}$ ab.

V. Das Additionstheorem der elliptischen Funktionen.

27. Das Additionstheorem für die eindeutige doppeltperiodische Funktion $F(u)$ von u ist in folgendem Satze enthalten:

$F(u+v)$ drückt sich rational durch $F(u)$, $F'(u)$, $F(v)$ $F'(v)$ aus, wobei $F'(u) = \frac{dF}{du}$ ist.

Wir fassen $F(u+v)$ als Funktion von u auf, indem wir dem v einen beliebigen, aber konstanten Wert beilegen. Als solche ist $F(u+v)$ eine doppeltperiodische eindeutige Funktion von u und lässt sich rational durch $F(u)$ und ihre Ableitung $F'(u)$ ausdrücken (Satz 21 S. 84), d. h. es ist

$$F(u+v) = R_1\big(F(u), F'(u)\big).$$

Die Koeffizienten von $F(u)$ und $F'(u)$ in R_1 hängen von v ab und müssen auch doppeltperiodische Funktionen von v sein, denn $F(u+v)$ ändert sich nicht, wenn man v um die Perioden von $F(u)$ ändert. Daher lassen sich diese Koeffizienten auch rational durch $F(v)$ und $F'(v)$ ausdrücken, und es wird

$$F(u+v) = R\big(F(u), F'(u), F(v), F'(v)\big)$$

sein, wo die jetzt auftretenden Koeffizienten von u und v unabhängig sind.

Es muss

$$R\big(F(u), F'(u), F(v), F'(v)\big) = R\big(F(v), F'(v), F(u), F'(u)\big)$$

sein und

$$\begin{aligned} F(u) &\equiv R\big(F(u), F'(u), F(0), F'(0)\big) \\ &\equiv R\big(F(0), F'(0), F'(u), F'(u)\big) \end{aligned}$$

sich ergeben.

28. Wir wollen die Formeln für das Additionstheorem der elliptischen Funktionen wirklich aufstellen.

Wir setzen

$$f(u) = s(v+u) + s(v-u),$$

indem wir v beliebig, aber vor der Hand konstant annehmen. Dann ist $f(u)$ eine eindeutige doppeltperiodische Funktion von u mit den Perioden 2ω, ω', welche nur unendlich wird, wenn $s(v+u)$ oder $s(v-u)$ unendlich wird.

Nun ist

$$\begin{aligned} s(v+u) &= \infty \text{ für } v+u \equiv \tfrac{1}{2}\omega',\ \omega + \tfrac{1}{2}\omega' \\ s(v-u) &= \infty \text{ für } v-u \equiv \tfrac{1}{2}\omega',\ \omega + \tfrac{1}{2}\omega', \end{aligned}$$

d. h. $f(u)$ wird im ersten Periodenparallelogramm nur unendlich für

$$u \equiv -v + \tfrac{1}{2}\omega', \quad -v + \omega + \tfrac{1}{2}\omega', \quad v - \tfrac{1}{2}\omega', \quad v - \omega - \tfrac{1}{2}\omega'$$

und da v ganz willkürlich ist, so sind diese vier Werte einander nicht kongruent nach den Perioden, denn wäre beispielsweise

$$-v + \tfrac{1}{2}\omega \equiv v - \tfrac{1}{2}\omega',$$

so müsste

$$-2v \equiv 0 \pmod{2\omega, \omega'}$$

sein, also v einen der vier Werte

$$-\omega, \quad -\tfrac{\omega'}{2}, \quad -\tfrac{\omega-\omega'}{2}, \quad 0$$

haben.

Unsere Funktion $f(u)$ ist also bei willkürlich gelassenem v von der 4. Ordnung. Suchen wir nun die vier Nullstellen derselben.

Soll

$$f(u) = s(v+u) + s(v-u) - 0$$

sein, so ist

$$s(v+u) = -s(v-u) = s(v-u+\omega),$$

also

$$v + u = v - u + \omega + 2m\omega + m'\omega',$$

wo m und m' ganze Zahlen bedeuten. Aus der letzten Gleichung folgt

$$2u = (2m+1)\omega + m'\omega$$

oder

$$u = (2m+1)\tfrac{\omega}{2} + m'\tfrac{\omega'}{2}.$$

Von diesen Werten fallen in das Periodenparallelogramm 2ω, ω' die vier folgenden:

$$u = \tfrac{\omega}{2}, \ \tfrac{3\omega}{2}, \ \tfrac{\omega+\omega'}{2}, \ \tfrac{3\omega+\omega'}{2}.$$

Diese vier Nullstellen müssen für $f(u)$ einfache Nullstellen sein, da $f(u)$ von der 4. Ordnung ist. Man überzeugt sich übrigens leicht, dass $f'(u)$ für diese

Werte von Null verschieden ist. Diese Werte, welche $f(u) = 0$ machen, sind nach (8a) S. 77 dieselben, welche $s'(u) = 0$ machen. Für die Werte, für welche $f(u) = \infty$ ist, wird

$$s^2\left(v + \tfrac{\omega'}{2}\right) - s^2(u)$$

verschwinden und *nur* für diese Werte; denn der angeschriebene Ausdruck ist im Periodenparallelogramm 2ω, ω' eine doppeltperiodische Funktion 4. Ordnung von u, da er nur für

$$u = \tfrac{\omega'}{2}, \quad \omega + \tfrac{\omega'}{2}$$

je zweimal unendlich wird.

Es wird also

$$\frac{s'u}{s^2\left(v + \tfrac{\omega'}{2}\right) - s^2u}$$

null und unendlich für dieselben Werte, wie $f(u)$ und sonst nicht. Denn für

$$u = \tfrac{\omega'}{2} \quad \text{oder} \quad \omega + \tfrac{\omega'}{2}$$

werden Zähler und Nenner beide von der zweiten Ordnung unendlich, der Bruch bleibt also endlich . Daher ist

$$f(u) = s(v+u) + s(v-u) = C\frac{s'u}{s^2\left(v + \tfrac{\omega'}{2}\right) - s^2u},$$

wo C eine von u unabhängige Grösse ist.

Nach den Formeln (14b) ist

$$s\left(v + \tfrac{\omega'}{2}\right) = \frac{1}{\varkappa s v},$$

also ist auch

$$s(v+u) + s(v-u) = c\frac{\varkappa^2\, s^2 v\, s'u}{1 - \varkappa^2\, s^2 v\, s^2 u}.$$

Setzt man $u = 0$, so wird

$$2sv = c\varkappa^2\, s^2 v\, G,$$

da $s'(0) = G$ ist und daher

$$c\varkappa^2\, s^2 v = \frac{2}{G} sv;$$

also ist

$$s(v+u)+s(v-u)=\frac{1}{G}\frac{2sv\,s'u}{1-\varkappa^2\,s^2v\,s^2u},$$

woraus

$$s(v+u)+s(u-v)=\frac{1}{G}\frac{2su\,s'v}{1-\varkappa^2\,s^2u\,s^2v} \tag{18a}$$

folgt, wenn man in der ersten u mit v vertauscht.

Beachtet man, dass nach Gleichung (15)

$$s'u = Gcu\,\Delta u$$

ist, so wird

$$\begin{aligned} s(u+v)+s(u-v) &= \frac{2su\,cv\Delta v}{1-\varkappa^2 s^2u\,s^2v} \\ s(u+v)-s(u-v) &= \frac{2sv\,cu\Delta u}{1-\varkappa^2 s^2u\,s^2v} \end{aligned} \tag{18b}$$

Durch Addition und Subtraktion ergiebt sich schliesslich

$$\begin{aligned} s(u+v) &= \frac{su\,cv\,\Delta v + sv\,cu\,\Delta u}{1-\varkappa^2 s^2u\,s^2v} \\ s(u-v) &= \frac{su\,cv\,\Delta v - sv\,cu\,\Delta u}{1-\varkappa^2 s^2u\,s^2v}, \end{aligned} \tag{19a}$$

welche Formeln das *Additionstheorem* für die Funktion $s(u)$ aussagen.

Setzt man

$$\begin{aligned} c(v+u)+c(v-u) &= f(u) \\ c(v+u)-c(v-u) &= \varphi(u), \end{aligned}$$

so ersieht man, dass $f(u)$ und $\varphi(u)$ nur unendlich werden, wenn $c(v+u)$ oder $c(v-u)$ unendlich wird d. h. für Werte von u für die

$$1-\varkappa^2 s^2v\,s^2u$$

verschwindet, wie wir soeben bei der Funktion $s(v+u)$ sahen. Es wird

$$\begin{aligned} f(u)=0, &\quad u=\tfrac{\omega}{2},\ \tfrac{3\omega}{2},\ \omega+\tfrac{\omega'}{2},\ 2\omega+\tfrac{\omega'}{2} \\ \varphi(u)=0, &\quad u=0,\ \omega,\ \ \tfrac{\omega+\omega'}{2},\ \ \tfrac{3\omega+\omega'}{2}, \end{aligned}$$

also ist

$$f(u) = A \cdot \frac{cu}{1 - \varkappa^2 s^2 v\, s^2 u}$$
$$\varphi(u) = B \cdot \frac{c'u}{1 - \varkappa^2 s^2 v\, s^2 u} = -BG \frac{su\, \Delta u}{1 - \varkappa^2 s^2 v\, s^2 u}.$$

Setzt man in der ersten Gleichung $u = 0$, in der zweiten $u = \frac{\omega}{2}$, so wird nach den Gleichungen (14)

$$2cv = A, \quad 2sv\, \Delta v = BG$$

sich ergeben, und daher ist

$$c(u+v) + c(u-v) = 2 \frac{cu\, cv}{1 - \varkappa^2 s^2 u\, s^2 v}$$
$$c(u+v) - c(u-v) = -2 \frac{su\, \Delta u\, sv\, \Delta v}{1 - \varkappa^2 s^2 u\, s^2 v},$$

mithin

$$c(u+v) = \frac{cu\, cv - su\, sv\, \Delta u\, \Delta v}{1 - \varkappa^2 s^2 u\, s^2 v}. \tag{20a}$$

Aendert man in $s(u+v)$ u um $\frac{\omega}{2}$, so erhält man

$$\frac{c(u+v)}{\Delta(u+v)} = \frac{cu\, cv\, \Delta u\, \Delta v - \varkappa'^2 su\, sv}{\Delta^2 u - \varkappa^2 c^2 u\, c^2 v} = \frac{cu\, cv\, \Delta u\, \Delta v - \varkappa'^2 su\, sv}{\varkappa'^2 + \varkappa^2 c^2 u\, c^2 v}.$$

Mit Hilfe der Gleichungen (12) ergiebt sich

$$\begin{aligned}
&(cu\, cv\, \Delta u\, \Delta v - \varkappa'^2 su\, sv)(\Delta u\, \Delta v - \varkappa^2 su\, sv\, cu\, cv) \\
&= cu\, cv(\Delta^2 u\, \Delta^2 v + \varkappa^2 \varkappa'^2 s^2 u\, s^2 v) - su\, sv\, \Delta u\, \Delta v(\varkappa'^2 + \varkappa^2 c^2 u\, c^2 v) \\
&= (cu\, cv - su\, sv\, \Delta u\, \Delta v)(\varkappa'^2 + \varkappa^2 c^2 u\, c^2 v)
\end{aligned}$$

also ist

$$\frac{c(u+v)}{\Delta(u+v)} = \frac{cu\, cv - su\, sv \Delta u \Delta v}{\Delta u \Delta v - \varkappa^2 su\, sv\, cu\, cv}$$

und zufolge (20a) daher

$$\Delta(u+v) = \frac{\Delta u \Delta v - \varkappa^2 su\, sv\, cu\, cv}{1 - \varkappa^2 s^2 u\, s^2 v}. \tag{21a}$$

Diese Ausdrücke für $s(u+v)$, $c(u+v)$, $\Delta(u+v)$ kann man zufolge der Gleichungen (12) noch auf andere Formen bringen. Denn es ergeben sich leicht die Identitäten:

$$\begin{aligned}
&(cu\,cv\varDelta u\varDelta v - \varkappa'^2 su\,sv)(\varDelta u\varDelta v - \varkappa^2 su\,sv\,cu\,cv) = \\
&\qquad = (cu\,cv - su\,sv\varDelta u\varDelta v)(\varkappa'^2 + \varkappa^2 c^2u\,c^2v), \\
&(\varDelta u\varDelta v - \varkappa^2 su\,sv\,cu\,cv)(\varDelta u\varDelta v + \varkappa^2 su\,sv\,cu\,cv) = \\
&\qquad = (1 - \varkappa^2 s^2u\,s^2v)(\varkappa'^2 + \varkappa^2 c^2u\,c^2v), \\
&(su\,cv\varDelta v + sv\,cu\varDelta u)(\varDelta u\varDelta v + \varkappa^2 su\,sv\,cu\,cv) = \\
&\qquad = (1 - \varkappa^2 s^2u\,s^2v)(su\,cv\varDelta u + sv\,cu\varDelta v),
\end{aligned}$$

und daher wird

$$s(u+v) = \frac{su\,cv\varDelta u + sv\,cu\varDelta v}{\varDelta u\varDelta v + \varkappa^2 su\,sv\,cu\,cv} \tag{19b}$$

$$c(u+v) = \frac{cu\,cv\varDelta u\varDelta v - \varkappa'^2 su\,sv}{\varDelta u\varDelta v + \varkappa^2 su\,sv\,cu\,cv} \tag{20b}$$

$$\varDelta(u+v) = \frac{\varkappa'^2 + \varkappa^2 c^2u\,c^2v}{\varDelta u\varDelta v + \varkappa^2 su\,sv\,cu\,cv}. \tag{21b}$$

Aus den folgenden Identitäten

$$\begin{aligned}
&(su\,cv\varDelta v + sv\,cu\varDelta u)(su\,cv\varDelta v - sv\,cu\varDelta u) \\
&\qquad = (s^2u - s^2v)(1 - \varkappa^2 s^2u\,s^2v), \\
&(cu\,cv - su\,sv\varDelta u\varDelta v)(su\,cv\varDelta v - sv\,cu\varDelta u) \\
&\qquad = (su\,cu\varDelta v - sv\,cv\varDelta u)(1 - \varkappa^2 s^2u\,s^2v), \\
&(\varDelta u\varDelta v - \varkappa^2 su\,sv\,cu\,cv)(su\,cv\varDelta v - sv\,cu\varDelta u) \\
&\qquad = (su\,cv\varDelta u - sv\,cu\varDelta v)(1 - \varkappa^2 s^2u\,s^2v)
\end{aligned}$$

ergeben sich dann die Formen

$$s(u+v) = \frac{s^2u - s^2v}{su\,cv\varDelta v - sv\,cu\varDelta u} \tag{19c}$$

$$c(u+v) = \frac{su\,cu\varDelta v - sv\,cv\varDelta u}{su\,cv\varDelta v - sv\,cu\varDelta u} \tag{20c}$$

$$\varDelta(u+v) = \frac{su\,cv\varDelta u - sv\,cu\varDelta v}{su\,cv\varDelta v - sv\,cu\varDelta v}. \tag{21c}$$

Stellen wir die erhaltenen Formeln zusammen, indem wir auch für v, $-v$ setzen, so erhalten wir:

$$\left.\begin{aligned} s(u \pm v) &= \frac{su\, cv\Delta v \pm sv\, cu\Delta u}{1 - \varkappa^2 s^2u\, s^2v} \\ &= \frac{su\, cv\Delta u \pm sv\, cu\Delta v}{\Delta u\Delta v \pm \varkappa^2 su\, sv\, cu\, cv} \\ &= \frac{s^2u - s^2v}{su\, cv\Delta v \mp sv\, cu\Delta u} \end{aligned}\right\} \tag{19}$$

$$\left.\begin{aligned} c(u \pm v) &= \frac{cu\, cv \mp su\, sv\Delta u\Delta v}{1 - \varkappa^2 s^2u\, s^2v} \\ &= \frac{cu\, cv\Delta u\Delta v \mp \varkappa'^2 su\, sv}{\Delta u\Delta v \pm \varkappa^2 su\, sv\, cu\, cv} \\ &= \frac{su\, cu\Delta v \mp sv\, cv\Delta u}{su\, cv\Delta v \mp sv\, cu\Delta u} \end{aligned}\right\} \tag{20}$$

$$\left.\begin{aligned} \Delta(u \pm v) &= \frac{\Delta u\Delta v \mp \varkappa^2 su\, sv\, cu\, cv}{1 - \varkappa^2 s^2u\, s^2v} \\ &= \frac{\varkappa'^2 + \varkappa^2 c^2u\, c^2v}{\Delta u\Delta v \pm \varkappa^2 su\, sv\, cu\, cv} \\ &= \frac{su\, cv\Delta u \mp sv\, cu\Delta v}{su\, cv\Delta v \mp sv\, cu\Delta u} \end{aligned}\right\} \tag{21}$$

Jede dieser drei Formen geht über in die anderen lediglich durch Benutzung der Gleichung (12)

$$c^2u + s^2u = 1, \quad \Delta u + \varkappa^2 s^2u = 1.$$

Es ergiebt sich auch noch einfach

$$s(u+v)s(u-v) = \frac{s^2u - s^2v}{1 - \varkappa^2 s^2u\, s^2v}, \tag{22}$$

da

$$\begin{aligned} &(su\, cv\Delta v + sv\, cu\Delta u)(su\, cv\Delta v - sv\, cu\Delta u) \\ &\quad = (s^2u - s^2v)(1 - \varkappa^2 s^2u\, s^2v) \end{aligned}$$

ist.

Für jede ganze Zahl m lässt sich $s(mu)$ rational durch su und $s'u$ ausdrücken. Es ist $\frac{s(mu)}{su}$ eine *gerade* doppeltperiodische Funktion von u, welche die Perioden 2ω und ω' besitzt. Dieselbe lässt sich also rational durch $s\left(u+\frac{\omega+\omega'}{2}\right)$ *allein* ausdrücken [nach dem ersten Satz 18 S. 77]. Da nun

$$s\left(u+\frac{\omega+\omega'}{2}\right)=\frac{1}{\varkappa}\frac{\Delta u}{cu}=\frac{1}{G\varkappa}\frac{s'u}{c^2u}$$

ist, so lässt sich $\frac{s(mu)}{su}$ rational durch $s'u$ und s^2u ausdrücken, so dass

$$s(mu)=su\left[R(s^2u)+s'u\,P(s^2u)\right]$$

ist, wo R und P rationale Funktionen des Arguments s^2 sind. Da nun

$$s(u+\omega)=-su,\quad s^2(u+\omega)=s^2u,\quad s'(u+\omega)=-s'u$$

ist, so folgt für ein gerades $m=2\nu$

$$s\,[2\nu(u+\omega)]=s(2\nu u+2\nu\omega)=s(2\nu u)=-su\left[R(s^2)-s'(u)\,P(s^2)\right]$$

d. h. es muss $R(s^2)\equiv 0$ sein, also ist

$$s(2\nu u)=su\,s'u\,P(s^2u);$$

für ein ungerades $m=2\nu+1$ ergiebt sich dann

$$s\,[(2\nu+1)u]=su\,R(s^2u).$$

Die explicite Darstellung der Funktionen P und R bietet keine besondere Schwierigkeit, da alle Null- und Unendlichkeitsstellen derselben bekannt sind, doch soll dieselbe hier übergangen werden. Man vergleiche hierzu: ABEL, »Précis d'une théorie des fonctions elliptiques« Grelle Bd. 4 S. 236, sowie die neue Ausgabe seiner gesammelten Werke Christiania 1881 Bd. I S. 518; KÖNIGSBERGER, »Vorlesungen üb. die Theorie der ellipt. Funktionen« Leipzig 1874 II. Theil S. 204 u. 208 u. a.

VI. Additionstheoreme der Thetafunktionen.

29. Aus dem Additionstheorem für die elliptischen Funktionen ergeben sich Additionstheoreme für die ϑ-Funktionen, und umgekehrt ergiebt jedes Additionstheorem für die ϑ-Funktionen, wie wir sehen werden, ein Additionstheorem für die elliptischen Funktionen.

Führen wir in die Formel (22) ϑ-Funktionen ein, so wird dieselbe, da

$$s(u+v) = \frac{\vartheta_3}{\vartheta_2}\frac{\vartheta_1(u+v)}{\vartheta_0(u+v)}, \quad s(u-v) = \frac{\vartheta_3}{\vartheta_2}\frac{\vartheta_1(u-v)}{\vartheta_0(u-v)}$$
$$su = \frac{\vartheta_3}{\vartheta_2}\frac{\vartheta_1(u)}{\vartheta_0(u)}, \qquad sv = \frac{\vartheta_3}{\vartheta_2}\frac{\vartheta_1(v)}{\vartheta_0(v)}$$

ist, lauten

$$\frac{\vartheta_1(u+v)\vartheta_1(u-v)}{\vartheta_0(u+v)\vartheta_0(u-v)} = \frac{\vartheta_1^2 u\, \vartheta_0^2 v - \vartheta_1^2 v\, \vartheta_0^2 u}{\vartheta_0^2 u\, \vartheta_0^2 v - \vartheta_1^2 v\, \vartheta_1^2 u}.$$

Da Zähler und Nenner rechter Hand für allgemeine Werte von u und v keinen Faktor gemeinschaftlich haben und der Zähler links und rechts für $u = v$ verschwindet, während der Nenner endlich bleibt, so kann man

$$\varrho\vartheta_1(u+v)\vartheta_1(u-v) = \vartheta_1^2 u\, \vartheta_0^2 v - \vartheta_1^2 v\, \vartheta_0^2 u$$
$$\varrho\vartheta_0(u+v)\vartheta_0(u-v) = \vartheta_0^2 v\, \vartheta_0^2 u - \vartheta_1^2 v\, \vartheta_1^2 u$$

setzen, wobei ϱ zu bestimmen ist.

Nun ist

$$\varrho = \frac{\vartheta_1^2 u\, \vartheta_0^2 v - \vartheta_1^2 v\, \vartheta_0^2 u}{\vartheta_1(u+v)\vartheta_1(u-v)}$$

aus der ersten Gleichung bestimmt, bei konstantem v eine doppeltperiodische Funktion von u, mit den Perioden ω, ω'. Denn ändert man u um ω, so bleibt Zähler und Nenner ungeändert. Aendert man aber u um ω', so wird

$$\begin{aligned}\vartheta_1^2(u+\omega')\, \vartheta_0^2 v - \vartheta_1^2 v\, \vartheta_0^2(u+\omega') &= \\ &= (\vartheta_1^2 u\, \vartheta_0^2 v - \vartheta_1^2 v\, \vartheta_0^2 u) e^{-2(2u+\omega')\frac{\pi i}{\omega}}\end{aligned}$$
$$\begin{aligned}\vartheta_1(u+v+\omega')\, \vartheta_1(u-v+\omega') &= \\ &= \vartheta_1(u+v)\, \vartheta_1(u-v) e^{-2(2u+\omega')\frac{\pi i}{\omega}},\end{aligned}$$

also bleibt ϱ auch ungeändert. Es kann nun ϱ im Periodenparallelogramm ω, ω' unendlich werden nur für $u \equiv v$ und $u \equiv -v$; da aber für diese Werte der Zähler auch verschwindet, so kann ϱ überhaupt für keinen Wert von u im

Periodenparallelogramm unendlich werden, ist also von u unabhängig. Setzt man also $u = 0$, so wird

$$\varrho = \vartheta_0^2$$

auch von v unabhängig und von Null verschieden.

Dieselbe Betrachtung ergiebt für ϱ aus der zweiten Gleichung denselben Wert. Also ist

$$\begin{aligned}\vartheta_0^2\vartheta_1(u+v)\vartheta_1(u-v) &= \vartheta_1^2 u\,\vartheta_0^2 v - \vartheta_1^2 v\,\vartheta_0^2 u\\ \vartheta_0^2\vartheta_0(u+v)\vartheta_0(u-v) &= \vartheta_0^2 u\,\vartheta_0^2 v - \vartheta_1^2 u\,\vartheta_1^2 v.\end{aligned}$$

Ersetzt man in beiden u durch $u - \frac{\omega}{2}$, so erhält man

$$\begin{aligned}\vartheta_0^2\vartheta_2(u+v)\vartheta_2(u-v) &= \vartheta_2^2 u\,\vartheta_0^2 v - \vartheta_1^2 v\,\vartheta_3^2 u\\ \vartheta_0^2\vartheta_3(u+v)\vartheta_3(u-v) &= \vartheta_3^2 u\,\vartheta_0^2 v - \vartheta_2^2 u\,\vartheta_1^2 v.\end{aligned}$$

Aendert man in diesen Formeln u und v jedes um $\frac{\omega}{2}$, so bleibt die linke Seite bis aufs Vorzeichen ungeändert, während rechts andere ϑ-Funktionen auftreten; man erhält daher für jede linke Seite zwei Ausdrücke. Es ergeben sich hierdurch folgende Formeln

$$\left.\begin{aligned}\vartheta_0^2\vartheta_1(u+v)\vartheta_1(u-v) &= \vartheta_1^2 u\,\vartheta_0^2 v - \vartheta_1^2 v\,\vartheta_0^2 u\\ &= \vartheta_3^2 u\,\vartheta_2^2 v - \vartheta_3^2 v\,\vartheta_2^2 u\\ \vartheta_0^2\vartheta_0(u+v)\vartheta_0(u-v) &= \vartheta_0^2 u\,\vartheta_0^2 v - \vartheta_1^2 u\,\vartheta_1^2 v\\ &= \vartheta_3^2 u\,\vartheta_3^2 v - \vartheta_2^2 u\,\vartheta_2^2 v\\ \vartheta_0^2\vartheta_2(u+v)\vartheta_2(u-v) &= \vartheta_2^2 u\,\vartheta_0^2 v - \vartheta_1^2 v\,\vartheta_3^2 u\\ &= \vartheta_0^2 u\,\vartheta_2^2 v - \vartheta_1^2 u\,\vartheta_3^2 v\\ \vartheta_0^2\vartheta_3(u+v)\vartheta_3(u-v) &= \vartheta_3^2 u\,\vartheta_0^2 v - \vartheta_2^2 u\,\vartheta_1^2 v\\ &= \vartheta_0^2 u\,\vartheta_3^2 v - \vartheta_1^2 u\,\vartheta_2^2 v\end{aligned}\right\} \quad (22)$$

Die zweite Gleichung liefert uns eine bereits bekannte Relation, wenn man $u = 0$, $v = 0$ setzt, nämlich

$$\vartheta_0^4 = \vartheta_3^4 - \vartheta_2^4$$

oder

$$\vartheta_0^4 + \vartheta_1^4 = \vartheta_3^4,$$

die wir auf S. 95 (13a) bereits gefunden haben. Eine Aenderung von u und v um $\frac{\omega'}{2}$ lässt beide Seiten der Gleichungen (22) ungeändert.

Die erste Formel (18b) giebt, wenn man die elliptischen Funktionen durch die ϑ-Funktionen ersetzt:

$$\frac{\vartheta_3}{\vartheta_2}\cdot\frac{\vartheta_1(u+v)\vartheta_0(u-v)+\vartheta_1(u-v)\vartheta_0(u+v)}{\vartheta_0(u+v)\vartheta_0(u-v)}$$
$$=2\frac{\vartheta_0^2}{\vartheta_2^2}\cdot\frac{\vartheta_0u\,\vartheta_1u\,\vartheta_2v\,\vartheta_3v}{\vartheta_0^2u\,\vartheta_0^2v-\vartheta_1^2u\,\vartheta_1^2v}$$

und zufolge der zweiten Gleichung (22)

$$\vartheta_2\vartheta_3\left[\vartheta_1(u+v)\vartheta_0(u-v)+\vartheta_1(u-v)\vartheta_0(u+v)\right]$$
$$=2\vartheta_0u\,\vartheta_1u\,\vartheta_2v\,\vartheta_3v,$$

woraus durch Vertauschung von u und v folgt

$$\vartheta_2\vartheta_3\left[\vartheta_1(u+v)\vartheta_0(u-v)-\vartheta_1(u-v)\vartheta_0(u+v)\right]$$
$$=2\vartheta_0v\,\vartheta_1v\,\vartheta_2u\,\vartheta_3u.$$

Durch Addition und Subtraktion beider erhält man die Gleichungen

$$\left.\begin{aligned}
\vartheta_2\vartheta_3\vartheta_1(u+v)\vartheta_0(u-v) &= \vartheta_0u\,\vartheta_1u\,\vartheta_2v\,\vartheta_3v\\
&\quad+\vartheta_0v\,\vartheta_1v\,\vartheta_2u\,\vartheta_3u\\
\vartheta_2\vartheta_3\vartheta_1(u-v)\vartheta_0(u+v) &= \vartheta_0u\,\vartheta_1u\,\vartheta_2v\,\vartheta_3v\\
&\quad-\vartheta_0v\,\vartheta_1v\,\vartheta_2u\,\vartheta_3u\\
\vartheta_2\vartheta_3\vartheta_2(u+v)\vartheta_3(u-v) &= \vartheta_3u\,\vartheta_2u\,\vartheta_2v\,\vartheta_3v\\
&\quad-\vartheta_0v\,\vartheta_1v\,\vartheta_1u\,\vartheta_0u\\
\vartheta_2\vartheta_3\vartheta_3(u+v)\vartheta_2(u-v) &= \vartheta_3u\,\vartheta_2u\,\vartheta_2v\,\vartheta_3v\\
&\quad+\vartheta_0v\,\vartheta_1v\,\vartheta_1u\,\vartheta_0u
\end{aligned}\right\}\tag{23}$$

von welchen die letzten zwei aus den ersten zwei folgen durch Aenderung von u um $\frac{\omega}{2}$.

30. Die vorstehenden Formeln, welche aus dem Additionstheorem für $s(u)$ folgten, werden wir späterhin allein verwenden. Doch soll hier, unabhängig von dem Vorhergehenden, ganz selbständig ein Additionstheorem für die ϑ-Funktionen abgeleitet werden. Aus den Formeln, welche wir für die ϑ-Funktionen erhalten werden, ergiebt sich dann umgekehrt das Additionstheorem für die Funktionen su, cu, Δu. Die im Folgenden durchgeführte Ableitung des Additionstheorems ist die von Herrn Prim im Crelle'schen Journal Bd. 93 S. 124 für ϑ-Funktionen beliebig vieler Argumente gegebene.

Wir definirten die allgemeine ϑ-Funktion durch die Gleichungen

$$\begin{aligned}\vartheta(u+\omega,\varepsilon,\varepsilon') &= (-1)^{\varepsilon}\vartheta(u,\varepsilon,\varepsilon')\\ \vartheta(u+\omega',\varepsilon,\varepsilon') &= (-1)^{\varepsilon'}\vartheta(u,\varepsilon,\varepsilon')e^{-(2u+\omega')\frac{\pi i}{\omega}},\end{aligned} \tag{a}$$

dann war

$$\left.\begin{aligned}\vartheta(u,\varepsilon+2\nu,\varepsilon') &= \vartheta(u,\varepsilon,\varepsilon')\\ \vartheta(u,\varepsilon,\varepsilon'+2\mu) &= (-1)^{\varepsilon\mu}\vartheta(u,\varepsilon,\varepsilon'),\end{aligned}\right\} \tag{b}$$

$$\vartheta(-u,\varepsilon,\varepsilon') = (-1)^{\varepsilon\varepsilon'}\vartheta(u,\varepsilon,\varepsilon') \tag{c}$$

$$\vartheta(u+\varkappa'\tfrac{\omega}{2}+\varkappa\tfrac{\omega'}{2},\varepsilon,\varepsilon') = (-1)^{\frac{\varepsilon'+\varkappa'}{2}}\vartheta(u,\varepsilon+\varkappa,\varepsilon'+\varkappa')e^{-\varkappa(u+\frac{\varkappa}{4}\omega')\frac{\pi i}{\omega}}. \tag{d}$$

Wir führen folgende Grössen ein:

$$\left.\begin{aligned} u+v+w+t &= 2u'\\ u+v-w-t &= 2v'\\ u-v+w-t &= 2w'\\ u-v-w+t &= 2t',\end{aligned}\right\}$$

woraus

$$\left.\begin{aligned} u'+v'+w'+t' &= 2u\\ u'+v'-w'-t' &= 2v\\ u'-v'+w'-t' &= 2w\\ u'-v'-w'+t' &= 2t\end{aligned}\right\} \tag{24}$$

folgt. Betrachten wir für einen Augenblick v, w, t als konstant und nur u variabel, und setzen demgemäss

$$\vartheta(2u',\varepsilon,\varepsilon')\vartheta(2v',\varepsilon,\varepsilon')\vartheta(2w',\varepsilon,\varepsilon')\vartheta(2t',\varepsilon,\varepsilon') = \varphi(2u,\varepsilon,\varepsilon').$$

Ersetzt man nun u durch $u+\frac{\omega}{2}$, so ändert sich

$$2u',\ 2v',\ 2w',\ 2t'$$

jedes um $\frac{\omega}{2}$, also wird nach (d), da $\varkappa = 0$ ist, das Produkt der vier Funktionen übergehen in

$$\begin{aligned}\vartheta(2u',\varepsilon,\varepsilon'+1)\vartheta(2v',\varepsilon,\varepsilon'+1)\vartheta(2w',\varepsilon,\varepsilon'+1)\vartheta(2t',\varepsilon,\varepsilon'+1)\\ = \varphi(2u,\varepsilon,\varepsilon'+1)\end{aligned}$$

oder es ist

$$\varphi(2u+\omega, \varepsilon, \varepsilon') = \varphi(2u, \varepsilon, \varepsilon'+1).$$

Aendert man u aber um $\frac{\omega'}{2}$, so wird nach (d)

$$\varkappa = 0, \quad \varkappa' = 1,$$

also

$$\begin{aligned}\vartheta\left(2u'+\tfrac{\omega'}{2}, \varepsilon, \varepsilon'\right)\vartheta\left(2v'+\tfrac{\omega'}{2}, \varepsilon, \varepsilon'\right)\vartheta\left(2w'+\tfrac{\omega'}{2}, \varepsilon, \varepsilon'\right)\vartheta\left(2t'+\tfrac{\omega'}{2}, \varepsilon, \varepsilon'\right)\\ = \vartheta(2u', \varepsilon+1, \varepsilon')\vartheta(2v', \varepsilon+1, \varepsilon')\vartheta(2w', \varepsilon+1, \varepsilon')\\ \times\vartheta(2t', \varepsilon+1, \varepsilon')e^{-(4u+\omega')\frac{\pi i}{\omega}},\end{aligned}$$

daher ist

$$\begin{aligned}\varphi(2u+\omega, \varepsilon, \varepsilon') &= \varphi(2u, \varepsilon, \varepsilon'+1)\\ \varphi(2u+\omega', \varepsilon, \varepsilon') &= \varphi(2u, \varepsilon+1, \varepsilon')e^{-(4u+\omega')\frac{\pi i}{\omega}}.\end{aligned} \tag{e}$$

Nach Gleichung (b) ergiebt sich ferner

$$\begin{aligned}\varphi(2u, \varepsilon'+2\nu, \varepsilon') &= \varphi(2u, \varepsilon, \varepsilon')\\ \varphi(2u, \varepsilon, \varepsilon'+2\mu) &= \varphi(2u, \varepsilon, \varepsilon'),\end{aligned}$$

d. h. die $\varphi(2u, \varepsilon, \varepsilon')$ sind nur für Werte $\varepsilon\varepsilon'$ von einander verschieden, die 0 oder 1 sind. Wir wollen die vier Werte

$$\varphi(2u, 0, 0),\ \varphi(2u, 1, 0),\ \varphi(2u, 0, -1),\ \varphi(2u, 1, -1)$$

als die Fundamentalwerte annehmen, also (ε, ε') die Wertepaare

$$(0,0), \quad (1,0), \quad (0,-1), \quad (1,-1)$$

durchlaufen lassen. In diesem Sinne setzen wir

$$\Phi(2u) = \sum_{\varepsilon,\varepsilon'}\varphi(2u, \varepsilon, \varepsilon'),$$

dann wird nach der Gleichung (e)

$$\begin{aligned}\Phi(2u+\omega) &= \Phi(2u)\\ \Phi(2u+\omega') &= \Phi(2u)e^{-(4u+\omega')\frac{\pi i}{\omega}}.\end{aligned}$$

Mit Rücksicht auf die Gleichungen (a) folgt hieraus, dass

$$\Phi(2u) = c \cdot \vartheta(2u, 0, 0)$$

ist, wo c von u abhängig ist.

Führt man in $\varphi(2u, \varepsilon, \varepsilon')$ an Stelle von $w', t' \ldots - w', -t'$ ein, so wird das Produkt

$$\vartheta(2w', \varepsilon, \varepsilon')\vartheta(2t', \varepsilon, \varepsilon') = \vartheta(-2w', \varepsilon, \varepsilon')\vartheta(-2t', \varepsilon, \varepsilon'),$$

d. h. $\varphi(2u, \varepsilon, \varepsilon')$ bleibt ungeändert.

Zufolge der Gleichungen (24) tritt aber an Stelle von $u \ldots v$. Daher ist $\Phi(2u)$ dieselbe Funktion von v, wie von u, d. h. es ist

$$\Phi(2u, 2v) = c\vartheta(2v, 0, 0)\vartheta(2u, 0, 0),$$

wo c von u und v unabhängig sind.

Führt man nun $-v'$, $-t'$ an Stelle von v', t' und dann $-v$, $-w'$ an Stelle von v', w' ein, so erkennt man, dass Φ auch von w und t dieselbe Funktion sein muss, wie von u d. h. dass

$$\Phi(2u, 2v, 2w, 2t) = c\vartheta(2u, 0, 0)\vartheta(2v, 0, 0)\vartheta(2w, 0, 0)\vartheta(2t, 0, 0)$$

ist, wo c von u, v, w, t unabhängig ist.

Wir erhalten mithin die Gleichung

$$\left.\begin{aligned} c \cdot \vartheta_3(2u)\vartheta_3(2v)\vartheta_3(2w)\vartheta_3(2t) & \\ = \sum_{\varepsilon,\varepsilon'} \vartheta(2u', \varepsilon, \varepsilon')\vartheta(2v', \varepsilon, \varepsilon')\vartheta(2w', \varepsilon, \varepsilon')\vartheta(2t', \varepsilon, \varepsilon') & \\ = \vartheta_3(2u')\vartheta_3(2v')\vartheta_3(2w')\vartheta_3(2t') & \\ = \vartheta_0(2u')\vartheta_0(2v')\vartheta_0(2w')\vartheta_0(2t') & \\ = \vartheta_2(2u')\vartheta_2(2v')\vartheta_2(2w')\vartheta_2(2t') & \\ = \vartheta_1(2u')\vartheta_1(2v')\vartheta_1(2w')\vartheta_1(2t'). & \end{aligned}\right\} \quad \text{(f)}$$

Um c zu bestimmen, können wir

$$u = 0, \quad v = 0, \quad w = 0, \quad t = 0,$$

also auch

$$u' = 0, \quad v' = 0, \quad w' = 0, \quad t' = 0,$$

setzen, dann folgt

$$c\vartheta_3^4 = \vartheta_3^4 + \vartheta_0^4 + \vartheta_2^4$$

oder

$$(c-1)\vartheta_3^4 = \vartheta_0^4 + \vartheta_2^4,$$

da wir aber auf S. 95 fanden

$$\vartheta_3^4 = \vartheta_0^4 + \vartheta_2^4,$$

so ersieht man, dass $c = 2$ sein muss.

Wir rekurriren hier aber nicht auf diese Formel, sondern wollen vor der Hand c in der Gleichung behalten, da wir gleich ein Mittel bekommen, diese Konstante direkt aus der Entwickelung zu bestimmen.

Vertauschen wir in der angeschriebenen Formel u, v, w, t mit u', v', w', t', so muss dieselbe Geltung behalten, wie aus den Gleichungen (24) folgt. Es ist dann

$$c\vartheta(2u',0,0)\vartheta(2v',0,0)\vartheta(2w',0,0)\vartheta(2t',0,0) \\ = \sum_{\varepsilon,\varepsilon'} \vartheta(2u,\varepsilon,\varepsilon')\vartheta(2v,\varepsilon,\varepsilon')\vartheta(2w,\varepsilon,\varepsilon')\vartheta(2t,\varepsilon,\varepsilon')$$

Nun setzen wir an Stelle von

$$2u, \quad 2v, \quad 2w, \quad 2t$$

die Grössen

$$2u + \eta'\omega + \eta\omega', \quad 2v + \varrho'\tfrac{\omega}{2} + \varrho\tfrac{\omega'}{2}, \\ 2w + \sigma'\tfrac{\omega}{2} + \sigma\tfrac{\omega'}{2}, \quad 2t - \tfrac{\varrho'+\sigma'}{2}\omega - \tfrac{\varrho+\sigma}{2}\omega,$$

dann gehen nach (24)

$$2u', \quad 2v', \quad 2w', \quad 2t'$$

über in

$$2u' + \eta'\tfrac{\omega}{2} + \eta\tfrac{\omega'}{2}, \qquad 2v' + \tfrac{\eta'+\varrho'}{2}\omega + \tfrac{\eta+\varrho}{2}\omega', \\ 2w' + \tfrac{\eta'+\sigma'}{2}\omega + \tfrac{\eta+\sigma}{2}\omega', \quad 2t' + \tfrac{\eta'-\varrho'-\sigma'}{2}\omega + \tfrac{\eta-\varrho-\sigma}{2}\omega'.$$

Zufolge der Gleichung (d) wird daher

$$\vartheta\left(2u' + \eta'\tfrac{\omega}{2} + \tfrac{\eta}{2}\omega, 0, 0\right)\vartheta\left(2v' + \tfrac{\eta'+\varrho'}{2}\omega + \tfrac{\eta+\varrho}{2}\omega', 0, 0\right) \times \\ \vartheta\left(2w' + \tfrac{\eta'+\sigma'}{2}\omega + \tfrac{\eta+\sigma}{2}\omega', 0, 0\right)\vartheta\left(2t' + \tfrac{\eta'-\varrho'-\sigma'}{2}\omega + \tfrac{\eta-\varrho-\sigma}{2}\omega', 0, 0\right) \\ = \vartheta(2u';\eta,\eta')\vartheta(2v';\eta+\varrho,\eta'+\varrho')\vartheta(2w';\eta+\varrho,\eta'+\varrho') \\ \times\vartheta(2t';\eta-\varrho-\sigma,\eta'-\varrho'-\sigma')e^{-\frac{\pi i}{\omega}N},$$

wobei

$$N = \eta\left[2u' + \tfrac{\eta'}{2}\omega + \tfrac{\eta}{4}\omega'\right] + (\eta+\varrho)\left[2v' + \tfrac{\eta'+\varrho'}{2}\omega + \tfrac{\eta+\varrho}{4}\omega'\right]$$
$$+ (\eta+\sigma)\left[2w' + \tfrac{\eta'+\sigma'}{2}\omega + \tfrac{\eta+\sigma}{4}\omega'\right]$$
$$(\eta-\varrho-\sigma)\left[2t' + \tfrac{\eta'-\varrho'-\sigma'}{2}\omega + \tfrac{\eta-\varrho-\sigma}{4}\omega'\right]$$

ist. Ferner ist

$$\vartheta\left(2u+\eta'\omega+\eta\omega',\varepsilon,\varepsilon'\right)\vartheta\left(2v+\tfrac{\varrho'}{2}\omega+\tfrac{\varrho}{2}\omega',\varepsilon,\varepsilon'\right)\times$$
$$\vartheta\left(2w+\tfrac{\sigma'}{2}\omega+\tfrac{\sigma}{2}\omega',\varepsilon,\varepsilon'\right)\vartheta\left(2t-\tfrac{\varrho'+\sigma'}{2}\omega-\tfrac{\varrho+\sigma}{2}\omega',\varepsilon,\varepsilon'\right)$$
$$=\vartheta\left(2u,\varepsilon+2\eta,\varepsilon'+2\eta'\right)\vartheta\left(2v,\varepsilon+\varrho,\varepsilon'+\varrho'\right)\times$$
$$\vartheta\left(2w,\varepsilon+\sigma,\varepsilon'+\sigma'\right)\vartheta\left(2t,\varepsilon-\varrho-\sigma,\varepsilon'-\varrho'-\sigma'\right)e^{\frac{-\pi i}{\omega}M_{\varepsilon\varepsilon'}},$$

wobei

$$M_{\varepsilon\varepsilon'} = 2\eta\left[2u + \tfrac{\varepsilon'+2\eta'}{2}\omega + \tfrac{\eta}{2}\omega'\right] + \varrho\left[2v + \tfrac{\varepsilon'+\varrho'}{2}\omega + \tfrac{\varrho}{4}\omega'\right]$$
$$+ \sigma\left[2w + \tfrac{\varepsilon'+\sigma'}{2}\omega + \tfrac{\sigma}{4}\omega'\right] - (\varrho+\sigma)\left[2t + \tfrac{\varepsilon'-\varrho'-\sigma'}{2}\omega - \tfrac{\varrho+\sigma}{4}\omega'\right].$$

Setzen wir dieses in die frühere Gleichung ein, so wird

$$c\vartheta(2u',\eta,\eta')\vartheta(2v',\eta+\varrho,\eta'+\varrho')\vartheta(2w',\eta+\sigma,\eta'+\sigma')\times$$
$$\vartheta(t',\eta-\varrho-\sigma,\eta'-\varrho'-\sigma') =$$
$$\sum_{\varepsilon,\varepsilon'}\vartheta(2u,\varepsilon+2\eta,\varepsilon'+2\eta')\times\vartheta(2v,\varepsilon+\varrho,\varepsilon'+\varrho')\times$$
$$\vartheta(2w,\varepsilon+\sigma,\varepsilon'+\sigma')\vartheta(2t,\varepsilon-\varrho-\sigma,\varepsilon'-\varrho'-\sigma')e^{-\frac{\pi i}{\omega}[M_{\varepsilon\varepsilon'}-N]}.$$

Wir reduciren nun die Exponentielle. Es ist

$$M_{\varepsilon\varepsilon'} = 2\left[2\eta u + \varrho(v-t) + \sigma(w-t)\right] + \left[\eta^2 + \tfrac{\varrho^2}{4} + \tfrac{\sigma^2}{4} + \tfrac{(\varrho+\sigma)^2}{4}\right]\omega'$$
$$+ \left[\eta(\varepsilon'+2\eta') + \varrho\tfrac{\varepsilon'+\varrho'}{2} + \sigma\tfrac{\varepsilon'+\sigma'}{2} - (\varrho+\sigma)\tfrac{\varepsilon'-\varrho'-\sigma'}{2}\right]\omega.$$

Aus den Gleichungen (24) führe man für u, v, w, t die u', v', w', t' ein, so wird

$$M_{\varepsilon\varepsilon'} = 2\left[\eta u' + (\eta+\varrho)v' + (\eta+\sigma)w' + (\eta-\varrho-\sigma)t'\right]$$
$$+ \left[\eta^2 + \tfrac{\varrho^2}{4} + \tfrac{\sigma^2}{4} + \tfrac{(\varrho+\sigma)^2}{4}\right]\omega' + \left[2\eta\eta' + \varrho\varrho' + \sigma\sigma' + \tfrac{\varrho\sigma'+\sigma\varrho'}{2} + \varepsilon'\eta\right]\omega.$$

Nun kann man N umformen in

$$\begin{aligned} N &= 2\left[\eta u' + (\eta+\varrho)v' + (\eta+\sigma)w' + (\eta-\varrho-\sigma)t'\right] \\ &\quad + \left[\tfrac{\eta^2}{4} + \tfrac{(\eta+\varrho)^2}{4} + \tfrac{(\eta+\sigma)^2}{4} + \tfrac{(\eta-\sigma-\varrho)^2}{4}\right]\omega' \\ &\quad + \left[\tfrac{\eta\eta'}{2} + (\eta+\varrho)\tfrac{\eta'+\varrho'}{2} + (\eta+\sigma)\tfrac{\eta'+\sigma'}{2} + (\eta-\varrho-\sigma)\tfrac{\eta'-\varrho'-\sigma'}{2}\right]\omega \\ &= 2\left[\eta u' + (\eta+\varrho)v' + (\eta+\sigma)w' + (\eta-\varrho-\sigma)t'\right] \\ &\quad + \left[\eta^2 + \tfrac{\varrho^2}{4} + \tfrac{\sigma^2}{4} + \tfrac{(\varrho+\sigma)^2}{4}\right]\omega' + \left[2\eta\eta' + \varrho\varrho' + \sigma\sigma' + \tfrac{\varrho\sigma'+\varrho'\sigma}{2}\right]\omega. \end{aligned}$$

Mithin ist

$$M_{\varepsilon\varepsilon'} - N = \varepsilon'\eta\omega,$$

also

$$e^{-\frac{\pi i}{\omega}[M_{\varepsilon\varepsilon'}-N]} = e^{-\varepsilon'\eta\pi i} = (-1)^{-\varepsilon'\eta} = (-1)^{\varepsilon'\eta}$$

und da

$$\vartheta(2u, \varepsilon+2\eta, \varepsilon'+2\eta') = (-1)^{\varepsilon\eta'}\vartheta(2u, \varepsilon, \varepsilon')$$

ist nach der Gleichung (b), so folgt einfach

$$\begin{gathered} c\vartheta(2u', \eta, \eta')\vartheta(2v', \eta+\varrho, \eta'+\varrho')\vartheta(2w', \eta+\sigma, \eta'+\sigma')\times \\ \vartheta(2t', \eta-\varrho-\sigma, \eta'-\varrho'-\sigma') = \sum_{\varepsilon,\varepsilon'}(-1)^{\varepsilon\eta'+\varepsilon'\eta}\vartheta(2u, \varepsilon, \varepsilon')\times \\ \vartheta(2v, \varepsilon+\varrho, \varepsilon'+\varrho')\vartheta(2w, \varepsilon+\sigma, \varepsilon'+\sigma')\vartheta(2t, \varepsilon-\varrho-\sigma, \varepsilon'-\varrho'-\sigma'). \end{gathered}$$

Hierbei sind $\eta\eta'$, $\varrho\varrho'$, $\sigma\sigma'$ beliebige ganze Zahlen, die man aber nicht grösser als 0 und 1 zu nehmen braucht.

Die vorstehende Gleichung giebt uns ein Mittel an die Hand, die Konstante c zu bestimmen. Wir setzen in derselben $\varrho = 0$, $\varrho' = 0$, $\sigma = 0$, $\sigma' = 0$ und erhalten:

$$\begin{aligned} &c\vartheta(2u', \eta, \eta')\vartheta(2v', \eta, \eta')\vartheta(2w', \eta, \eta')\vartheta(2t', \eta\eta') \\ &\quad = \sum_{\varepsilon\varepsilon'}(-1)^{\varepsilon\eta'+\varepsilon'\eta}\vartheta(2u, \varepsilon, \varepsilon')\vartheta(2v, \varepsilon, \varepsilon')\vartheta(2w, \varepsilon, \varepsilon')\vartheta(2t, \varepsilon, \varepsilon'). \end{aligned}$$

Wir summiren nun rechts und links über alle zulässigen η, η' und erhalten, wenn wir rechts die Summation über η, η' mit der über $\varepsilon, \varepsilon'$ vertauschen:

$$c\sum_{\eta,\eta'} \vartheta(2u', \eta, \eta')\vartheta(2v', \eta, \eta')\vartheta(2w', \eta, \eta')\vartheta(2t', \eta, \eta')$$
$$= \sum_{\varepsilon,\varepsilon'}\sum_{\eta,\eta'}(-1)^{\varepsilon\eta'+\varepsilon'\eta}\vartheta(2u, \varepsilon, \varepsilon')\vartheta(2v, \varepsilon, \varepsilon')\vartheta(2w, \varepsilon, \varepsilon')\vartheta(2t, \varepsilon, \varepsilon')$$
$$= \sum_{\varepsilon,\varepsilon'}\left[\vartheta(2u, \varepsilon, \varepsilon')\vartheta(2v, \varepsilon, \varepsilon')\vartheta(2w, \varepsilon, \varepsilon')\vartheta(2t, \varepsilon, \varepsilon') \cdot \sum_{\eta,\eta'}(-1)^{\varepsilon\eta'+\varepsilon'\eta}\right].$$

Der zu jedem Summanden für ein bestimmtes $\varepsilon\varepsilon'$ zutretende Faktor

$$\sum_{\eta,\eta'}(-1)^{\varepsilon\eta'+\varepsilon'\eta}$$

ist aber null, sobald nicht $\varepsilon = 0$, $\varepsilon' = 0$ ist, denn es ist

$$\sum_{\eta,\eta'}(-1)^{\varepsilon'\eta+\varepsilon\eta'} = (-1) + (-1)^{\varepsilon'} + (-1)^{-\varepsilon} + (-1)^{\varepsilon-\varepsilon'} = 0,$$

wenn nicht $\varepsilon = 0$, $\varepsilon' = 0$ ist. Für $\varepsilon = 0$, $\varepsilon' = 0$ wird

$$\sum_{\eta,\eta'}(-1)^{\varepsilon'\eta+\varepsilon\eta'} = 4$$

und daher ist:

$$c\sum_{\eta,\eta'} \vartheta(2u', \eta, \eta')\vartheta(2v', \eta, \eta')\vartheta(2w', \eta, \eta')\vartheta(2t', \eta, \eta')$$
$$= 4\vartheta(2u, 0, 0),\ \vartheta(2v, 0, 0),\ \vartheta(2w, 0, 0),\ \vartheta(2t, 0, 0).$$

Aus der Gleichung (f) auf Seite 113 folgt aber, wenn man beide Seiten mit c multiplizirt und $\eta\eta'$ statt $\varepsilon\varepsilon'$ schreibt:

$$c\sum_{\eta,\eta'} \vartheta(2u', \eta, \eta')\vartheta(2v', \eta, \eta')\vartheta(2w', \eta, \eta')\vartheta(2t', \eta, \eta')$$
$$= c^2\vartheta(2u, 0, 0)\ \vartheta(2v, 0, 0)\ \vartheta(2w, 0, 0)\ \vartheta(2t, 0, 0),$$

daher ist

$$c^2 = 4 \text{ und } c = \pm 2.$$

Welches Vorzeichen zu nehmen ist, entscheidet man leicht, da aus der Gleichung (f) für

$$u = 0,\ v = 0,\ w = 0,\ t = 0$$

folgt

$$c\vartheta_3^4 = \vartheta_3^4 + \vartheta_0^4 + \vartheta_2^4,$$

und nach den Gleichungen auf S. 59

$$c\left[1 + 2\sum_1^\infty q^{n^2}\right]^4$$

$$= \left[1 + 2\sum_1^\infty q^{n^2}\right]^4 + \left[1 + 2\sum_1^\infty (-1)^n q^{n^2}\right]^4 + 16q\left[\sum_1^\infty q^{n(n-1)}\right]^4$$

für $q = 0$, $c = +2$ folgt.

Wir erhalten daher als Schlussgleichung

$$\begin{aligned} &2\vartheta(2u', \eta, \eta')\vartheta(2v', \eta + \varrho, \eta' + \varrho')\vartheta(2w', \eta + \sigma, \eta' + \sigma') \\ &\qquad \times\vartheta(2t', \eta - \varrho - \sigma, \eta' - \varrho' - \sigma') \\ &\quad = \sum_{\varepsilon, \varepsilon'} (-1)^{\varepsilon'\eta + \varepsilon\eta'} \vartheta(2u, \varepsilon, \varepsilon')\vartheta(2v, \varepsilon + \varrho, \varepsilon' + \varrho') \\ &\quad \times\vartheta(2w, \varepsilon + \sigma, \varepsilon' + \sigma'), \vartheta(2t, \varepsilon - \varrho - \sigma, \varepsilon' - \varrho' - \sigma'), \end{aligned} \tag{25}$$

wobei zwischen den Argumenten die Relationen stattfinden:

$$\begin{aligned} u + v + w + t &= 2u' \qquad & u' + v' + w' + t' &= 2u \\ u + v - w - t &= 2v' & u' + v' + w' - t' &= 2v \\ u - v + w - t &= 2w' \cdots & u' - v' + w' - t' &= 2w \\ u - v - w + t &= 2t' & u' - v' - w' + t' &= 2t. \end{aligned} \tag{24}$$

Die Formel (25) enthält 20 von einander wesentlich verschiedene ϑ-Relationen. Man kann linker Hand drei der ϑ beliebig annehmen, dann ist die vierte bestimmt, da $\eta\eta'$, $\varrho\varrho'$, $\sigma\sigma'$ durch diese Annahme bestimmt sind. Wählt man alle drei ϑ mit denselben Charakteristiken , so hat die vierte ϑ auch dieselbe Charakteristik. Denn ist

$$\eta = \eta + \varrho + 2\nu = \eta + \sigma + 2\mu$$
$$\eta' = \eta' + \varrho' + 2\nu' = \eta' + \sigma' + 2\mu'$$

($\mu\ \mu'$, $\nu\ \nu'$ ganze Zahlen), so folgt:

$$\begin{aligned}\eta - \varrho - \sigma &= \eta - 2(\mu - \nu - \sigma)\\ \eta' - \varrho' - \sigma' &= \eta' - 2(\mu' - \nu' - \sigma')\end{aligned}$$

d. h. die Charakteristik der vierten ϑ ist auch (η, η').

Wählt man zwei der ϑ mit denselben Charakteristiken, so haben die zwei übrigen auch gleiche Charakteristiken. Denn ist

$$\begin{aligned}\eta + \varrho &= \eta + 2\nu\\ \eta' + \varrho' &= \eta' + 2\nu'\end{aligned}$$

so folgt, dass

$$\begin{aligned}\eta - \varrho - \sigma &= \eta + \sigma - 2(\nu + \sigma)\\ \eta' - \varrho' - \sigma' &= \eta' + \sigma' - 2(\nu' + \sigma')\end{aligned}$$

ist, und dass also die anderen zwei ϑ gleiche Charakteristik besitzen.

Hieraus folgt: Nimmt man bei drei der ϑ verschiedene Charakteristiken an, so hat die vierte ϑ die noch übrigbleibende vierte Charakteristik.

In der Formel (25) sind also 20 verschiedene Formeln enthalten, nämlich:

4	Formeln,	in	denen	linker	Hand	dieselbe ϑ-Funktion auftritt,
4	„	„	„	„	„	vier verschiedene,
$2 \cdot 6$	„	„	„	„	„	zwei gleiche

ϑ-Funktionen auftreten.

Wir wollen diese Formeln hier folgen lassen.

Setzt man zur Abkürzung:

und
$$\begin{aligned}\Pi_\varkappa &= \vartheta_\varkappa(2u)\vartheta_\varkappa(2v)\vartheta_\varkappa(2w)\vartheta_\varkappa(2t)\\ \Pi'_\varkappa &= \vartheta_\varkappa(2u')\vartheta_\varkappa(2v')\vartheta_\varkappa(2w')\vartheta_\varkappa(2t'),\end{aligned} \tag{26a}$$

so ergiebt sich aus der Formel (25):

$$\begin{aligned}
2\Pi'_3 &= \Pi_3 + \Pi_2 + \Pi_1 + \Pi_0 \quad \text{für} \quad \eta = 0, \eta' = 0; \varrho = 0, \varrho' = 0;\\
&\qquad\qquad \sigma = 0, \sigma' = 0;\\
2\Pi'_2 &= \Pi_3 + \Pi_2 - \Pi_1 - \Pi_0 \quad \text{"} \quad \eta = 1, \eta' = 0; \varrho = 0, \varrho' = 0;\\
&\qquad\qquad \sigma = 0, \sigma' = 0;\\
2\Pi'_1 &= \Pi_3 - \Pi_2 + \Pi_1 - \Pi_0 \quad \text{"} \quad \eta = 1, \eta' = -1; \varrho = 0, \varrho' = 0;\\
&\qquad\qquad \sigma = 0, \sigma' = 0;\\
2\Pi'_0 &= \Pi_3 - \Pi_2 - \Pi_1 + \Pi_0 \quad \text{"} \quad \eta = 0, \eta' = -1; \varrho = 0, \varrho' = 0;\\
&\qquad\qquad \sigma = 0, \sigma' = 0;
\end{aligned} \tag{26}$$

Diese Gleichungen (26) sind dieselben, wie die Gleichungen (24), wenn man u, v, w, t durch Π_3, Π_2, Π_1, Π_0 ersetzt, und aus ihnen folgt auch in genau derselben Weise die Auflösung nach den Π_x, nämlich

$$\begin{aligned} 2\Pi_3 &= \Pi_3' + \Pi_2' + \Pi_1' + \Pi_0' \\ 2\Pi_2 &= \Pi_3' + \Pi_2' - \Pi_1' - \Pi_0' \\ 2\Pi_1 &= \Pi_3' - \Pi_2' + \Pi_1' - \Pi_0' \\ 2\Pi_0 &= \Pi_3' - \Pi_2' - \Pi_1' + \Pi_0'. \end{aligned} \tag{26}$$

Jede Relation, die sich zwischen den Grössen u, v, w, t; u', v', w', t' als Folge der Gleichungen (24) ergiebt, besteht auch notwendig zwischen den ϑ-Produkten, und umgekehrt.

Setzt man

$$\begin{aligned} P_3 &= \vartheta_3(2u)\vartheta_2(2v)\vartheta_0(2w)\vartheta_1(2t) \\ P_2 &= \vartheta_2(2u)\vartheta_3(2v)\vartheta_1(2w)\vartheta_0(2t) \\ P_1 &= \vartheta_1(2u)\vartheta_0(2v)\vartheta_2(2w)\vartheta_3(2t) \\ P_0 &= \vartheta_0(2u)\vartheta_1(2v)\vartheta_3(2w)\vartheta_2(2t), \end{aligned} \tag{27a}$$

so ergiebt die Gleichung (25)

$$\begin{aligned} 2\vartheta_1(2u')\vartheta_0(2v')\vartheta_2(2w')\vartheta_3(2t') &= P_1 + P_2 + P_3 + P_0 \\ 2\vartheta_2(2u')\vartheta_3(2v')\vartheta_1(2w')\vartheta_0(2t') &= P_1 + P_2 - P_3 - P_0 \\ 2\vartheta_3(2u')\vartheta_2(2v')\vartheta_0(2w')\vartheta_1(2t') &= P_1 - P_2 + P_3 - P_0 \\ 2\vartheta_0(2u')\vartheta_1(2v')\vartheta_3(2w')\vartheta_2(2t') &= P_1 - P_2 - P_3 + P_0 \\ \text{für } \eta = 1, \eta' = -1;\ \varrho = 0, \varrho' &= -1; \sigma = 1, \sigma' = 0; \\ \text{"}\ \eta = 0, \eta' = -1;\ \varrho = 0, \varrho' &= -1; \sigma = 1, \sigma' = 0; \\ \text{"}\ \eta = 0, \eta' = 0;\ \varrho = 0, \varrho' &= -1;\ \sigma = 1, \sigma' = 0; \\ \text{"}\ \eta = 1, \eta' = 0;\ \varrho = 0, \varrho' &= -1;\ \sigma = 1, \sigma' = 0. \end{aligned} \tag{27}$$

Durch Auflösung dieser erhält man, wenn $P_\varkappa'$ aus $P_\varkappa$ hervorgeht, durch Vertauschung der u, v, w, t mit u', v', w', t':

$$\begin{aligned} 2P_1 &= P_1' + P_2' + P_3' + P_0' \\ 2P_2 &= P_1' + P_2' - P_3' - P_0' \\ 2P_3 &= P_1' - P_2' + P_3' - P_0' \\ 2P_0 &= P_1' - P_2' - P_3' + P_0'. \end{aligned} \tag{27}$$

Diese Gleichungen gehen über in die Gleichung (24), wenn man

$$P_1, P_2, P_3, P_0; P_1', P_2', P_3', P_0'$$

resp. ersetzt durch

$$u, v, w, t; u', v', w', t'$$

und jeder Relation zwischen den u, v, w, t und u', v', w', t' muss daher einer Relation zwischen P und P' entsprechen.

Wir setzen ferner:

$$\begin{aligned}\Pi_{ih} &= \vartheta_i(2u)\vartheta_i(2v)\vartheta_h(2w)\vartheta_h(2t)\\ \Pi'_{ih} &= \vartheta_i(2u')\vartheta_i(2v')\vartheta_h(2w')\vartheta_h(2t'),\end{aligned}$$

so ergiebt die Gleichung (25) für leicht zu bestimmende Werte die Charakteristiken:

$$\left.\begin{aligned}2\Pi'_{03} &= \Pi_{03} + \Pi_{12} + \Pi_{21} + \Pi_{30}\\ 2\Pi'_{12} &= \Pi_{03} + \Pi_{12} - \Pi_{21} - \Pi_{30}\\ 2\Pi'_{21} &= \Pi_{03} - \Pi_{12} + \Pi_{21} - \Pi_{30}\\ 2\Pi'_{30} &= \Pi_{03} - \Pi_{12} - \Pi_{21} + \Pi_{30}\end{aligned}\right\} \tag{28}$$

$$\left.\begin{aligned}2\Pi'_{02} &= \Pi_{02} + \Pi_{13} + \Pi_{20} + \Pi_{31}\\ 2\Pi'_{13} &= \Pi_{02} + \Pi_{13} - \Pi_{20} - \Pi_{31}\\ 2\Pi'_{20} &= \Pi_{02} - \Pi_{13} + \Pi_{20} - \Pi_{31}\\ 2\Pi'_{31} &= \Pi_{02} - \Pi_{13} - \Pi_{20} + \Pi_{31}\end{aligned}\right\} \tag{29}$$

$$\left.\begin{aligned}2\Pi'_{32} &= \Pi_{32} + \Pi_{23} + \Pi_{10} + \Pi_{01}\\ 2\Pi'_{23} &= \Pi_{32} + \Pi_{23} - \Pi_{10} - \Pi_{01}\\ 2\Pi'_{10} &= \Pi_{32} - \Pi_{23} + \Pi_{10} - \Pi_{01}\\ 2\Pi'_{01} &= \Pi_{32} - \Pi_{23} - \Pi_{10} + \Pi_{01}\end{aligned}\right\} \tag{30}$$

Es ist ohne weiters klar, wie man jede Relation zwischen den u', v', w', t', u, v, w, t durch solche zwischen den Grössen Π_{ih} und Π'_{ih} ersetzen kann.

Hier einige Relationen zwischen den Grössen, die sich aus den Gleichungen (24) ohne Mühe ergehen:

$$\begin{aligned}u + v &= u' + v' &\qquad u - v &= w' + t'\\ u + w &= u' + w' & u - w &= v' + t'\\ u + t &= u' + t' & u - t &= v' + w'\end{aligned}$$

$$\begin{aligned}uv - wt &= u'v' - w't'\\ uw - vt &= u'w' - v't'\\ ut - vw &= u't' - v'w'\end{aligned}$$

$$\begin{aligned} u^2+v^2+w^2+t^2 &= u'^2+v'^2+w'^2+t'^2 \\ 2(uv+wt) &= u'^2+v'^2-w'^2-t'^2 \\ 2(uw+vt) &= u'^2-v'^2+w'^2-t'^2 \\ 2(ut+vw) &= u'^2-v'^2-w'^2+t'^2. \end{aligned}$$

Aus diesen ergeben sich die reciproken durch Vertauschung von u, v, w, t mit u', v', w', t'.

31. Aus den eben abgeleiteten Formeln für die ϑ-Funktionen ergehen sich die Additionsformeln für die elliptischen Funktionen su, cu, Δu.

Setzt man beispielsweise in den Formeln (27)

$$u = v, w = t,$$

wodurch

$$u' = u + w, v' = u - w, w' = 0, t' = 0$$

wird, so giebt die erste Gleichung, wenn $\frac{1}{2}u$, $\frac{1}{2}w$ an Stelle von u und w geschrieben wird,

$$\begin{aligned} &\vartheta_2\vartheta_3\vartheta_1(u+w)\vartheta_0(u-w) \\ &\quad = \vartheta_1 u\, \vartheta_0 u\, \vartheta_2 w\, \vartheta_3 w + \vartheta_2 u\, \vartheta_3 u\, \vartheta_1 w\, \vartheta_0 w. \end{aligned} \tag{31}$$

Macht man dieselbe Substitution in den Gleichungen (26), so folgt, da

$$\Pi_1' = 0$$

wird, also

$$\Pi_0 - \Pi_1 = \Pi_3 - \Pi_2$$

ist,

$$\Pi_0' = \Pi_3 - \Pi_2 = \Pi_0 - \Pi_1,$$

oder:

$$\vartheta_0^2\vartheta_0(u+w)\vartheta_0(u-w) = \vartheta_0^2 u\, \vartheta_0^2 w - \vartheta_1^2 u\, \vartheta_1^2 w. \tag{32}$$

Dividirt man beide Gleichungen durch einander, so folgt:

$$\begin{aligned} \frac{\vartheta_2\vartheta_3}{\vartheta_0^2}\frac{\vartheta_1(u+w)}{\vartheta_0(u+w)} &= \frac{\vartheta_1 u\, \vartheta_0 u\, \vartheta_2 w\, \vartheta_3 w + \vartheta_2 u\, \vartheta_3 u\, \vartheta_1 w\, \vartheta_0 w}{\vartheta_0^2 u\, \vartheta_0^2 w - \vartheta_1^2 u\, \vartheta_1^2 w} \\ \frac{\vartheta_3}{\vartheta_2}\frac{\vartheta_1(u+w)}{\vartheta_0(u+w)} &= \frac{\frac{\vartheta_3}{\vartheta_2}\frac{\vartheta_1 u}{\vartheta_0 u}\frac{\vartheta_0}{\vartheta_2}\frac{\vartheta_2 w}{\vartheta_0 w}\frac{\vartheta_0}{\vartheta_3}\frac{\vartheta_0 w}{\vartheta_0 w} + \frac{\vartheta_0}{\vartheta_2}\frac{\vartheta_2 u}{\vartheta_0 u}\frac{\vartheta_0}{\vartheta_3}\frac{\vartheta_3 u}{\vartheta_0 u}\frac{\vartheta_3}{\vartheta_2}\frac{\vartheta_1 w}{\vartheta_0 w}}{1 - \frac{\vartheta_2^4}{\vartheta_3^4}\frac{\vartheta_3^2}{\vartheta_2^2}\frac{\vartheta_1^2 u}{\vartheta_0^2 u}\frac{\vartheta_3^2}{\vartheta_2^2}\frac{\vartheta_1^2 w}{\vartheta_0^2 w}}, \end{aligned}$$

daher

$$s(u+w) = \frac{su\,cw\Delta w + sw\,cu\Delta u}{1 - \varkappa^2 s^2 u\, s^2 w}.$$

Setzt man in der ersten Gleichung (29)

$$u = w, \quad v = t,$$

also

$$u' = u + v, \quad v' = 0, \quad w' = u - v, \quad t' = 0$$

und ersetzt dann u und v durch $\frac{1}{2}u$, und $\frac{1}{2}v$, so wird, da

$$\Pi'_{31} = 0$$

ist, also

$$\Pi_{02} + \Pi_{31} = \Pi_{13} + \Pi_{20}$$

sich ergiebt,

$$\Pi'_{02} = \Pi_{02} + \Pi_{31} = \Pi_{13} + \Pi_{20},$$

oder

$$\vartheta_0\vartheta_2\vartheta_0(u+v)\vartheta_2(u-v) = \vartheta_0 u\,\vartheta_0 v\,\vartheta_2 u\,\vartheta_2 v + \vartheta_1 u\,\vartheta_1 v\,\vartheta_3 u\,\vartheta_3 v$$

und da nach eben hingeschriebener Relation

$$\vartheta_0^2\vartheta_0(u+v)\vartheta_0(u-v) = \vartheta_0^2 u\,\vartheta_0^2 v - \vartheta_1^2 u\,\vartheta_1^2 v$$

ist, so folgt:

$$\frac{\vartheta_2}{\vartheta_0}\frac{\vartheta_2(u-v)}{\vartheta_0(u-v)} = \frac{\vartheta_0 u\,\vartheta_0 v\,\vartheta_2 u\,\vartheta_2 v + \vartheta_1 u\,\vartheta_1 v\,\vartheta_3 u\,\vartheta_3 v}{\vartheta_0^2 u\,\vartheta_0^2 v - \vartheta_1^2 u\,\vartheta_1^2 v}$$

oder

$$\frac{\vartheta_0}{\vartheta_2}\frac{\vartheta_2(u-v)}{\vartheta_0(u-v)} = \frac{\frac{\vartheta_0}{\vartheta_2}\frac{\vartheta_2 u}{\vartheta_0 u}\frac{\vartheta_0}{\vartheta_2}\frac{\vartheta_2 v}{\vartheta_0 v} + \frac{\vartheta_3}{\vartheta_2}\frac{\vartheta_1 u}{\vartheta_0 u}\frac{\vartheta_3}{\vartheta_2}\frac{\vartheta_1 v}{\vartheta_0 v}\cdot\frac{\vartheta_0}{\vartheta_3}\frac{\vartheta_3 u}{\vartheta_0 u}\frac{\vartheta_0}{\vartheta_3}\frac{\vartheta_3 v}{\vartheta_0 v}}{1 - \frac{\vartheta_2^4}{\vartheta_3^4}\frac{\vartheta_3^2}{\vartheta_2^2}\frac{\vartheta_1^2 u}{\vartheta_0^2 u}\cdot\frac{\vartheta_3^2}{\vartheta_2^2}\frac{\vartheta_1^2 v}{\vartheta_0^2 v}},$$

daher

$$c(u-v) = \frac{cu\,cv + su\,sv\Delta u\Delta v}{1 - \varkappa^2 s^2 u\, s^2 v}.$$

Durch dieselbe Substitution, wie sie eben vorgenommen wurde, ergiebt die erste Gleichung (28), da

$$\Pi'_{21} = 0$$

ist, also

$$\begin{aligned} \Pi_{03} + \Pi_{21} &= \Pi_{12} + \Pi_{30}, \\ \Pi'_{03} &= \Pi_{03} + \Pi_{21}, \end{aligned}$$

oder

$$\vartheta_0 \vartheta_3 \vartheta_0(u+v) \vartheta_3(u-v) = \vartheta_0 u\, \vartheta_0 v\, \vartheta_3 u\, \vartheta_3 v + \vartheta_2 u\, \vartheta_2 v\, \vartheta_1 u\, \vartheta_1 v$$

und

$$\vartheta_0^2 \vartheta_0(u+v) \vartheta_0(u-v) = \vartheta_0^2 u\, \vartheta_0^2 v - \vartheta_1^2 u\, \vartheta_1^2 v,$$

also

$$\frac{\vartheta_3}{\vartheta_0} \frac{\vartheta_3(u-v)}{\vartheta_0(u-v)} = \frac{\vartheta_0 u\, \vartheta_0 v\, \vartheta_3 u\, \vartheta_3 v + \vartheta_1 u\, \vartheta_1 v\, \vartheta_2 u\, \vartheta_2 v}{\vartheta_0^2 u\, \vartheta_0^2 v - \vartheta_1^2 u\, \vartheta_1^2 v},$$

woraus

$$\Delta(u-v) = \frac{\Delta u \Delta v + \varkappa^2 su\, sv\, cu\, cv}{1 - \varkappa^2 s^2 u\, s^2 v}$$

folgt.

Nach dem Vorstehenden ist leicht ersichtlich, wie man die anderen in (19), (20), (21) hingeschriebenen Formen des Additionstheorems unserer doppeltperiodischen Funktionen erhält.

32. Wir wollen die Relationen zwischen den ϑ-Funktionen noch dazu benutzen, um die S. 99 berechnete Konstante

$$G = \frac{\vartheta'_1 \vartheta_3}{\vartheta_0 \vartheta_2}$$

in einfacherer Form darzustellen.

Wenn wir die Gleichung

$$\vartheta_2 \vartheta_3 \vartheta_1(u+v) \vartheta_0(u-v) = \vartheta_0 u\, \vartheta_1 u\, \vartheta_2 v\, \vartheta_3 v + \vartheta_0 v\, \vartheta_1 v\, \vartheta_2 u\, \vartheta_3 u$$

nach v differentiiren und $\frac{d\vartheta v}{dv} = \vartheta' v$ setzen, wobei also

$$\frac{d\vartheta(u+v)}{dv} = \frac{d\vartheta(u+v)}{d(u+v)} = \vartheta'(u+v)$$

folgt, da u als konstant betrachtet wird, während

$$\frac{d\vartheta(u-v)}{dv} = -\vartheta'(u-v)$$

ist, so ergiebt sich

$$\begin{aligned}&\vartheta_2\vartheta_3\left[\vartheta_1'(u+v)\vartheta_0(u-v) - \vartheta_1(u+v)\vartheta_0'(u-v)\right]\\ &\quad= \vartheta_0 u\,\vartheta_1 u\left[\vartheta_2' v\,\vartheta_3 v + \vartheta_2 v\,\vartheta_3' v\right] + \vartheta_2 u\,\vartheta_3 u\left[\vartheta_0' v\,\vartheta_1 v + \vartheta_0 v\,\vartheta_1' v\right].\end{aligned}$$

Setzt man nun $v = 0$, so wird, da

$$\vartheta_0'(0) = 0, \quad \vartheta_3'(0) = 0, \quad \vartheta_2'(0) = 0$$

ist, denn $\vartheta_0'(v)$, $\vartheta_3'(v)$, $\vartheta_2'(v)$ sind ungerade Funktionen von v,

$$\vartheta_2\vartheta_3\left[\vartheta_1' u\,\vartheta_0 u - \vartheta_1 u\,\vartheta_0' u\right] \vartheta_0\,\vartheta_1'\vartheta_2 u\,\vartheta_3 u.$$

Diese Gleichung zweimal nach u differentiirt liefert:

$$\begin{aligned}&\vartheta_2\vartheta_3\left[\vartheta_1''' u\,\vartheta_0 u + \vartheta_1'' u\,\vartheta_0' u - \vartheta_1' u\,\vartheta_0'' u - \vartheta_1 u\,\vartheta_0''' u\right]\\ &\qquad= \vartheta_0\,\vartheta_1'\left[\vartheta_2'' u\,\vartheta_3 u + 2\vartheta_2' u\,\vartheta_3' u + \vartheta_2 u\,\vartheta_3'' u\right].\end{aligned}$$

Es ist aber auch

$$\vartheta_0''' = 0, \quad \vartheta_1'' = 0,$$

da beide Funktionen $\vartheta_0'''(u)$ und $\vartheta_1''(u)$ ungerade Funktionen von u sind, man erhält also, wenn $u = 0$ gesetzt wird,

$$\vartheta_2\vartheta_3\left[\vartheta_1'''\vartheta_0 - \vartheta_1'\vartheta_0''\right] = \vartheta_0\vartheta_1'\left[\vartheta_2''\vartheta_3 + \vartheta_2\vartheta_3''\right]$$

und da ϑ_1', ϑ_2, ϑ_3, ϑ_0 nicht null sind, die Relation

$$\frac{\vartheta_1'''}{\vartheta_1'} = \frac{\vartheta_2''}{\vartheta_2} + \frac{\vartheta_3''}{\vartheta_3} + \frac{\vartheta_0''}{\vartheta_0}. \tag{33}$$

Es ist die allgemeine ϑ-Funktion durch die Gleichung definirt gewesen:

$$\vartheta(u,\varepsilon,\varepsilon') = \sum_{m=-\infty}^{+\infty} e^{\left[\left(m+\frac{\varepsilon}{2}\right)^2\omega' + 2\left(m+\frac{\varepsilon}{2}\right)\left(u+\frac{\varepsilon'}{2}\omega\right)\right]\frac{\pi i}{\omega}}.$$

Die Reihe rechter Hand konvergirt für alle Werte von u unbedingt und gleichmässig, kann also differentiirt werden, und die Summe der Differentialquotienten der Glieder ist der Differentialquotient der Reihe, also ist

$$\frac{d\vartheta(u,\varepsilon,\varepsilon')}{du}=\left(\frac{2\pi i}{\omega}\right)\sum_{-\infty}^{+\infty}(m+\tfrac{\varepsilon}{2})\,e^{\left[(m+\frac{\varepsilon}{2})^2\omega'+2(m+\frac{\varepsilon}{2})(u+\frac{\varepsilon}{2}\omega)\right]\frac{\pi i}{\omega}}$$

und

$$\frac{d^2\vartheta(u,\varepsilon,\varepsilon')}{du^2}=\left(\frac{2\pi i}{\omega}\right)^2\sum_{-\infty}^{+\infty}(m+\tfrac{\varepsilon}{2})^2\,e^{\left[(m+\frac{\varepsilon}{2})^2\omega'+2(m+\frac{\varepsilon}{2})\left(u+\frac{\varepsilon'}{2}\omega\right)\right]\frac{\pi i}{\omega}},$$

da die Reihe rechts wieder gleichmässig konvergirt. Wir sahen nun, dass ω' nur der Bedingung unterworfen war, damit die Reihe konvergire, dass $\frac{\omega'}{\omega}$ einen positiven Koeffizienten von i habe. Ändert sich also ω' derartig, dass diese Bedingung erfüllt bleibt, so wird die neue ϑ-Reihe wieder gleichmässig konvergiren. Es ist daher $\vartheta(u,\varepsilon,\varepsilon')$ auch eine stetige Funktion von ω', wenn ω' innerhalb eines gewissen Gebietes bleibt, z. B. wenn ω reell und positiv ist, wenn $\omega'=\alpha+i\beta$ oberhalb der Axe der reellen Zahlen liegt, d. h. wenn β positiv ist. Differentiirt man nun die

$$\sum e^{\left[(m+\frac{\varepsilon}{2})^2\omega'+2(m+\frac{\varepsilon}{2})\left(u+\frac{\varepsilon'}{2}\omega\right)\right]\frac{\pi i}{\omega}},$$

nach ω', wodurch man

$$\frac{\pi i}{\omega}\sum(m+\tfrac{\varepsilon}{2})^2\,e^{\left[(m+\frac{\varepsilon}{2})^2\omega'+2(m+\frac{\varepsilon}{2})(u+\frac{\varepsilon}{2}\omega)\right]\frac{\pi i}{\omega}}$$

erhält, so konvergirt diese Reihe für dieselben ω', wie die erste, und für alle endlichen u und daher ist:

$$\frac{d\vartheta(u,\varepsilon,\varepsilon')}{d\omega'}=\frac{\pi i}{\omega}\sum_{-\infty}^{+\infty}(m+\tfrac{\varepsilon}{2})^2\,e^{\left[(m+\frac{\varepsilon}{2})^2\omega'+2(m+\frac{\varepsilon}{2})\left(u+\frac{\varepsilon'}{2}\omega\right)\right]\frac{\pi i}{\omega}}.$$

Vergleicht man die Reihen rechter Hand in dieser und der früheren Gleichung, so ergiebt sich

$$\frac{d^2\vartheta(u,\varepsilon,\varepsilon')}{du^2}=\frac{4\pi i}{\omega}\frac{d\vartheta(u,\varepsilon,\varepsilon')}{d\omega'}, \tag{34}$$

also für die vier ϑ-Funktionen:

$$\vartheta_3''u = \frac{4\pi i}{\omega}\frac{d\vartheta_3 u}{d\omega'}, \quad \vartheta_0''u = \frac{4\pi i}{\omega}\frac{d\vartheta_0 u}{d\omega'},$$

$$\vartheta_2''u = \frac{4\pi i}{\omega}\frac{d\vartheta_2 u}{d\omega'}, \quad \vartheta_1''u = \frac{4\pi i}{\omega}\frac{d\vartheta_1 u}{d\omega'},$$

daher für die Nullwerte des Argumentes:

$$\vartheta_3'' = \frac{4\pi i}{\omega}\frac{d\vartheta_3'}{d\omega'}, \quad \vartheta_0'' = \frac{4\pi i}{\omega}\frac{d\vartheta_0'}{d\omega'}, \quad \vartheta_2'' = \frac{4\pi i}{\omega}\frac{d\vartheta_2}{d\omega'}.$$

Die letzte liefert $\vartheta_1'' = 0$, wird sie aber noch einmal nach u differentiirt, so ergiebt sich

$$\vartheta_1'''u = \frac{4\pi i}{\omega}\frac{d\vartheta_1' u}{d\omega'}$$

und daher

$$\vartheta_1''' = \frac{4\pi i}{\omega}\frac{d\vartheta_1'}{d\omega'}.$$

Führt man die eben erhaltenen Werte in (33) ein, so nimmt diese die Gestalt an:

$$\frac{1}{\vartheta_1'}\frac{d\vartheta_1'}{d\omega'} = \frac{1}{\vartheta_3}\frac{d\vartheta_3}{d\omega'} + \frac{1}{\vartheta_2}\frac{d\vartheta_2}{d\omega'} + \frac{1}{\vartheta_0}\frac{d\vartheta_0}{d\omega'},$$

in welcher Form sie eine vollständige Differentialgleichung nach ω' darstellt, die integrirt

$$\log \vartheta_1' = \log c\vartheta_3\vartheta_2\vartheta_0$$

oder

$$\vartheta_1' = c\vartheta_3\vartheta_2\vartheta_0$$

liefert, wobei c von ω' unabhängig ist. Da nun

$$\vartheta_1' = \frac{4\pi}{\omega}\sum_0^\infty (-1)^n (n+\tfrac{1}{2}) q^{(n+\frac{1}{2})^2} = \frac{2\pi}{\omega} q^{\frac{1}{4}}(1 - 3q^2 + \cdots)$$

$$\vartheta_0 = 1 + 2\sum_1^\infty (-1)^n q^{n^2} \qquad = 1 - 2q + 2q^4 - \cdots$$

$$\vartheta_3 = 1 + 2\sum_1^\infty q^{n^2} \qquad = 1 + 2q + 2q^4 + \cdots$$

$$\vartheta_2 = 2q^{\frac{1}{4}}\sum_1^\infty q^{n(n-1)} \qquad = 2q^{\frac{1}{4}}(1 + q^2 + q^6 \cdots)$$

ist, so folgt aus der Gleichung für ϑ_1':

$$\frac{2\pi}{\omega} q^{\frac{1}{4}}(1 - 3q^2 + \cdots) = 2cq^{\frac{1}{4}}(1 + q^2 + \cdots)(1 + 2q + \cdots)(1 - 2q + \cdots)$$

oder

$$\frac{\pi}{\omega}(1 - 3q^2 + \cdots) = c(1 + q^2 \cdots)(1 + 2q + \cdots)(1 - 2q + \cdots).$$

Setzt man in dieselbe

$$\frac{i\omega'}{\omega} = -\infty,$$

also

$$q = e^{\frac{\omega'}{\omega}\pi i} = 0,$$

wobei ω endlich bleiben soll, so wird

$$c = \frac{\pi}{\omega}$$

und es ist daher

$$\vartheta_1' = \frac{\pi}{\omega}\vartheta_0\vartheta_2\vartheta_3. \tag{35}$$

Macht man von dieser Gleichung Gebrauch, so ergiebt sich

$$G = \frac{\vartheta_1'\vartheta_3}{\vartheta_0\vartheta_2} = \frac{\pi}{\omega}\vartheta_3^2. \tag{36}$$

Es hängt ϑ_3 blos von $\frac{\omega'}{\omega}$ ab, ändert sich also nicht, wenn dieser Quotient konstant bleibt. Nimmt man daher für die willkürliche Konstante G irgend einen Wert an und setzt $\frac{\omega'}{\omega}$ als bekannt voraus, so ergiebt die Gleichung (36) den Wert für ω und aus dem bekannten Quotienten $\frac{\omega'}{\omega}$ ergiebt sich ω'. Nimmt man beispielsweise $G = 1$ und berechnet den Wert von ω mit ω_1, so wird

$$\omega_1 = \pi\vartheta_3^2$$

und da für ein beliebiges G

$$\omega = \frac{\pi}{G}\vartheta_3^2$$

folgt, so wird bei konstantem Quotienten

$$\frac{\omega_1'}{\omega_1} = \frac{\omega'}{\omega} = a,$$

$$\omega = \frac{\omega_1}{G}, \quad \omega' = \frac{\omega_1'}{G} = \omega a = \frac{\omega_1}{G}a$$

sich ergeben. Hieraus ersieht man, wie von der doppeltperiodischen Funktion, für welche

$$s'u = \sqrt{1 - s^2u \cdot 1 - \varkappa^2 s^2 u}$$

ist, überzugehen ist zu derjenigen, für welche

$$s'u = G\sqrt{1 - s^2u \cdot 1 - \varkappa^2 s^2 u}$$

ist.

VII. Realitätsbetrachtungen für die Funktionen $su, cu, \Delta u$.

33. Es sollen hier noch Betrachtungen über die reellen und komplexen Werte der elliptischen Funktionen angestellt werden. Es ist

$$su = \frac{\vartheta_3}{\vartheta_2}\frac{\vartheta_1 u}{\vartheta_0 u} = \frac{1+2\sum_{n=1}^{\infty} q^{n^2}}{\sum_{n=1}^{\infty} q^{n(n-1)}} \cdot \frac{\sum_{n=1}^{\infty}(-1)^{n-1}q^{n(n-1)}\sin(2n-1)\frac{u}{\omega}\pi}{1+2\sum_{n=1}^{\infty}(-1)^n q^{n^2}\cos 2n\frac{u}{\omega}\pi}$$

$$cu = \frac{\vartheta_0}{\vartheta_2}\frac{\vartheta_2 u}{\vartheta_0 u} = \frac{1+2\sum_{n=1}^{\infty}(-1)^n q^{n^2}}{\sum_{n=1}^{\infty} q^{n(n-1)}} \cdot \frac{\sum_{n=1}^{\infty} q^{n(n-1)}\cos(2n-1)\frac{u}{\omega}\pi}{1+2\sum_{n=1}^{\infty}(-1)^n q^{n^2}\cos 2n\frac{u}{\omega}\pi} \tag{37}$$

$$\Delta u = \frac{\vartheta_0}{\vartheta_3}\frac{\vartheta_3 u}{\vartheta_0 u} = \frac{1+2\sum_{n=1}^{\infty}(-1)^n q^{n^2}}{1+2\sum_{n=1}^{\infty} q^{n^2}} \cdot \frac{1+2\sum_{n=1}^{\infty} q^{n^2}\cos 2n\frac{u}{\omega}\pi}{1+2\sum_{n=1}^{\infty}(-1)^n q^{n^2}\cos 2n\frac{u}{\omega}\pi},$$

wobei $q = e^{\frac{\omega'}{\omega}\pi i}$ ist. Setzt man in diese Gleichungen

$$\frac{u}{\omega} = x + iy, \quad q = e^{(\alpha+\beta i)\pi i} = e^{-\beta\pi}(\cos\alpha\pi + i\sin\alpha\pi)$$

ein, wenn $\frac{\omega'}{\omega} = \alpha + i\beta$ gesetzt wird, und trennt die reellen und imaginären Theile, so nehmen jede der drei Funktionen die Form $P + iQ$ an. P und Q sind reelle Funktionen von x, y. Will man nun die Werte von u haben, welche den reellen Werten der doppeltperiodischen Funktion entsprechen, so hat man nur $Q = 0$ zu setzen, wodurch man eine Relation zwischen x und y erhält. Zu jedem Werte x würden sich ein oder mehrere Werte von y ergeben, so dass für den Wert $\frac{u}{\omega} = x + iy$ die doppeltperiodische Funktion einen reellen Wert annimmt. Man ersieht hieraus, dass die Werte von u, für welche die doppeltperiodische Funktion reelle Werte annimmt, innerhalb des Periodenparallelogrammes gewisse Linien erfüllen.

Diese Linien müssen für su jedenfalls durch

$$u = 0, \quad u = \tfrac{\omega}{2}, \quad u = \omega, \quad u = 3\tfrac{\omega}{2}$$

und

$$u = \tfrac{\omega'}{2}, \quad u = \omega + \tfrac{\omega'}{2}$$

gehen, denn es ist

$$s(0) = 0, \quad s\left(\tfrac{\omega}{2}\right) = 1, \quad s(\omega) = 0, \quad s\left(\tfrac{3\omega}{2}\right) = -1,$$
$$s\left(\tfrac{\omega'}{2}\right) = \infty, \quad s\left(\omega + \tfrac{\omega'}{2}\right) = \infty,$$

welches reelle Werte von su sind. Ebenso müssen diese Linien für cu durch

$$u=0,\quad u=\tfrac{\omega}{2},\quad u=\omega,\quad u=3\tfrac{\omega}{2},\quad u=\omega+\tfrac{\omega'}{2},\quad u=2\omega+\tfrac{\omega'}{2},$$

für Δu durch

$$u=0,\quad u=\tfrac{\omega}{2}+\tfrac{\omega'}{2},\quad u=\tfrac{\omega}{2}+\tfrac{3\omega'}{2},\quad u=\tfrac{\omega'}{2},\quad u=\omega',\quad u=\tfrac{3\omega'}{2}$$

gehen, da für diese Argumente die Funktionen reell sind.

Ich will zwei spezielle Fälle wegen ihres häufigen und fast ausschliesslichen Vorkommens in der Anwendung der elliptischen Funktionen besonders hervorheben.

1. Es sei ω reell positiv und $\omega' = \tilde{\omega}' i$ rein imaginär, also $\tilde{\omega}'$ reell. Dann wird

$$q = e^{\frac{\omega'}{\omega}\pi i} = e^{-\frac{\tilde{\omega}'}{\omega}\pi}$$

reell und da es kleiner als 1 sein muss, so muss $\tilde{\omega}'$ positiv sein. Das Periodenparallelogramm ω, ω' hat also die Form eines Rechteckes (Fig. 25).

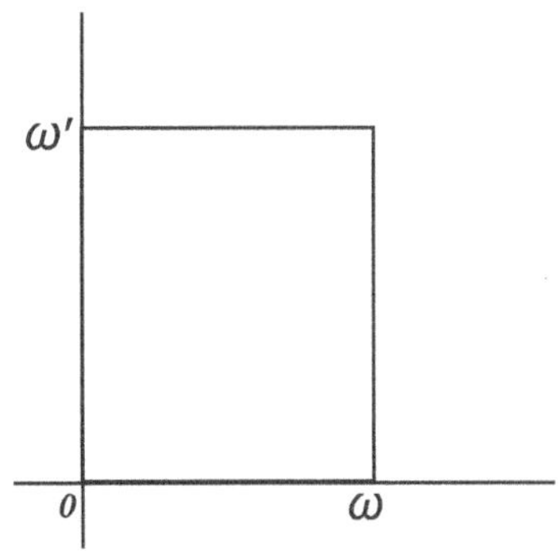

Fig. 25.

Es wird

$$\varkappa^2 = \frac{\vartheta_2^4}{\vartheta_3^4} = \frac{16q\left[\sum_1^\infty q^{n(n-1)}\right]^4}{\left[1+2\sum q^{n^2}\right]^4}$$

$$\varkappa'^2 = \frac{\vartheta_0^4}{\vartheta_3^4} = \frac{\left[1+2\sum(-1)^n q^{n^2}\right]^4}{\left[1+2\sum q^{n^2}\right]^4},$$

also $\varkappa^2$ und $\varkappa'^2$ reell und positiv, mithin beide kleiner als 1, da $\varkappa^2+\varkappa'^2=1$ ist.

Die Formeln (37) zeigen, dass für reelle Werte von u die Funktionen su, cu, Δu reell werden.

Da nach den Gleichungen (14) S. 96

$$s\left(v+\frac{\omega'}{2}\right)=\frac{1}{\varkappa sv},\quad c\left(v+\frac{\omega'}{2}\right)=\frac{1}{i\varkappa}\frac{\Delta v}{sv},\quad \Delta\left(v+\frac{\omega'}{2}\right)=\frac{1}{i}\frac{cv}{sv}$$

ist, so ersieht man, dass für Werte von $u = v+\frac{\tilde{\omega}}{2}i$, deren imaginärer Theil konstant $\frac{\omega'}{2}=\frac{\tilde{\omega}'}{2}i$, ist, während v reell ist, su reelle Werte annimmt, cu und Δu aber rein imaginär wird.

Es ist ferner su eine ungerade Funktion von u, während cu und Δu gerade Funktionen sind und in unserem Falle enthalten diese Funktionen blos reelle Konstante. Setzt man also

$$s(v+iu) = P + iQ,$$

so ist

$$s(v-iu) = P - iQ.$$

Ist also $v = 0$, so ist

$$s(iu) = R + iS$$
$$s(-iu) = R - iS$$

und da

$$s(-iu) = -s(iu)$$

ist, so muss $R = 0$ sein, d. h. $s(iu)$ ist rein imaginär.

Da ferner

$$c(iu) = R_1 + iS_1$$
$$c(-iu) = R_1 - iS_1,$$

aber

$$c(-iu) = c(iu),$$

so ist

$$S_1 = 0,$$

also ist $c(iu) = R_1$ reell.

Da

$$\Delta(iu) = R_2 + iS_2$$
$$\Delta(-iu) = R_2 - iS_2$$

und

$$\Delta(iu) = \Delta(-iu),$$

so ist auch $\Delta(iu) = R_2$ reell.

Nun ist

$$s\left(v+\tfrac{\omega}{2}\right) = \frac{cv}{\Delta v},$$

also

$$s\left(iu+\tfrac{\omega}{2}\right) = \frac{c(iu)}{\Delta(iu)},$$

d. h. für reelle u reell. Ebenso ist

$$s\left(iu+\tfrac{3\omega}{2}\right)$$

reell, da

$$c(iu+\omega) = -c(iu), \quad \Delta(iu+\omega) = \Delta(iu)$$

ist und $c(iu)$, $\Delta(iu)$ reell ist, wenn u reell ist. Es ist

$$\Delta\left(\tfrac{\omega}{2}+iu\right) = \frac{\varkappa'}{\Delta iu},$$

also ist auch

$$\Delta\left(\tfrac{\omega}{2}+iu\right)$$

reell für reelle u.

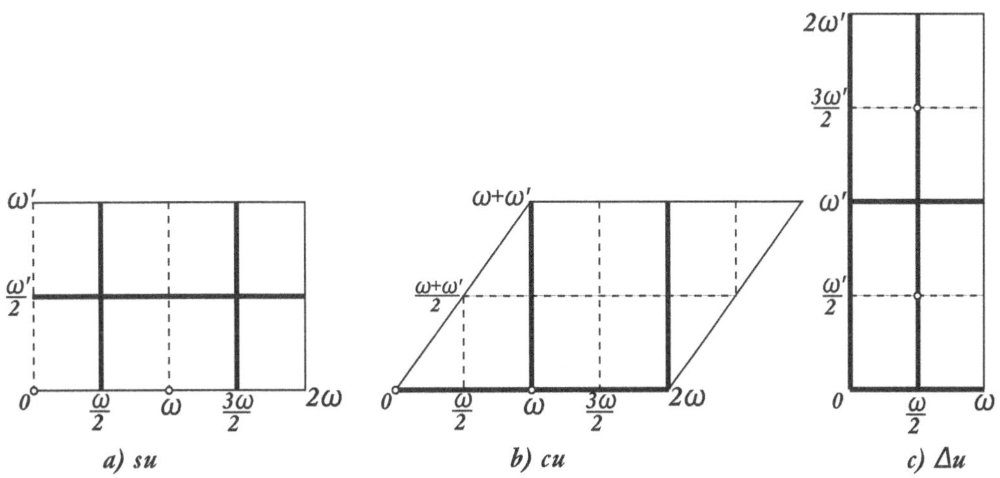

Fig. 26.

Zeichnen wir die Periodenparallelogramme für die doppeltperiodischen Funktionen su, cu, Δu, so kann man in denselben leicht die Werte von u markiren, für welche jede von ihnen reelle Werte annimmt.

In vorstehenden Figuren 26a, b, c sind die Linien, auf welchen die Werte von u liegen, für die die zugehörige Funktion reelle Werte annimmt, dick ausgezogen, die Linien, auf denen die Funktion rein imaginäre Werte erhält, sind punktirt. Die letztere ergiebt die folgende Betrachtung.

Da $s(iu)$ rein imaginär ist für reelle u, so ist auch

$$s(\omega + iu) = -s(iu)$$

rein imaginär für reelle u. Es ist ferner

$$c\left(u + \tfrac{\omega'}{2}\right) = \frac{1}{i}\frac{\Delta u}{\varkappa su}, \quad \Delta\left(u + \tfrac{\omega'}{2}\right) = \frac{1}{i}\frac{cu}{su},$$

also für reelle u ist

$$c\left(u + \tfrac{\omega'}{2}\right) \text{ und } \Delta\left(u + \tfrac{\omega'}{2}\right)$$

rein imaginär, daher auch

$$\Delta\left(u + \tfrac{3\omega'}{2}\right) = -\Delta\left(u + \tfrac{\omega'}{2}\right).$$

Und da

$$c\left(iu + \tfrac{\omega}{2}\right) = -\varkappa' \frac{s(iu)}{\Delta(iu)}$$

ist, so ist

$$c\left(iu + \tfrac{\omega}{2}\right)$$

für reelle u rein imaginär, ebenso

$$c\left(iu + \tfrac{3\omega}{2}\right), \quad c\left(iu + \tfrac{5\omega}{2}\right).$$

2. Es sei ω reell und positiv und

$$\omega' = \omega + \omega_1' = \omega + \omega_2' i,$$

wo ω_2' reell und positiv ist, dann wird

$$q = e^{\frac{\omega'}{\omega}\pi i} = -e^{-\frac{\omega_2'}{\omega}\pi}$$

wesentlich negativ und absolut kleiner als 1, da $\frac{\omega_2'}{\omega}$ positiv ist. Es ist daher

$$\varkappa^2 = \frac{\vartheta_2^4}{\vartheta_3^4} = \frac{16q\left[\sum q^{n(n-1)}\right]^4}{\left[1 + 2\sum q^{n^2}\right]^4}$$

negativ und

$$\varkappa'^2 = \frac{\vartheta_0^4}{\vartheta_3^4} = \frac{\left[1 + 2\sum(-1)^n q^{n^2}\right]^4}{\left[1 + 2\sum q^{n^2}\right]^4}$$

positiv, also ist $\varkappa$ rein imaginär von der Form $i\varkappa_1$ und $\varkappa_1$ reell, während $\varkappa'$ reell ist.

Die Funktionen su, cu, Δu enthalten auch jetzt nur reelle Konstante und sie sind also für reelle u reell, und da su ungerade, cu, Δu gerade Funktionen sind, so folgt, wie früher, dass $s(iu)$ rein imaginär, $c(iu)$ und $\Delta(iu)$ reell sind für reelle u.

Es ist aber

$$s\left(u + \tfrac{\omega'}{2}\right) = \frac{1}{\varkappa su},$$

also für reelle $u \cdots s\left(u + \frac{\omega'}{2}\right)$ im vorliegenden Falle rein imaginär, da $\frac{1}{\varkappa} = \frac{1}{i\varkappa_1}$ ist. Ebenso ist

$$s(iu + \omega), \quad s(iu + 2\omega)$$

rein imaginär.

$$s\left(iu + \tfrac{\omega}{2}\right) = \frac{c(iu)}{\Delta(iu)}$$

ist aber für reelle u reell.

Wir haben also die Darstellung der Werte von u im Periodenparallelogramm (Fig. 27 a) für su. Die dickgezogenen Linien stellen Werte von u vor, für die su reell wird, die punktirten, für welche su rein imaginär ist.

cu und Δu sind reell für reelle und rein imaginäre Werte von u, also sind

$$cu, \quad c(iu), \quad c(iu + \omega), \quad c(iu + 2\omega), \quad c(iu + 3\omega)$$

reell und da

$$c\left(u + \tfrac{\omega'}{2}\right) = \frac{1}{i\varkappa}\frac{\Delta u}{su}$$

ist, so ist auch $c\left(u + \frac{\omega'}{2}\right)$ für reelle u reell.

$$c\left(iu + \tfrac{\omega}{2}\right) = -\varkappa'\frac{s(iu)}{\Delta(iu)}$$

ist rein imaginär, ebenso

$$c\left(iu + \tfrac{3\omega}{2}\right), \quad c\left(iu + \tfrac{5\omega}{2}\right) \ldots$$

Es ist

$$\Delta u, \quad \Delta(u+\omega'), \quad \Delta(iu), \quad \Delta(iu+\omega), \quad \Delta(iu+2\omega)\ldots$$

reell und da

$$\Delta\left(iu+t\tfrac{\omega}{2}\right)=\frac{\varkappa'}{\Delta(iu)},$$

so ist auch

$$\Delta\left(iu+\tfrac{\omega}{2}\right), \quad \Delta\left(iu+\frac{3\omega}{2}\right)\ldots$$

für reelle u reell.

$$\Delta\left(u+\frac{\omega'}{2}\right)=\frac{1}{i}\frac{cu}{su}$$

ist rein imaginär für reelle u.

Die Periodenparallelogramme für die Funktionen cu, Δu haben in den Figuren 27 b, c nach früherer Art die Werte von u eingezeichnet, für die die

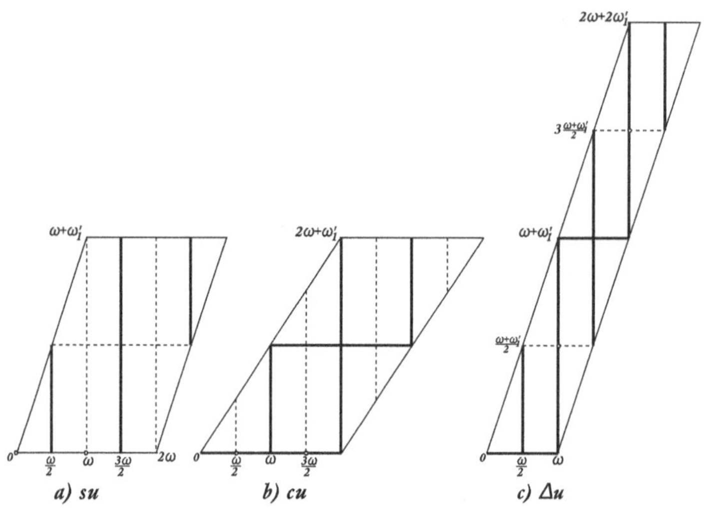

Fig. 27.

Funktionen reell resp. imaginär werden.

Hat ω' irgend einen anderen komplexen Wert, so wird q imaginär und su, cu, Δu enthalten imaginäre Konstanten.

VIII. Darstellung der doppeltperiodischen Funktionen durch logarithmische Differentialquotienten der ϑ-Funktionen.

34. Es möge hier noch eine Art der Darstellung der doppeltperiodischen Funktionen dargelegt werden. Wir setzen

$$Z(u) = \frac{d \log \vartheta_1(u)}{du} = \frac{\vartheta_1' u}{\vartheta_1 u},$$

so ist $Z(u)$ eine eindeutige Funktion von u, welche im Periodenparallelogramm ω, ω' nur für $u = 0$ unendlich wird. Es ist ferner

$$Z(u + \omega) = Z(u)$$
$$Z(u + \omega') = Z(u) - \frac{2\pi i}{\omega},$$

wie sich aus den Formeln (I) auf S. 53 ohne weiteres ergiebt, d. h. $Z'(u) = \frac{dZ(u)}{du} = \frac{d^2 \log \vartheta_1 u}{du_2}$, $Z''(u)$, $Z'''(u) \ldots Z^{(n)}(u)$ sind lauter doppeltperiodische eindeutige Funktionen von u mit den Perioden ω, ω', welche nur für $u = 0$ unendlich werden.

Es wird $Z(u)$ für $u = 0$ unendlich von der ersten Ordnung. Denn es ist für kleine Werte von u:

$$\vartheta_1(u) = u\vartheta_1' + \frac{1}{3!} u^3 \vartheta_1''' + \cdots,$$

da $\vartheta_1 = 0$, $\vartheta_1'' = 0 \ldots$ ist, es wird

$$\vartheta_1(u) = u \left[\vartheta_1' + \frac{1}{3!} u^2 \vartheta_1''' + \cdots \right]$$

$$\log \vartheta_1(u) = \log u + \log \left(\vartheta_1' + \frac{1}{6} u^2 \vartheta_1''' + \cdots \right)$$

$$= \log u + \log \vartheta_1' + \frac{1}{6} \frac{\vartheta_1'''}{\vartheta_1'} u^2 + Bu^4 + \cdots$$

da das Argument des zweiten Logarithmus in der ersten Gleichung für $u = 0$ nicht verschwindet; daher ist:

$$Z(u) = \frac{d \log \vartheta_1 u}{du} = \frac{1}{u} + \frac{1}{3} \frac{\vartheta_1'''}{\vartheta_1'} u + \cdots$$

wo nur positive ungerade Potenzen von u folgen.

Mithin wird $[uZ(u)]_{u=0} = 1$ und $Z(u)$ ist für $u = 0$ unendlich von der ersten Ordnung. $Z^{(n)}(u)$, wird daher für $u = 0$ unendlich von der $(n+1)^{\text{ten}}$ Ordnung, da

$$Z^{(n)}(u) = \frac{(-1)^n (n)!}{u^{n+1}} + A_1 + \cdots \text{pos. Pot.}(u)$$

ist. $Z^{(n)}(u)$ ist mithin eine eindeutige doppeltperiodische Funktion $(n+1)^{\text{ter}}$ Ordnung mit den Perioden ω, ω'.

Es sei nun $F(u)$ eine eindeutige doppeltperiodische Funktion von u mit den Perioden ω, ω', welche für $u = \alpha_1, \alpha_2 \ldots \alpha_n$ unendlich wird und zwar, wie wir vor der Hand voraussetzen wollen, stets von der ersten Ordnung.

Es sei also für kleine Werte des Moduls $|u - \alpha_i|$

$$F(u) = \frac{A_i}{\alpha_i - u} + B + B_1(\alpha_i - u) + \cdots .$$

Da $Z(u - \alpha_i) = -\frac{1}{\alpha_i - u} + \cdots \text{pos. Pot.}(\alpha_i - u)$ ist, so ist

$$F(u) + A_i Z(u - \alpha_i) \quad \text{für} \quad u = \alpha_i$$

nicht mehr unendlich, daher ist

$$\varphi(u) = F(u) + \sum_{i=1}^{n} A_i Z(u - \alpha_i)$$

für keinen der Werte $\alpha_1, \alpha_2 \ldots \alpha_n$ unendlich, und da $Z(u - \alpha_i)$ nur für diese Werte unendlich werden kann, ebenso $F(u)$, so wird $\varphi(u)$ für keinen Wert von u innerhalb des Periodenparallelogrammes ω, ω' unendlich. $\varphi(u)$ ist aber eine eindeutige doppeltperiodische Funktion von u, denn es ist

$$\varphi(u + \omega) = \varphi(u)$$
$$\varphi(u + \omega') = \varphi(u) - \frac{2\pi i}{\omega} \sum_{i=1}^{n} A_i,$$

da jedes $Z(u - \alpha_i + \omega') = Z(u - \alpha_i) - \frac{2\pi i}{\omega}$ ist.

Da aber $\sum_{i=1}^{n} A_i$ als Summe der logarithmischen Residuen für jede eindeutige doppeltperiodische Funktion null ist (pg. 66, Sekt. 14), so ist

$$\varphi(u + \omega) = \varphi(u)$$
$$\varphi(u + \omega') = \varphi(u).$$

$\varphi(u)$ wird aber nicht unendlich innerhalb des Periodenparallelogrammes, also ist $\varphi(u) = C$ und daher

$$F(u) = C - \sum_{i=1}^{n} A_i Z(u - \alpha_i). \tag{I}$$

Wir nehmen nun an, $F(u)$ werde für $u = \alpha_1, \alpha_2, \ldots \alpha_m$ von den Ordnungen $n_1, n_2, \ldots n_m$ unendlich; so dass für die Umgebung von α_i die Entwicklung gilt

$$F(u) = \frac{A_{i,n_i-1}}{(\alpha_i - u)^{n_i}} + \frac{A_{i,n_i-2}}{(\alpha_i - u)^{n_i-1}} + \cdots + \frac{A_i}{\alpha_i - u} + B + \cdots \text{ pos. Pot.}(\alpha_i - u).$$

Da nun

$$Z^{(h)}(u - \alpha_i) = -\frac{h!}{(\alpha_i - u)^{h+1}} + \text{ pos. Pot}(\alpha_i - u)$$

ist, so wird

$$\frac{A_{i,n_i-1}}{(n_i-1)!} Z^{(n_i-1)}(u - \alpha_i) + \frac{A_{i,n_i-2}}{(n_i-2)!} Z^{(n_i-2)}(u - \alpha_i) + \cdots \frac{A_i}{0!} Z(u - \alpha_i)$$
$$= -\left[\frac{A_{i,n_i-1}}{(\alpha_i - u)^{n_i}} + \frac{A_{i,n_i-2}}{(\alpha_i - u)^{n_i-1}} + \cdots + \frac{A_i}{\alpha_i - u}\right] + B_1 + \text{ p.P.}(\alpha_i - u),$$

daher wird:

$$F(u) + \sum_{\varkappa=1}^{n_i} \frac{A_{i,n_i-\varkappa}}{(n_i - \varkappa)!} Z^{(n_i-\varkappa)}(u - \alpha_i),$$

oder auch

$$F(u) + \sum_{h=1}^{n_i-1} \frac{A_{i,h}}{h!} Z^{(h)}(u - \alpha_i) \cdots A_{i,0} = A_i$$

für $u = \alpha_i$ nicht mehr unendlich und mithin wird

$$F(u) + \sum_{i=1}^{m} \sum_{0}^{n_i-1} \frac{A_{i,h}}{h!} Z^{(h)}(u - \alpha_i)$$

für keinen Wert von u innerhalb des Periodenparallelogrammes ω, ω' unendlich, und da es eine doppeltperiodische eindeutige Funktion von u ist, ist dieselbe eine Konstante. Die doppelte Periodizität folgt daraus, dass jedes $Z^{(h)}(u - \alpha_i)(h > 0)$ doppeltperiodisch ist, dass aber die Summe der Koeffizienten von $Z(u - \alpha_i)$, d. h. $\sum_1^m A_i = 0$ ist. Daher ist

$$F(u) = C - \sum_{i=1}^{m} \sum_{h=1}^{n_i-1} \frac{A_{i,h}}{h!} Z^{(h)}(u - \alpha_i). \tag{II}$$

Hierdurch ist die doppeltperiodische Funktion $F(u)$ in eine Summe von Funktionen $Z^{(h)}(u-\alpha_i)$ zerlegt, die nur für einen Wert des Argumentes unendlich werden.

Diese Zerlegung ist ganz analog der Zerlegung einer *rationalen Funktion* von z in *Partialbrüche*, nur dass hier $Z(u-\alpha_i)$ an Stelle von $\frac{1}{z-\alpha_i}$ bei der rationalen Funktion tritt. (Vgl. Einleitung S. 30.)

II. Theil

Elliptische Integrale.

I. Die Riemann'sche Fläche der Funktion $y = \sqrt{A(x-a_1)(x-a_2)(x-a_3)(x-a_4)}$.

35. Indem wir $z = s(u) = \frac{\vartheta_3}{\vartheta_2}\frac{\vartheta_1(u)}{\vartheta_0(u)}$ setzten, fanden wir, dass z einer Differentialgleichung zweiter Ordnung

$$\left(\frac{dz}{du}\right)^2 = G^2(1-z^2)(1-\varkappa^2 z^2), \tag{1}$$

oder

$$\left(\frac{dz}{du}\right) = G\sqrt{(1-z^2)(1-\varkappa^2 z^2)}$$

$$G = \frac{\pi}{\omega}\vartheta_3^2,\ \varkappa^2 = \frac{\vartheta_2^4}{\vartheta_3^4}$$

genügt, und dass für kleine Werte von u sich z als Potenzreihe von u darstellen lässt in der Form

$$z = z(u) = Gu + \frac{1}{3!}A_3 u^3 + \frac{1}{5!}A_5 u^5 + \cdots,$$

denn man kann $\vartheta_1(u)$ und $\vartheta_0(u)$ in Potenzreihen von u entwickeln, und zufolge der Bedingung

$$s(-u) = -su$$

müssen alle geraden Potenzen aus der Entwicklung ausfallen.

Sei nun umgekehrt die Differentialgleichung (1) gegeben, in der wir G beliebig und $|\varkappa^2| < 1$ voraussetzen wollen, so wird aus derselben

$$G\frac{du}{dz} = \frac{1}{\sqrt{(1-z^2)(1-\varkappa^2 z^2)}}$$

und

$$Gu = \int \frac{dz}{\sqrt{(1-z^2)(1-\varkappa^2 z^2)}} + C$$

folgen. Setzen wir fest, dass $u = 0$ sein soll für $z = 0$, so stellt sich u als bestimmtes Integral zwischen Null und dem komplexen Werte $z = \zeta$ dar.

Es wird

$$Gu = \int_0^\zeta \frac{dz}{\sqrt{(1-z^2)(1-\varkappa^2 z^2)}}. \tag{2}$$

Durch dieses Integral ist für kleine Werte von ζu als eine *eindeutige* Funktion von ζ in der Umgebung von $\zeta = 0$ dargestellt. Denn so lange $|z| < 1$ ist, kann man

$$(1 - z^2)^{-\frac{1}{2}} = 1 + \tfrac{1}{2}z^2 + \cdots$$
$$(1 - \varkappa^2 z^2)^{-\frac{1}{2}} = 1 + \tfrac{1}{2}\varkappa^2 z^2 + \cdots$$

als konvergente Potenzreihen entwickeln, und es wird

$$[(1 - z^2)(1 - \varkappa^2 z^2)]^{-\frac{1}{2}} = 1 + \tfrac{1}{2}(1 + \varkappa^2)z^2 + \cdots,$$

also

$$Gu = \zeta + \tfrac{1}{6}(1 + \varkappa^2)\zeta^3 + \cdots \tag{A}$$

sich ergeben, mithin u in der Umgebung des Punktes $\zeta = 0$ innerhalb des Kreises, dessen Radius gleich 1 ist, sobald $|\varkappa| < 1$ ist, eine eindeutige *ungerade* Funktion von ζ sein, da in der Potenzreihe, wie man sieht, nur ungerade Potenzen vorkommen.

Da nun zwei verschiedenen Werten von ζ, die in der Umgebung von $\zeta = 0$ liegen, stets zwei verschiedene Werte von u in der Umgebung von $u = 0$ entsprechen und $\left(\frac{du}{d\zeta}\right)$ für $\zeta = 0$ nicht verschwindet und nicht unendlich ist, so wird auch ζ für kleine Werte von u eine *eindeutige* Funktion von u sein und sich daher in der Umgebung der Stelle $u = 0$ in eine Potenzreihe der Form

$$\zeta = Gu + B_2u^2 + B_3u^3 + B_4u^4 + \cdots \tag{B}$$

entwickeln lassen. Da aber für $\zeta = -\zeta'$ auch $u = -u'$ aus (A) folgt, so müssen in (B) alle gradzahligen Potenzen ausfallen, d. h. es ist

$$\zeta = Gu + B_3u^3 + B_5u^5 + \cdots,$$

also für kleine Werte von u eine eindeutige ungerade Funktion von u.

Die Gleichung (2) definirt also für kleine Werte von u und ζ die obere Grenze ζ des Integrals als eindeutige Funktion von u, welche der Differentialgleichung (1) genügt.

Können wir direkt zeigen, dass bei beliebig gegebenem G und $\varkappa$ die Gleichung (2) durch die obere Grenze ζ des Integrals eine eindeutige doppeltperiodische Funktion definirt, dann werden uns die Perioden dieser Funktion ein Mittel an die Hand geben, die ϑ-Funktionen, welche ihnen entsprechen, zu konstruiren und dadurch ζ als doppeltperiodische Funktion von u in anderer Form, als es die Gleichung (2) thut, darzustellen, nämlich in der Form

$$\zeta = \frac{\vartheta_3}{\vartheta_2}\frac{\vartheta_1(u)}{\vartheta_0(u)}.$$

Diesen Weg wollen wir nun einschlagen und zwar in etwas allgemeinerer Form.

36. Wir setzen

$$y^2 = A(x - a_1)(x - a_2)(x - a_3)(x - a_4), \tag{3}$$

wo a_1, a_2, a_3, a_4 irgend welche reelle oder komplexe Grössen sein mögen, die durch die Punkte a_1, a_2, a_3, a_4 in der x-Ebene, wo wir die komplexe Veränderliche x deuten, dargestellt seien. Indem, wir dann das $\int_{x_0}^{x} \frac{dx}{y}$ betrachten wollen, müssen wir uns über die Funktion y vorerst orientiren.

Wie wir ersehen ist y keine eindeutige Funktion von x, denn jedem x entsprechen die beiden Werte

$$\left.\begin{aligned} y &= +\sqrt{A(x - a_1)(x - a_2)(x - a_3)(x - a_4)} \\ y &= -\sqrt{A(x - a_1)(x - a_2)(x - a_3)(x - a_4)}, \end{aligned}\right\} \tag{4}$$

welche beide der Gleichung (3) genügen. Diese Werte sind im Allgemeinen von einander verschieden und können nur gleich werden, wenn $y = 0$, d. h. x einer der Werte a_1, a_2, a_3, a_4 ist.

Es sind die beiden Werte für alle x von einander verschieden, die ausserhalb eines Kreises K liegen, der um den Anfangspunkt $x = 0$ geschlagen ist, und der die Punkte a_1, a_2, a_3, a_4 einschliesst.

Setzt man um diess deutlicher zu ersehen $x' = \frac{1}{x}$, so wird x' kleine Werte annehmen, wenn x ausserhalb K liegt.

Da nun

$$(x'^2 y)^2 = A(1 - a_1 x')(1 - a_2 x')(1 - a_3 x')(1 - a_4 x')$$

ist, so wird

$$(x'^2 y)_{x'=0} \text{ entweder } + \sqrt{A} \text{ oder } - \sqrt{A} \text{ sein.}$$

Da ferner für kleine $|x'|$

$$\begin{aligned} &\sqrt{A(1 - a_1 x')(1 - a_2 x')(1 - a_3 x')(1 - a_4 x')} \\ &\qquad = \sqrt{A} + Bx' + Cx'^2 + \cdots \end{aligned}$$

eine konvergente Potenzreihe ist, so wird $(x'^2 y)$ für kleine x' die Entwicklungen

$$\begin{aligned} x'^2 y &= +\sqrt{A} + Bx' + Cx'^2 + \cdots \\ x'^2 y &= -\sqrt{A} - Bx' - Cx'^2 - \cdots \end{aligned}$$

haben, oder die beiden Werte y_1 und y_2, welche kleinen Werten $x' = \frac{1}{x}$, also grossen Werten von x entsprechen, sind in der Form

$$y_1 = +\frac{\sqrt{A}}{x'^2} + \frac{B}{x'} + C + \text{ pos. Pot.}$$
$$y_1 = -\frac{\sqrt{A}}{x'^2} - \frac{B}{x'} - C - \text{ pos. Pot.}$$

entwickelbar, also eindeutige Funktionen von x', daher auch von x, so lange x ausserhalb K liegt.

Ist ferner $x = x_0$ irgend ein endlicher Wert von x, der von den Punkten a_1, a_2, a_3, a_4 verschieden ist, und setzt man fest, dass für $x = x_0$

$$y = y_0 = \sqrt{A(x_0 - a_1)(x_0 - a_2)(x_0 - a_3)(x_0 - a_4)} = b$$

auch dem Zeichen nach gegeben ist, so wird in der Umgebung von x_0 auch y eine eindeutige Funktion von x sein und zwar so lange als x innerhalb eines Kreises um x_0 liegt, der alle Punkte a_1, a_2, a_3, a_4 ausschliesst.

Denn da sowohl y als $\frac{dy}{dx}$ für $x = x_0$ endliche und ganz bestimmte Werte haben, da $y = b$ für $x = x_0$ werden soll, so kann man y in der Form

$$y = b + A_1(x - x_0) + A_2(x - x_0)^2 + \cdots$$

entwickeln, woraus die Eindeutigkeit klar ist. Würde man festsetzen, dass $y = -b$ werden soll für $x = x_0$, dann würde die Entwicklung

$$y = -b - A_1(x - x_0) - A_2(x - x_0)^2 - \cdots$$

lauten und diese würde wieder eine eindeutige Funktion von x sein, in einer bestimmten Umgebung von x_0.

Nennt man die beiden Werte $y_1 = y$ und $y_2 = -y$, welche die Funktion y für jedes x annimmt, die *Zweige* der *algebraischen* Funktion y, so kann man sagen: *In der Umgebung aller Punkte x_0 der x-Ebene werden von den Zweigen der Funktion y jeder eine eindeutige Funktion von x sein, wenn x_0 von den Punkten a_1, a_2, a_3, a_4 verschieden ist.*

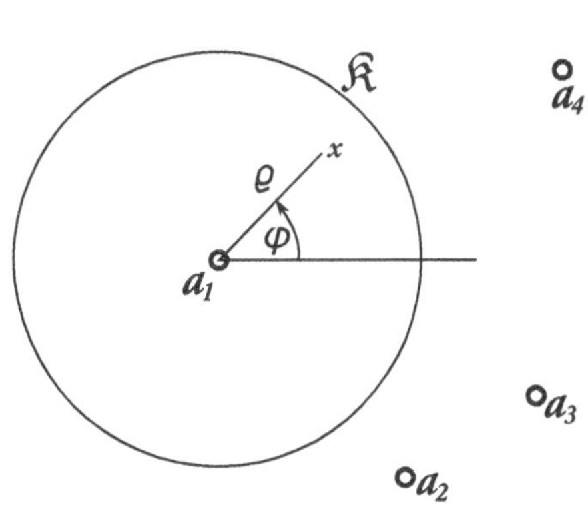

Fig. 28.

Wir untersuchen nun das Verhalten der beiden Zweige der Funktion y in der Umgebung der Punkte a_1, a_2, a_3, a_4. Wir machen die Untersuchung für a_1 sie gilt genau so auch für a_2, a_3, a_4.

Um a_1 schlagen wir (Fig. 28) einen Kreis $\mathfrak{K}$, so beschaffen, dass er die Punkte a_2, a_3, a_4 ausschliesst. Sein Radius sei R.

Wir setzen

$$x - a_1 = \varrho e^{i\varphi},$$

dann werden alle x, für die $\varrho < R$ ist, innerhalb $\mathfrak{K}$ liegen, d. h. x wird von a_2, a_3, a_4 stets verschieden bleiben.

Es wird innerhalb $\mathfrak{K}$

$$\sqrt{A(x-a_2)(x-a_3)(x-a_4)}$$
$$= \sqrt{A(a_1 - a_2 + \varrho e^{i\varphi})(a_1 - a_3 + \varrho e^{i\varphi})(a_1 - a_4 + \varrho e^{i\varphi})} = F(\varrho, \varphi)$$

eine *eindeutige* Funktion von ϱ, φ sein, die immer denselben Wert annimmt, sobald ϱ seinen ursprünglichen Wert erhält und φ entweder wieder den ursprünglichen Wert erhält oder gleich $\varphi + 2n\pi$ wird, wo n eine beliebige ganze Zahl ist, d. h. es ist $F(\varrho, \varphi + 2n\pi) = F(\varrho, \varphi)$. Da dann x auch immer denselben Wert erhält, so ist auch $F(\varrho, \varphi) = F_1(x)$ eine eindeutige Funktion von x. Sollte nämlich F_1 für irgend ein Wertepaar ϱ, φ und ϱ, $\varphi + 2n\pi$ verschiedene Werte haben, so könnten sich dieselben nur im Vorzeichen unterscheiden, da F_1^2 eine rationale Funktion von x ist, daher müsste, wenn wir das φ stetig von φ bis $\varphi + 2n\pi$ ändern, notwendig für irgend ein ϱ die Funktion $F(\varrho, \varphi)$ verschwinden (da sie nicht unendlich werden kann) um ihr Zeichen zu ändern. Da dieses der Voraussetzung nach über die zulässigen Werte ϱ unmöglich ist, so kann $F(\varrho, \varphi)$ auch nur einen Wert für jedes ϱ und $\varphi + 2n\pi$ besitzen. Es wird nun

$$y = e^{i\frac{\varphi}{2}} \varrho^{\frac{1}{2}} F(\varrho, \varphi)$$

sich ergeben und wir wollen festsetzen, dass für

$$x = x_1 \ldots \varrho = \varrho_1, \quad \varphi = \varphi_1$$

wird, und

$$y = y_1 = e^{i\frac{\varphi_1}{2}} \varrho_1^{\frac{1}{2}} F(\varrho_1, \varphi_1).$$

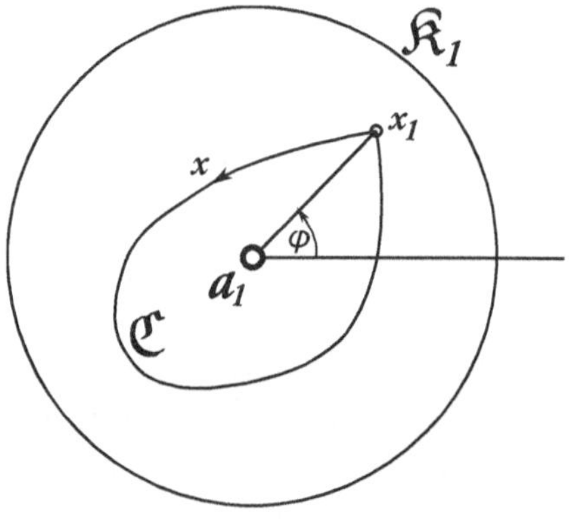

Fig. 29.

Nun lassen wir φ von $\varphi = \varphi_1$ ab sich ändern, indem wir x von $x = x_1$ längs der ganz innerhalb $\mathfrak{K}$ verlaufenden Kurve $\mathfrak{C}$ (Fig. 29) sich bewegen lassen. Kehrt x nach x_1 zurück, so wird nach diesem einzigen Umlauf des Punktes $\varrho = \varrho_1$, aber $\varphi = \varphi_1 + 2\pi$, also

$$x - a_1 = \varrho_1 e^{i(\varphi_1 + 2\pi)} = \varrho_1 e^{i\varphi_1} = x_1 - a_1$$

$x = x_1$, wie es sein muss, hingegen wird

$$y = e^{i\frac{\varphi_1+2\pi}{2}} \varrho_1^{\frac{1}{2}} F(\varrho_1, \varphi_1 + 2\pi)$$

oder

$$y = -e^{i\frac{\varphi_1}{2}} \varrho_1^{\frac{1}{2}} F(\varrho_1, \varphi_1),$$

da $e^{\pi i} = -1$ ist, d. h. es wird $y = -y_1$.

Umkreist daher die Variable x den Punkt a_1 einmal, so erhält y den entgegengesetzten Wert. Erst wenn x noch eine zweite Umkreisung vollführt, wird $y = -(-y_1) = y_1$ den ursprünglichen Wert wieder annehmen.

In der Umgebung der Punkte a_1, a_2, a_3, a_4 ist also y keine eindeutige Funktion von x. Für alle andern Werte von x, für welche y nicht verschwindet, ist die Fortsetzung von y aus dem einmal angenommenen Werte $+y$ oder $-y$ eine vollständig bestimmte und eindeutige.

37. Es fragt sich nun ob man man diese Zweideutigkeit, welche bei unserer Funktion y auftritt, nicht durch eine passende Darstellung der Werte von x beheben könnte, indem aus dieser Darstellung ersichtlich wäre, dass x nur dann seinen ursprünglichen Ort erhält, wenn y seinen ursprünglichen Wert annimmt.

Dieses ist in der That nach dem Vorgange von Riemann sehr leicht möglich*) .

Da für jeden Wert von x zwei Werte von y angenommen werden können, so denken wir uns für x nicht eine, sondern zwei Ebenen oder Blätter dicht untereinander gelegt, in denen wir die komplexe Variable x deuten. Jedem Werte x entsprechen also zwei Punkte: einer in der oberen Ebene x', einer in der unteren x''. Es sei nun x_0 ein von a_1, a_2, a_3, a_4 verschiedener Wert, dem die beiden Werte $+y_0$, $-y_0$ entsprechen. Wir setzen fest, dass dem Punkte x'_0 in der oberen Ebene der Wert $+y_0$ und dem Punkte x''_0 in der unteren Ebene der Wert $-y_0$ entsprechen soll. x'_0 und x''_0 stellen den komplexen Wert x_0 dar. Bleibt nun x' in der Umgebung $\mathfrak{A}'$ von x'_0, und daher der entsprechende Punkt x'' des unteren Blattes in der Umgebung von x''_0, so wird die stetige Fortsetzung von y in eindeutiger Weise vor sich gehen und den Punkten der oberen Ebene wird immer $+y$, den darunter liegenden der zweiten Ebene $-y$ entsprechen. Wird x' den Punkt x'_1, welcher in der Umgebung $\mathfrak{A}'$ von x'_0 liegt,

*) »Grundlagen für eine allgemeine Theorie der Funktionen einer komplexen veränderlichen Grösse.« Inauguraldissertation von B. Riemann. Sowie auch: Crelle'sches Journal Band 54, S. 101.

umkreisen, ohne aus $\mathfrak{A}'$ auszutreten, so wird, wenn x' seinen ursprünglichen Wert erhält, auch y den ursprünglichen Wert annehmen. Dasselbe gilt für die untere Ebene. In dieser Weise werden je zwei Punkten x' und x'' in der oberen und unteren Ebene, welche denselben Wert von x repräsentiren, die Werte $+y$ und $-y$ entsprechen. Die Zweige der Funktion y sind auf diese Art in der Umgebung des Punktes x_0 auch in der Darstellung der Variablen x getrennt. Eine Schwierigkeit tritt für die Werte $x = a_1, a_2, a_3, a_4$ auf, für welche beide Zweige der Funktion gleich werden und welche man *Verzweigungswerte* nennt.

Diese Schwierigkeit wird folgendermassen behoben: Nehmen wir den Punkt $x = a_1$. Da für diese beide Werte y null, also einander gleich werden, so lassen wir die ursprünglich getrennt verlaufenden Ebenen, in denen wir x deuten, daselbst zusammenhängen. Sei nun x_1 ein Wert von x, welcher so beschaffen ist, dass der Modul $|x_1 - a_1|$ kleiner sei als der Radius des Kreises $\mathfrak{K}_1$, der alle anderen Punkte a_2, a_3, a_4 ausserhalb lässt, und seien x_1', x_1'' die beiden Punkte (Fig. 30) in der oberen und unteren Ebene, welche diesen Wert repräsentiren und $+y_1$ und $-y_1$ die zugehörigen Werte von y.

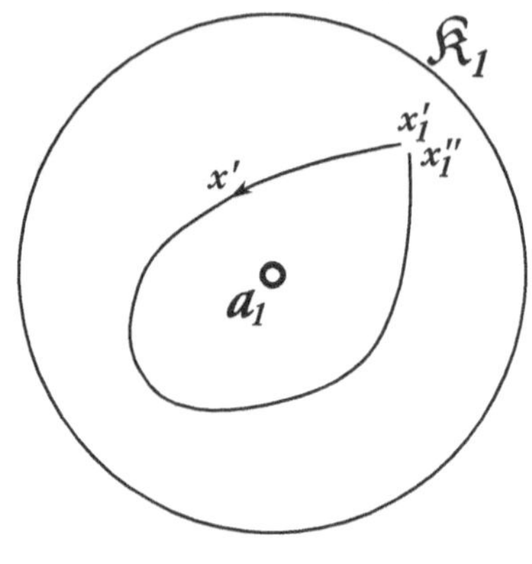

Fig. 30.

Wir umkreisen nun mit x', von x_1' ausgehend, den Punkt a_1, ohne aus $\mathfrak{K}_1$ hinauszutreten. Dabei wird, wenn x' in die ursprüngliche Lage x_1' kommt. y nicht den ursprünglichen Wert $+y_1$ annehmen, sondern $-y_1$, d. h. den Wert, den wir dem Punkte x_1'' zugeordnet haben. Könnten wir es nun so einrichten, dass nach einmaliger Umkreisung von a_1 der Punkt x' nicht mit x_1', sondern mit dem darunter liegenden x_1'' zusammenfällt, so hätten wir bewirkt, dass auch bei einmaliger Umkreisung von a_1 die Funktion y eindeutig bleibt, da ja x_1'' mit x_1' der Lage in den Ebenen nach *nicht* identisch ist.

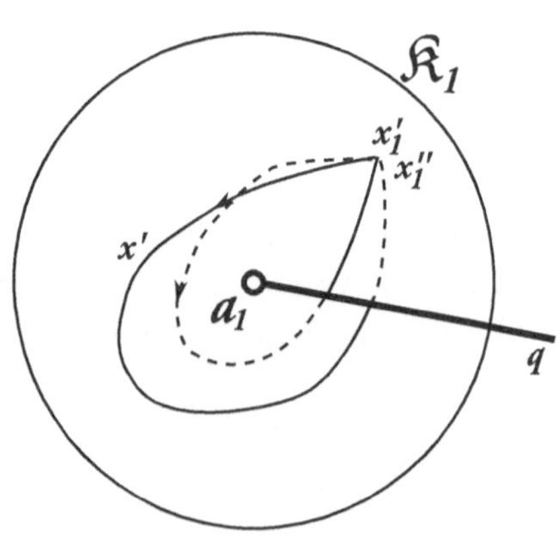

Fig. 31.

Das Verlangte ist aber leicht zu erreichen. Denken wir uns (Fig. 31) von a_1 aus eine Gerade $\overline{aq}$ in beliebiger Richtung gezogen bis über $\mathfrak{K}_1$ hinaus und längs dieser die beiden Ebenen zerschnitten. Hierdurch erhalten wir vier Ränder. Nun verbinden wir jeden Rand des oberen Blattes mit dem gegenüberstehenden Rande des unteren Blattes, wie nebenstehende Fig. 32 im Querschnitte zeigt. Hierdurch ist ein Zusammenhang zwischen der oberen und unteren Ebene längs der ganzen Linie $\overline{a_1q}$ bewirkt, derart, dass bei dem Ueberschreiten dieser Linie man aus dem oberen Blatte stetig in das untere und umgekehrt gelangt.

Umkreisen wir nun mit x' von x'_1 ausgehend den Punkt a_1. Sobald wir mit x' an (Fig. 31) $\overline{a_1q}$ kommen und es überschreiten wollen, treten wir in das zweite untere Blatt ein und gelangen auf der punktirt gezeichneten Linie nach x''_1, wo, wie wir wissen, der Wert $-y_1$ stattfindet. Umkreisen wir von x''_1 weitergehend im unteren Blatte wieder den Punkt a_1 längs der punktirten Linie, so werden wir, sobald der Punkt an die Linie $\overline{aq}$ gelangt, aus dem unteren Blatte in das obere geführt und gelangen bei Fortsetzung des Weges nach x'_1 im oberen Blatte zum Werte $+y_1$, was auch damit übereinstimmt, dass bei zweimaliger Umkreisung von $a_1 y$ den Wert $+y_1$ erhält.

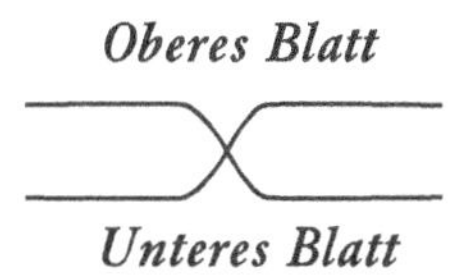

Fig. 32.

Auf diese Weise ist die Zweideutigkeit von y in der Umgebung von a_1 behoben und jedem Repräsentanten von x entspricht nur ein Wert von y je nachdem wir den x repräsentirenden Punkt im oberen oder unteren Blatte nehmen. Machen wir dasselbe für alle vier Punkte alt a_1, a_2, a_3, a_4, so wird hierdurch für x eine Darstellung erhalten, so beschaffen, dass jedem Punkte nur ein Wert von y zugehört. Um die Vorstellung des Zusammenhanges der beiden Blätter einfach zu gestalten, wählen wir die Linien $\overline{aq}$, welche man auch Verzweigungsschnitte nennt und auf deren Verlauf es nur derart ankömmt, dass sie durch die Punkte a und bis über die Umgebung des Punktes hinausgehen, in spezieller Weise.

Wir verbinden nämlich die Punkte $a_1 a_2$ und $a_3 a_4$ durch Gerade und nehmen diese als Verzweigungsschnitte an. Man kann es stets so einrichten, dass die Strecke $\overline{a_1a_2}$ von $\overline{a_3a_4}$ nicht geschnitten wird. Längs der ganzen Strecke $\overline{a_1a_2}$ und $\overline{a_3a_4}$ hängt also das obere Blatt mit dem unteren, gegenüberliegenden zusammen. Um die Punkte a_1, a_2, a_3, a_4 windet sich die aus den beiden zusammenhängenden Blättern bestehende Fläche nach Art einer sehr niedrigen Schraubenfläche herum, diese Punkte heissen daher auch *Windungspunkte*. Die ganze Fläche, auf welcher wir nun x zu deuten haben, heisst *Riemann'sche Fläche* der Funktion y.

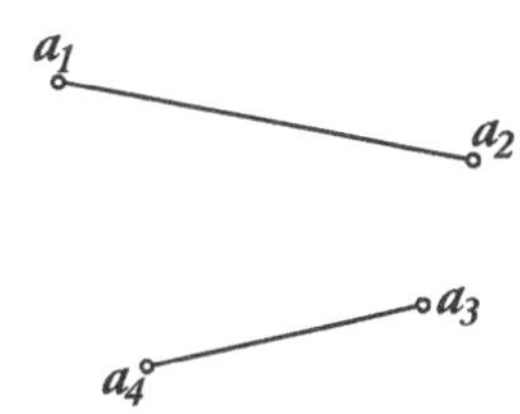

Fig. 33.

Wir können sagen: unsere Funktion y *ist eine eindeutige Funktion von* x *auf der eben konstruirten Riemann'schen Fläche*. Sobald x auf derselben einen geschlossenen Weg beschreibt, so erhält auch y denselben Wert.

Da für grosse Werte $x \ldots y$ zwei verschiedene Werte annimmt, so verlaufen im Unendlichen die beiden Blätter der Riemann'schen Fläche getrennt von einander, es hängt das obere mit den oberen, das untere mit dem unteren zusammen und wir können daher sagen unsere Riemann'sche Fläche hängt vollständig zusammen, wenn wir $x = \infty$ eben als einen Punkt im oberen Blatte für den $y = +\infty$ wird und einen zweiten im unteren Blatte für den $y = -\infty$ wird, deuten. Hierdurch ist das von der Darstellung der komplexen Variablen x Verlangte vollständig geleistet.

38. Es tritt aber hier etwas auf, was von Bedeutung für das Folgende wird. Man sagt: Eine oder mehrere geschlossene Linien C *begrenzen* auf einer Fläche T einen Theil derselben *vollständig*, wenn es unmöglich ist, aus diesem Theile ohne Ueberschreitung der Linien C an den Rand der Fläche (wenn dieselbe einen besitzt) oder in einen anderen Theil derselben zu gelangen. Sind p und p' einander gegenüberliegende Punkte der Ufer von C, so werden dieselben verschiedenen Theilen von T angehören, die C begrenzt. Kann man von p sowohl als von p' an den Rand der Fläche kommen, dann *begrenzen die Linien C für sich allein genommen keinen Theil vollständig.* Oder auch, kann man von p nach p' auf einer Linie, die innerhalb T verläuft, gelangen, ohne C oder irgend einen Rand von T zu überschreiten, *so begrenzen die Linien C sicherlich keinen Theil von T vollständig.*

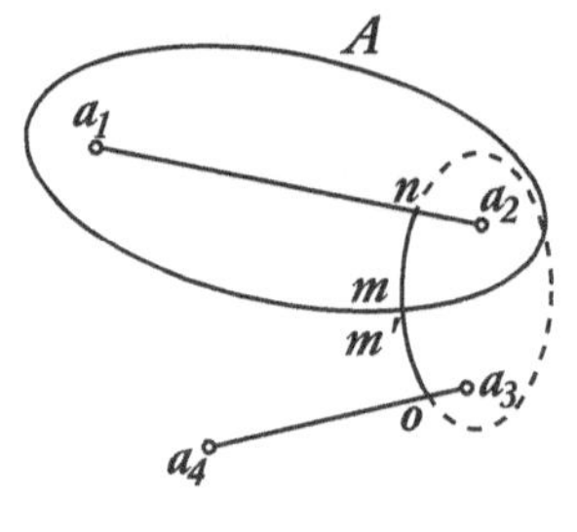

Fig. 34.

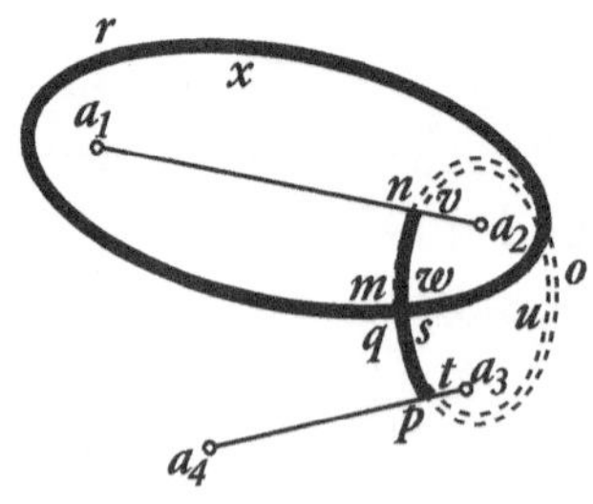

Fig. 35.

So begrenzt ein Kreis auf der Kugel jede der beiden Calotten vollständig; hingegen begrenzt ein Meridiankreis eines Torus keinen Theil desselben vollständig, denn ein Parallelkreis desselben führt von einem Uferpunkte zu dem gegenüberliegenden, ohne ersteren zu überschreiten. Auch begrenzen beide zusammen, als Linien C aufgefasst, keinen Theil des Torus vollständig. Wohl aber begrenzen zwei Meridiankreise zusammengenommen einen Theil vollständig. Jede geschlossene Linie in der Zahlenebene, auf der wir die komplexe Grösse z deuten, begrenzt ebenfalls einen Theil dieses Gebietes vollständig. Anders ist es bei unserer aus zwei Blättern bestehenden Riemann'schen Fläche. Zieht man eine geschlossene Linie, welche keinen der Punkte a_1, a_2, a_3, a_4 einschliesst, so begrenzt, wie man sieht, diese den Theil, den sie einschliesst, vollständig. Denn schneidet man längs dieser Linie, welche ganz in einem Blatte verlaufen muss, die Fläche durch, so fällt das Innere heraus, ein Beweis, dass es mit der übrigen

Fläche nicht zusammenhängt und man also aus dem Inneren nicht hinausgelangen kann, ohne die gezeichnete Linie zu überschreiten.

Ziehen wir aber die Kurve A, welche ganz im oberen Blatte verläuft, und welche die Punkte a_1, a_2 (Fig. 34) einschliesst, dann begrenzt diese keinen Theil der Fläche vollständig. Denn man kann von einem Punkte m, der auf der einen Seite des Randes von A liegt, zu dem gegenüberliegenden m' des anderen Randes gelangen, ohne A zu überschreiten, längs des Weges $mnom'$, welcher bei n ins untere Blatt tritt und bei o aus diesem wieder ins obere. Da A blos im oberen verläuft, so trifft $mnom'$ die Linie A nicht.

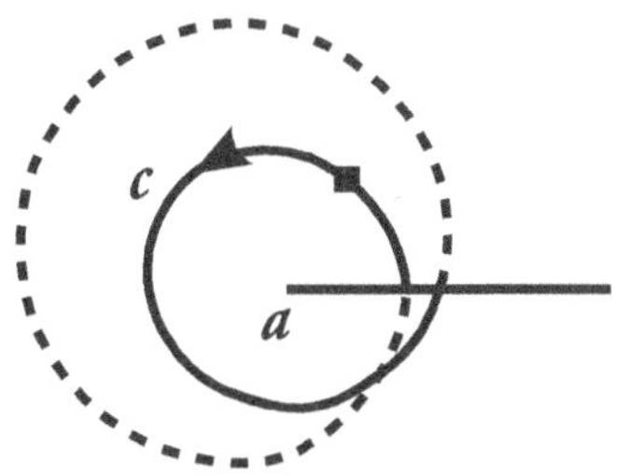

Fig. 36.

Durchschneiden wir also längs A das obere Blatt, so bleibt die Fläche noch zusammenhängend, und durchschneiden wir die Fläche längs der Linie $mnom'$, so bleibt sie auch noch zusammenhängend, denn geht man von m am inneren Rande von A fort, so gelangt man notwendig an das gegenüberliegende Ufer des Schnittes $mnom'$, was beweist, dass die Fläche noch zusammenhängt.

Wir denken uns nun die Fläche T längs der gezeichneten Linien A und B durchschnitten, so dass ein Ueberschreiten des Randes nicht möglich ist. Die so erhaltene Fläche T' hängt zusammen in allen ihren Theilen und ihre Begrenzung besteht aus einem Zuge $m\,n\,o\,p\,q\,r\,s\,t\,u\,v\,w\,x\,m$. In dieser Fläche T' begrenzt jede geschlossene Linie C einen Theil vollständig; schneidet man also T' längs C durch, so fällt dieser Theil aus. Denn eine solche Linie C kann entweder blos in einem Blatte verlaufen, dann ist das Gesagte von vornherein klar, oder sie kann durch beide Blätter laufen, dann kann sie entweder nur einen der Punkte a einschliessen und sich also in Form einer Spirale (Fig. 36) um diesen herum winden. Durchschneidet man längs dieser T', so fällt der Theil, welcher a enthält, hinaus, daher begrenzt C diesen Theil vollständig. Oder C umschliesst mehrere Punkte a, dann muss sie parallel dem durch die Schnitte A, B entstandenen Rande verlaufen und beim Durchschneiden längs derselben fällt also ein Theil ab, d. h. C begrenzt einen Theil vollständig.

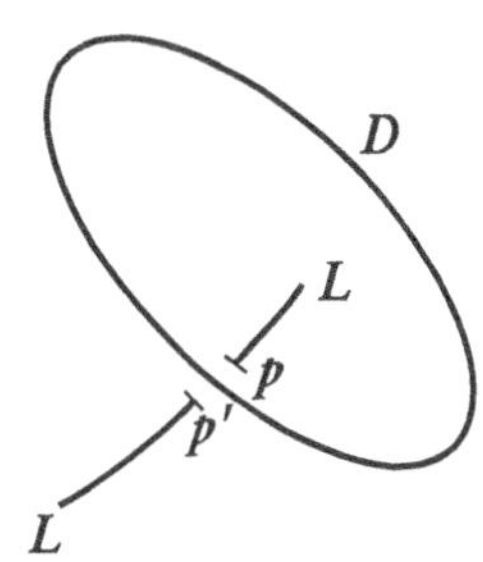

Fig. 37.

Jede geschlossene Linie D auf unserer Fläche T, die also längs A und B noch zusammenhängt, begrenzt entweder für sich allein oder in Gemeinschaft mit A und B einen Theil von T vollständig. Denn würde D diess nicht thun, so könnte man von einem Punkte p (Fig. 37) am inneren Rande zu dem gegenüberliegenden

Punkte p' am äusseren Rande von D auf einer in T verlaufenden und A, B, D nicht schneidenden Linie L gelangen. Durchschneidet man nun T längs A und B, so treffen diese Schnitte L nicht, und man kann daher längs D fortgehend, nöthigenfalls an den Rand von T' weiterschreitend*) von einem Ufer von L zu dem anderen gelangen, d. h. L ist eine geschlossene in T' verlaufende Linie, die für sich allein genommen keinen Theil von T' vollständig begrenzt, was, wie wir zeigten, nicht stattfinden kann. Es muss also *jede geschlossene Linie D in T für sich allein oder mit A und B zusammengenommen einen Theil von T vollständig begrenzen.*

Hieraus folgt aber, dass wir auf unserer Fläche T *nicht mehr als zwei geschlossene Linien finden können, die für sich sowohl, als zusammengenommen keinen Theil der Fläche vollständig begrenzen.* Denn seien A', B', C' irgend drei Linien, welche keinen Theil von T weder für sich noch zusammengenommen vollständig begrenzen. Dann kann man von dem Randpunkte p (Fig. 39) von A' zu dem gegenüberliegenden p' auf einer Kurve L gelangen, welche A in m schneiden möge, die aber B', C' nicht trifft, was nach der Voraussetzung, dass A', B', C' keinen Theil von T vollständig begrenzen, stets möglich ist. Durchschneidet man nun T längs A, B', C', lässt aber längs A' den Zusammenhang bestehen, so kann die Fläche durch diesen Schnitt längs A nicht zerfallen; denn die Linie L, welche bei $p'p$ die Kurve A' übersetzt, führt von einem Randpunkte m zu dem gegenüberliegenden, ohne einen der entstandenen Ränder zu überschreiten, da sie B' und C nicht schneidet, daher werden A, B', C' auch keinen Theil der Fläche vollständig begrenzen. Verfährt man nun auch so mit B und B', so sieht man, dass auf Grund der Voraussetzung auch A, B, C' zusammengenommen keinen Theil der Fläche vollständig begrenzen können, was nicht angeht. Daher können auf T nicht mehr als *zwei* geschlossene Linien existiren, welche weder einzeln noch zusammen keinen Theil der Fläche vollständig begrenzen. Mit jeder wei-

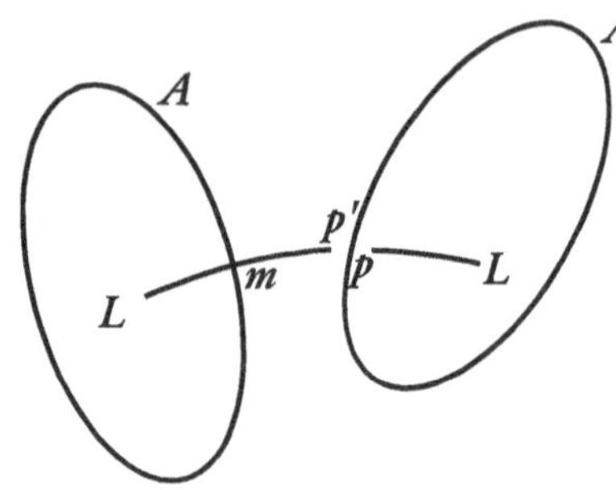

Fig. 39.

*) Es könnte nämlich D von A in a geschnitten werden und hierdurch würde beim Durchschnitte der Punkt a (Fig. 38) in die Punkte a', a'' auf entgegengesetzten Ufern von A getrennt werden. Da man aber längs des Randes von T', der eine einfache zusammenhängende Linie ist, von a'' ausgehend sicher nach a' gelangen kann, so kann man auch von jedem Punkte der Linie D aus diese durchlaufen, ohne den Rand von T' zu überschreiten.

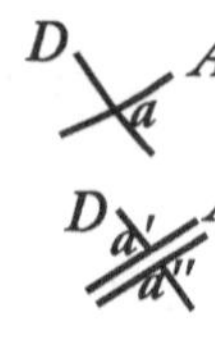

Fig. 38.

teren geschlossenen Linie begrenzen dieselben dann *notwendig* einen Theil vollständig.

Existiren auf einer Fläche n geschlossene Kurven, welche zusammengenommen keinen Theil derselben vollständig begrenzen, welche aber im Vereine mit jeder anderen geschlossenen Linie einen Theil vollständig begrenzen, so heisst die Fläche nach RIEMANN $n+1$-fach zusammenhängend. Unsere Fläche T ist also dreifach zusammenhängend, die Fläche T' ist einfach zusammenhängend. Die Fläche T kann aber auch nicht durch mehr als zwei Schnitte, z. B. längs A und B, in eine *einfach zusammenhängende* verwandelt werden; denn wie wir eben zeigten, existiren höchstens zwei Linien, welche zusammengenommen noch keinen Theil vollständig begrenzen, mit denen aber zusammengenommen jede dritte einen Theil von T vollständig begrenzt. Zerschneidet man also T längs allen drei Linien, so muss ein Theil herausfallen.

Die vorstehenden Betrachtungen bezogen sich blos auf unsere geschlossene Fläche T, lassen sich aber ohne weiteres auf berandete Flächen beliebigen Zusammenhanges erweitern, worauf aber nicht eingegangen werden soll*) .

---

*) Vergleiche: RIEMANN: l. c., NEUMANN: Theorie der Abelschen Integrale. DURÈGE: Elemente der Theorie der Funktionen einer komplexen Variablen, u. a.

II. Funktionen auf der Riemann'schen Fläche.

39. Auf unserer Fläche T haben wir x gedeutet und jedem Punkte auf derselben entsprach ein bestimmter Wert von x und y.

Wir sagen: *Es ist y eine eindeutige Funktion des Ortes auf der Riemann'schen Fläche*, indem wir unter *Ort* einen *Punkt* der Fläche verstehen, dem ein *bestimmter* Wert der komplexen Variabeln x zugehört, dem aber auch ein *bestimmter* Wert y entspricht. Ist nun $R(xy)$ eine beliebige rationale Funktion von x und y, so wird diese auch eine *eindeutige* Funktion des *Ortes* auf unserer Riemann'schen Fläche sein, denn jedem Punkte derselben ist ein bestimmtes x und y zugeordnet, also auch ein bestimmter Wert von $R(xy)$. *Auf der Riemann'schen Fläche T der Funktion y ist also jede rationale Funktion von x und y eine eindeutige Funktion des Ortes.* Wir werden später die Umkehr dieses Satzes beweisen (vgl. 44, S. 168).

Betrachten wir nun das Integral

$$w = \int_{x_0}^{x} \frac{dx}{y},$$

so ist dieses auf T keine eindeutige Funktion des Ortes mehr, wohl aber auf der zerschnittenen Fläche T'. Denn auf T' bildet jede geschlossene Linie die vollständige Begrenzung eines Theiles der Fläche T', auf derselben ist ferner y eine eindeutige Funktion von x. Erstrecken wir daher das Integral w einmal längs des Weges x_0ax, das anderemal längs x_0bx, so wird die geschlossene Linie x_0axbx_0 einen Theil der Fläche vollständig begrenzen und durch stetige Aenderung innerhalb dieses Theiles kann man den Weg x_0bx in den Weg x_0ax überführen.

Es tritt nur ein Bedenken auf, nämlich das, dass bei dieser Ueberführung einer der Punkte a_1, a_2, a_3, a_4 für den $y = 0$ wird oder der Punkt $x = \infty$ überschritten wird. Wir sahen aber (Einleitung 14, S. 36), dass ein Punkt, für den der Integrand unendlich wird, immer vom Integrationswege überschritten werden kann, wenn das geschlossene Integral

$$\int_{\widehat{a}} f(x)\,dx = 0$$

ist. Dies trifft aber für die Punkte a_1, a_2, a_3, a_4 zu. Denn setzen wir z. B.

$$x - a_1 = \varrho e^{i\varphi}$$

und halten ϱ konstant, so ist

$$y = \varrho^{\frac{1}{2}} e^{i\frac{\varphi}{2}} F(x),$$

wo $F(a_1)$ endlich ist.

Es wird

$$\int_{\widehat{a_1}} \frac{dx}{y} = \varrho^{\frac{1}{2}} \int_{\varphi_0}^{\varphi_0+4\pi} \frac{id\varphi e^{-i\frac{\varphi}{2}}}{F(x)},$$

d. h. das geschlossene Integral wird unendlich klein, sobald ϱ unendlich klein wird und ist mithin null. Wir können daher mit dem Integrationswege einen solchen Punkt überschreiten.

Aehnliches gilt für den Punkt $x = \infty$, denn es ist

$$\int_{\widehat{\infty}} \frac{dx}{y} = 0.$$

Setzt man nämlich

$$x' = \frac{1}{x}$$
$$y' = \sqrt{A(1-a_1x')(1-a_2x')(1-a_3x')(1-a_4x')},$$

so wird

$$\frac{dx'}{y'} = -\frac{dx}{y}$$

und da für $x = \infty \ldots x' = 0$ ist, so folgt

$$\int_{\widehat{0}} \frac{dx'}{y'} = \int_{\widehat{\infty}} \frac{dx}{y}.$$

Es ist aber y' für $x' = 0$ endlich und von Null verschieden, daher

$$\int_{\widehat{0}} \frac{dx'}{y'} = 0.$$

Nehmen wir nun das Integral

$$w(x) = \int_{x_0}^{x} \frac{dx}{y}$$

innerhalb T auf irgend einem Integrationswege von x_0 nach x hin erstreckt, so kann bei Abänderung des Integrationsweges innerhalb T der Wert des Integrales sich nur um von x unabhängige Grössen ändern, die von der Form des Integrationsweges abhängen. Denn da

$$\frac{dw(x)}{dx} = \frac{1}{y}$$

eine eindeutige Funktion des Ortes auf T ist, so wird stets $\frac{dw(x)}{dx}$ denselben Wert haben, wie immer wir die Variable von x_0 nach x führen, und folglich können sich die verschiedenen Werte von $w(x)$ nur um Grössen unterscheiden, die von x unabhängig sind.

Wir wollen nun zeigen, dass alle diese Grössen sich als ganzzahlige Vielfache *zweier* bestimmter Konstanten darstellen lassen.

Wir wissen, dass

$$w(x) = \int_{x_0}^{x} \frac{dx}{y}$$

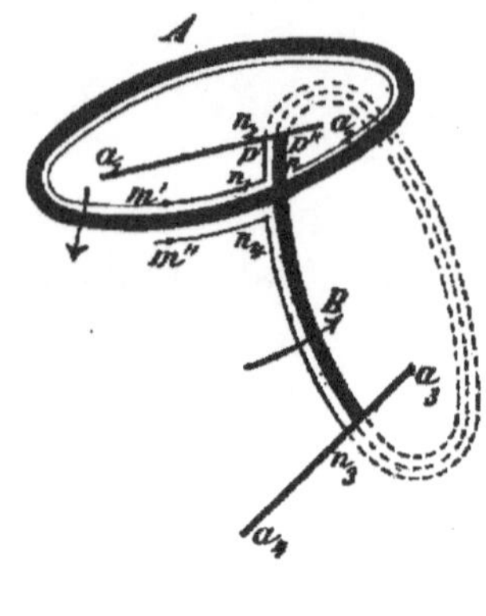

Fig. 40.

innerhalb der zerschnittenen Fläche T' eine eindeutige Funktion des Ortes ist, also unabhängig von dem Integrationswege, der für x vorgeschrieben ist. Es sei $w(m'')$ und $w(m')$ der Wert von $w(x)$ in zwei Punkten m', m'' von T' (Fig. 40), die einander gegenüber auf den Ufern von A liegen, die gleichsam als die Punkte aufzufassen sind, die aus einem Punkte der Linie A durch Zerschneidung entstanden sind. Da der Wert des Integrals $w(m'')$ von dem Integrationswege innerhalb T' unabhängig ist, so können wir das Integral $w(x)$ von x_0 nach m' und von da nach m'' führen und erhalten, wenn wir als letztern Integrationsweg $m'n_1n_2n_3n_4m''$ wählen,

$$w(m'') = w(m') + w(\overline{m'n_1}) + w(\overline{n_1n_2n_3n_4}) + w(\overline{n_4m''}),$$

wo $w(\overline{m'n_1})$ das von m' nach n_1 erstreckte Integral ist. Da nun $\frac{dw(x)}{dx}$ im m'' und m' denselben Wert besitzt, so wird das Integral, von m' nach n_1 erstreckt, denselben Wert haben, wie das von m'' nach n_4 hin erstreckte und daher ist

$$w(\overline{m'n_1}) = w(\overline{m''n_4}) = -w(\overline{n_4m''})$$

Es folgt somit aus der obigen Gleichung

$$w(m'') = w(m') = w(\overline{n_1n_2n_3n_4})$$

für alle Punkte m', m'', die einander auf den Ufern von A gegenüberliegen.

Wir setzen

$$w(\overline{n_1n_2n_3n_4}) = \int_B \frac{dx}{y} = C,$$

indem wir das Integral längs der geschlossenen Linie B im Sinne $n_1n_2n_3n_4$ hin erstrecken und n_1 mit n_4 zusammenfallend denken.

Wenn wir also unserer Variabeln x erlauben, von m' nach m'' über A hinüber zu gehen, d. h. wenn wir x in T variiren, so wird bei diesem Ueberschreiten sich $w(x)$ plötzlich um C ändern.

Es ist klar, dass bei dem Ueberschreiten der Linie A in entgegengesetzter Richtung von m'' nach m' sich $w(x)$ plötzlich um $-C$ ändert. Aehnliches gilt für das Ueberschreiten der Linie B von p' nach p''. Setzt man

$$w(\overline{n_1 m' n}) = \int_A \frac{dx}{y} = C_1,$$

so wird

$$w(p'') = w(p') + C_1.$$

Aendert sich also x in T, so wird bei dem Uebertritt des x von p' nach p'' sich das Integral plötzlich um C_1 ändern.

Da sonst die Aenderung von $w(x)$ in T und T' dieselbe ist, so erhalten wir das Resultat:

Ist $w(x)$ der Wert des Integrals von x_0 nach x innerhalb T' auf irgend einem Wege J erstreckt und $w_1(x)$ der erlangte Wert auf irgend einem Wege J_1 innerhalb T, so wird

$$w(x) = w_1(x) + nC + n_1 C_1,$$

wo n und n_1 ganze Zahlen sind.

Es möge J_1 die Linien A und B resp. $m + m_1$ und $m' + m'_1$mal schneiden und zwar, wenn wir J_1 von x_0 nach x durchlaufen, m resp. m'mal in positiver, m_1 resp. m'_1mal in negativer Richtung, wobei wir unter positiver Ueberschreitungsrichtung die im Sinne der Pfeile der Fig. 40 verstehen.

Wollen wir den Weg J_1 nun so in J_2 abändern, dass er auch in T' intakt bleibt, also beim Zerschneiden von T nicht in getrennte Theile zerfällt, so müssen wir bei jedem Ueberschreitungspunkte von s nach t (Fig. 41) den Weg $s s_1 s_2 s_3 s_4 t$ hinzufügen, wobei also $w(x)$ um C oder C_1 wächst, wenn die Ueberschreitung von A resp. B in positiver Richtung stattfand oder um $-C$, $-C_1$, wenn diese Ueberschreitungen in negativer Richtung erfolgten.

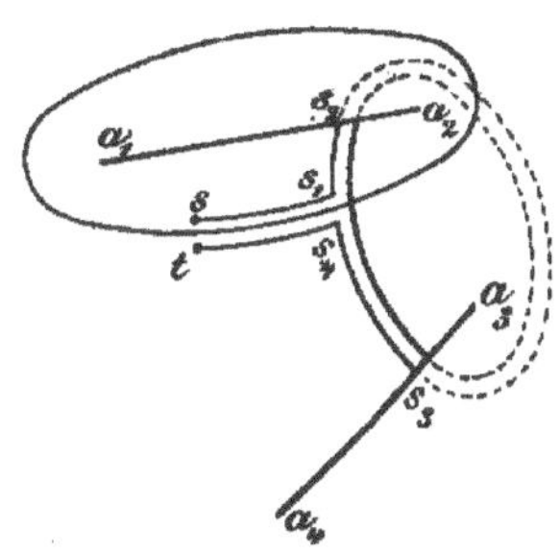

Fig. 41.

Hierdurch wird aber $w_1(x)$ den Wert

$$w_1(x) + (m - m')C + (m_1 - m'_1)C_1$$

erhalten auf J_2 und da J_2 auch in T' zusammenhängend bleibt, so muss dies derselbe Wert sein, den $w(x)$ auf J erhält, da $w(x)$ in T' eindeutig ist, also ist

$$w(x) = w_1(x) + nC + n_1 C_1.$$

Wir wollen C und C_1 die *Elementarperioden* des Integrals $w(x)$ nennen und $nC + n_1C_1$ die Konstante, um die sich überhaupt die Werte von $w(x)$ in einem Punkte von T unterscheiden können, sollen *Perioden* des Integrals heissen. Dann ersehen wir, dass *alle Perioden des Integrals $w(x)$ ganzzahlige Vielfache der Elementarperioden C und C_1 sind.*

40. Wir wollen diese Konstanten C und C_1 näher betrachten. Es ist

$$C = -\int_B \frac{dx}{y}$$

das Integral in der Richtung des Pfeiles (Fig. 42) erstreckt. Da aber die Linie B_1 genau in derselben Weise von einem Ufer von A zu dem entgegengesetzten führt, so ist auch

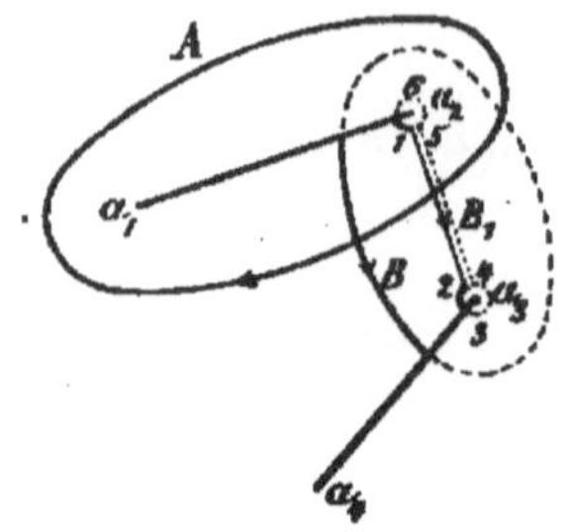

Fig. 42.

$$C = -\int_{B_1} \frac{dx}{y}.$$

Nun lassen wir B_1 aus der Geraden $\overline{12}$, dem kleinen Kreise 234, der Geraden $\overline{45}$ im unteren Blatte von T und dem kleinen Kreise 561 bestehen. Dabei setzen wir voraus, dass 4 unterhalb 2 und 5 unterhalb 1, also die ganze Gerade $\overline{45}$ unterhalb $\overline{21}$ liege. Es wird also

$$-C = \int_1^2 \frac{dx}{y} + \int_{234} \frac{dx}{y} + \int_4^5 \frac{dx}{y} + \int_{561} \frac{dx}{y}.$$

Die Integrale längs der kleinen Kreise 234 und 561 sind mit dem Radius dieser Null als Integrale um den Punkt a_2 resp. a_3, wie wir S. 155 sahen.

In zwei untereinanderliegenden Punkten der Geraden $\overline{12}$ und $\overline{45}$ wird y gleiche, aber entgegengesetzt bezeichnete Werte besitzen. Ist also y der Wert für x im oberen und y' im unteren Blatte, so wird

$$\frac{dx}{y} = -\frac{dx}{y},$$

also

$$\int_1^2 \frac{dx}{y} = -\int_5^4 \frac{dx}{y'},$$

wobei das erste Integral im oberen, das zweite im unteren Blatte zu erstrecken ist. Es wird mithin

$$\int_1^2 \frac{dx}{y} = \int_4^5 \frac{dx}{y}.$$

Lässt man nun 1 und also auch 5 mit a_2, sowie 2 und 4 mit a_3 zusammenfallen, so wird

$$C = -2\int_{a_2}^{a_3} \frac{dx}{y},$$

wobei das geradlinige Integral im oberen Blatte zu erstrecken ist.

Genau so verfahren wir mit

$$C_1 = \int_A \frac{dx}{y}.$$

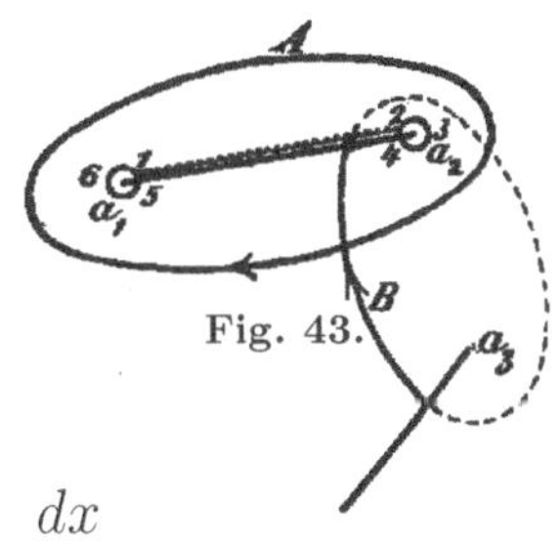

Fig. 43.

Wir ersehen, da C_1 auch das Integral erstreckt längs 1 2 3 4 5 6 1 ist, wobei 5 resp. 4 unterhalb 1 resp. 2 liegen sollen (Fig. 43).

Also ist

$$C_1 = \int_1^2 \frac{dx}{y} + \int_{234} \frac{dx}{y} + \int_4^5 \frac{dx}{y} + \int_{561} \frac{dx}{y},$$

und da genau so wie früher

$$\int_1^2 \frac{dx}{y} = \int_4^5 \frac{dx}{y}$$

folgt, und wenn wir 1 und 2 mit a_1 resp. a_2 zusammenfallen lassen, die Integrale längs 2 3 4 und 5 6 1 also verschwinden, so ergiebt sich

$$C_1 = \int_{a_1}^{a_2} \frac{dx}{y}$$

das Integral im oberen Blatte links von der Geraden $\overline{a_1 a_2}$ hin zu erstrecken.

41. Wir hätten unsere Riemann'sche Fläche T durch irgend zwei andere dieselbe nicht zerstückelnde Schnitte A', B' in eine einfach zusammenhängende T_1 verwandeln können und hätten dadurch zwei andere Konstanten

$$C' = \int_{B'} \frac{dx}{y}, \quad C_1' = \int_{A} \frac{dx}{y}$$

als Elementarperioden erhalten.

Nun sahen wir aber S. 157, dass man eine der Kurven z. B. B' immer durch B ersetzen kann, d. h. dass die Kurve B' genau so von einem Ufer von A zu dem gegenüberliegenden führt, ohne A weiter zu treffen, wie B und also ist $C' = \pm C$ je nach dem Sinne, in dem B' durchlaufen wird. Dann wird aber A' durch A ersetzbar und also auch $C_1' = \pm C_1$. So z. B. kann A (Fig. 44) ersetzt werden durch A' auch dem Sinne nach, da sie in derselben Weise B überschreitet, d. h. es ist

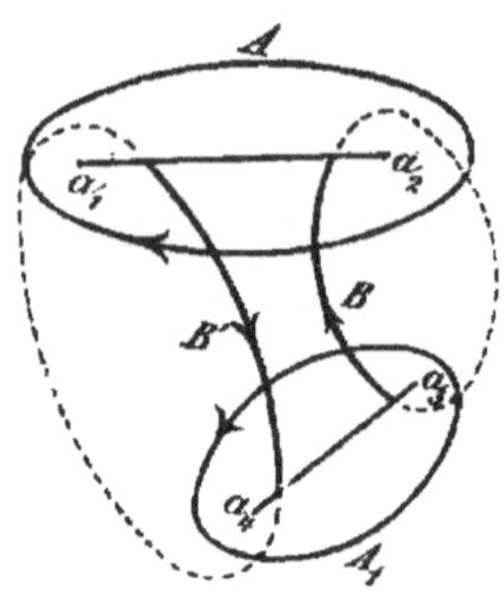

Fig. 44.

$$\int_{A} \frac{dy}{x} = \int_{A'} \frac{dy}{x} = C_1$$

oder mit Rücksicht auf den in 40 gefundenen Wert, dem sich ein analoger für A' an die Seite stellt,

$$\int_{a_1}^{a_2} \left| \frac{dy}{x} = \int_{a_3}^{a_4} \right| \frac{dy}{x}$$

beide im oberen Blatte, das erste links, das andere rechts von der Geraden hin erstreckt.

Ebenso hätte man B durch B', diese im entgegengesetzten Sinne des Pfeiles (Fig. 44) ersetzen können, woraus dann

$$\int_{a_2}^{a_3} \left| \frac{dy}{x} = \int_{a_1}^{a_4} \right| \frac{dy}{x}$$

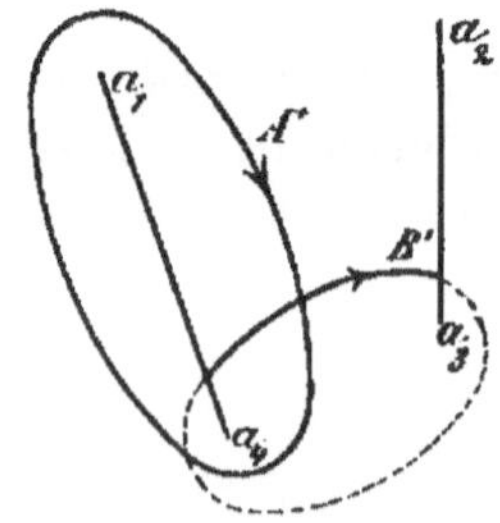

Fig. 45.

folgt, beide Integrale im oberen Blatte, das erste rechts, das zweite links von der Geraden hin erstreckt.

Hieraus ersehen wir aber, dass, wenn wir die ursprüngliche Riemann'sche Fläche statt mittels der Verzweigungsschnitte $\overline{a_1a_2}$ und $\overline{a_3a_4}$ zu bilden, mit Hilfe der Schnitte $\overline{a_1a_4}$ und $\overline{a_2a_3}$ (Fig. 45) herstellen, dadurch die Elementarperioden für die nun etwa auftretenden Kurven A', B' die Werte $C_1' = -C$ und $C' = -C_1$ erhalten.

Wir sehen also, dass die Elementarperioden unabhängig sind von der Art der Zerschneidung von T ebenso wie von der Art, wie wir die Verzweigungsschnitte in T annehmen, wesentlich nur von den Werten a_1, a_2, a_3, a_4 abhängen.

42. Die Funktion

$$w(x) = \int_{x_0}^{x} \frac{dx}{\sqrt{A(x-a_1)(x-a_2)(x-a_3)(x-a_4)}}$$

wird, wie wir gleich zeigen werden, für *keinen* Wert von x unendlich und heisst »*ein überall endliches Integral*« auf der Riemann'schen Fläche T, welche zu der Funktion

$$y = \sqrt{A(x-a_1)(x-a_2)(x-a_3)(x-a_4)}$$

gehört.

$w(x)$ könnte unendlich werden für $x = a_1$, a_2, a_3, a_4 oder für $x = \infty$. Für alle anderen Werte verhält sich der Integrand regulär und kann $w(x)$ daher nicht unendlich werden.

Es sei x in der Umgebung von a_1 gelegen. Wir nehmen x_1 ebenfalls in der Umgebung von a_1 an und schreiben

$$w(x) = \int_{x_0}^{x_1} \frac{dx}{y} + \int_{x_1}^{x} \frac{dx}{y},$$

wo der Integrationsweg des zweiten Integrals ganz in die Umgebung von a_1 fallen soll. Da das erste Integral jedenfalls *endlich* ist, sobald wir voraussetzen, was wir thun wollen, dass der Integrationsweg durch keinen der Punkte a_1, a_2, a_3, a_4 oder ∞ führt, in denen wir das Verhalten noch nicht kennen, so bleibt nur das $\int_{x_1}^{x} \frac{dx}{y}$ auf seine Endlichkeit zu untersuchen übrig.

Wir setzen

$$\frac{1}{\sqrt{A(a_1-a_2)(a_1-a_3)(a_1-a_4)}} = B,$$

so ist B endlich. Da die Funktion

$$\frac{1}{\sqrt{A(x-a_2)(x-a_3)(x-a_4)}}$$

für $x = a_1$ endlich und von Null verschieden ist, ebenso ihre Differentialquotienten, so können wir dieselbe nach dem Taylor'schen Theorem entwickeln und erhalten für die Umgebung von a_1

$$\frac{1}{\sqrt{A(x-a_2)(x-a_3)(x-a_4)}} = B + B_1(x-a_1) + \cdots$$

und daher wird

$$\begin{aligned}\frac{1}{y} &= \frac{1}{(x-a_1)^{\frac{1}{2}}}[B + B_1(x-a_1) + \cdots \\ &= \frac{B}{(x-a_1)^{\frac{1}{2}}} + B_1(x-a_1)^{\frac{1}{2}} + \cdots ,\end{aligned}$$

wobei es gleichgiltig ist, welchen Wert von $\sqrt{x-a_1}$ wir nehmen. Es wird dann

$$\int \frac{dx}{y} = N + 2B(x-a_1)^{\frac{1}{2}} + \tfrac{2}{3}B_1(x-a_1)^{\frac{3}{2}} + \cdots ,$$

wenn N die Integrationskonstante ist.

Indem wir

$$0 = N + 2B(x_l - a_1)^{\frac{1}{2}} + \tfrac{2}{3}B_1(x_1 - a_1)^{\frac{3}{2}} + \cdots$$

setzen, wodurch N endlich und bestimmt ist, da x_1 in der Umgebung von a_1 liegt, sehen wir, dass

$$\int_{x_1}^{x} \frac{dx}{y} = N + 2B(x-a_1)^{\frac{1}{2}} + \tfrac{2}{3}B(x-a_1)^{\frac{3}{2}} + \cdots$$

wird, und dass daher

$$\int_{x_1}^{a_1} \frac{dx}{y} = N$$

endlich ist. Dasselbe gilt für a_2, a_3, a_4.

Für $x = \infty$ betrachten wir das Integral vor Allem für sehr grosse Werte von x, für welche also x nicht mehr die Werte alt a_2, a_3, a_4 annehmen kann. Wir setzen zu diesem Behufe

$$x = \frac{1}{x'},$$

dann wird x' sehr kleine Werte annehmen. Wir führen ferner den Integrationsweg in T von x_0 nach x in bestimmter Weise, dann wird sich auch x' in bestimmter Weise von x'_0 bis x' ändern. Es wird nun

$$dx = -\frac{dx'}{x'^2},$$

$$\begin{aligned}&\sqrt{A(x-a_1)(x-a_2)(x-a_3)(x-a_4)} \\ &\qquad = \frac{\sqrt{A(1-a_1x')(1-a_2x')(1-a_3x')(1-a_4x')}}{x'^2},\end{aligned}$$

also

$$\frac{dx}{\sqrt{A(x-a_1)(x-a_2)(x-a_3)(x-a_4)}}$$
$$= -\frac{dx'}{\sqrt{A(1-a_1x')(1-a_2x')(1-a_3x')(1-a_4x')}},$$

und daher

$$w(x) = \int_{x_0}^{x} \frac{dx}{\sqrt{A(x-a_1)(x-a_2)(x-a_3)(x-a_4)}}$$
$$= -\int_{x_0'}^{x'} \frac{dx'}{\sqrt{A(1-a_1x')(1-a_2x')(1-a_3x')(1-a_4x')}},$$

wenn x' den Weg beschreibt, der ihm vermöge der Beziehung $x = \frac{1}{x'}$ zukommt. Aus der Gleichung sieht man aber ohne weiteres, dass $w(x)$ für $x = \infty$ oder $x = 0$ endlich bleibt, da das zweite Integral sich in der Umgebung von $x' = 0$ ganz regulär verhält.

43. Da das Integral $w(x)$ eine Funktion der komplexen Variabeln x ist, so wird durch dasselbe die Zahlenebene oder die Riemann'sche Fläche, auf welcher wir x deuten, konform auf die Ebene, in der wir w deuten, abgebildet. Bei dieser Abbildung bleiben die Winkel im Allgemeinen erhalten und nur für die Werte, für welche $\frac{dw}{dx} = 0$ oder ∞ ist, findet eine Ausnahme statt. Nun wird $\frac{dw}{dx} = \infty$ nur für $x = a_1, a_2, a_3, a_4$. Untersuchen wir daher die Abbildung der Umgebung von a_1 der Riemann'schen Fläche auf die Ebene von w. Wie wir eben sahen, ist

$$w - w_{a_1} = 2B(x-a_1)^{\frac{1}{2}} + \tfrac{2}{3}B_1(x-a_1)^{\frac{3}{2}} + \cdots,$$

wenn für $x = a_1 \ldots w = w_{a_1}$ wird. Es entsprechen also jedem x zwei Werte von w, aber diese Werte von w kommen in der Umgebung von w_{a_1} miteinander nicht in Kollision, sondern haben auf der schlichten Ebene um w_{a_1} herum Platz; denn die beiden Werte sind

$$\begin{aligned} w_1 - w_{a_1} &= (x-a_1)^{\frac{1}{2}}\{2B + \tfrac{2}{3}B_1(x-a_1) + \cdots\} \\ w_2 - w_{a_1} &= -(x-a_1)^{\frac{1}{2}}\{2B + \tfrac{2}{3}B_1(x-a_1) + \cdots\} \end{aligned}$$

und liegen also (Fig. 46) stets diametral einander gegenüber in Bezug auf w_{a_1}. Daher wird jedem Werte w in der Umgebung von w_{a_1} ein ganz bestimmter Wert von $(x - a_1)$ entsprechen und dem diametral gegenüberliegenden Wert w' wird derselbe Wert $(x - a_1)$ entsprechen, nur wird

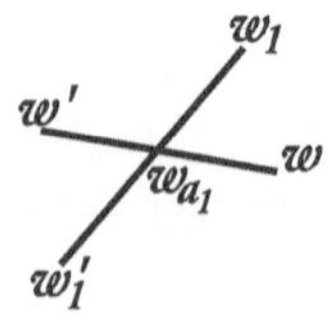

Fig. 46.

$$\begin{aligned} w_1 - w_{a_1} &= (x - a_1)^{\frac{1}{2}}\{2B + \tfrac{2}{3}B_1(x - a_1) + \cdots\} \\ w' - w_{a_1} &= -(x - a_1)^{\frac{1}{2}}\{2B + \tfrac{2}{3}B_1(x - a_1) + \cdots\} \end{aligned}$$

sein, d. h. ordnet man dem Punkte w den Punkt x im oberen Blatte der Riemann'schen Fläche zu, so wird w' dem Punkte x im unteren Blatte entsprechen, da für diesen y, also auch $\sqrt{x - a_1}$ das entsprechende Vorzeichen besitzt. Mit anderen Worten: *Die Umgebung von a_1 in den beiden übereinanderliegenden Blättern der Riemann'schen Fläche wird auf die schlichte Umgebung von w_{a_i} durch das Integral w abgebildet.* Es hört in dem Punkte $x = a_1$ für $w = w_{a_1}$ die isogonale Abbildung auf und zwei Werten von x und x', für welche $\overline{a_1 x}$ und $\overline{a_1 x'}$ den Winkel φ miteinander bilden, entsprechen die Werte w und w', so dass $\overline{w_{a_1} w}$ und $\overline{w_{a_1} w'}$ den Winkel $\frac{\varphi}{2}$ bilden. Denn setzt man

$$\frac{x - a_1}{x' - a_1} = e^{i\varphi},$$

so wird in erster Annäherung

$$\frac{w - w_{a_1}}{w' - w_{a_1}} = e^{i\frac{\varphi}{2}},$$

da man für sehr kleine Werte

$$w - w_{a_1} = 2B(x - a_1)^{\frac{1}{2}}$$

setzen kann.

Hieraus ergiebt sich, dass der Winkel

$$(w' w_{a_1} w) = \tfrac{1}{2}(x' a_1 x)$$

ist.

Da ferner $\frac{dw}{dx} = \frac{1}{y}$ nur null werden kann für $x = \infty$, so könnte noch dieser Wert eine Ausnahmsstelle geben. Wir sahen aber (S. 163), dass sich für die Umgebung der Stelle $x = \infty$ das Integral ganz regulär verhält, also, dass die Umgebung dieses Punktes mit Erhaltung der Winkel auf die Umgebung eines bestimmten Punktes w abgebildet wird.

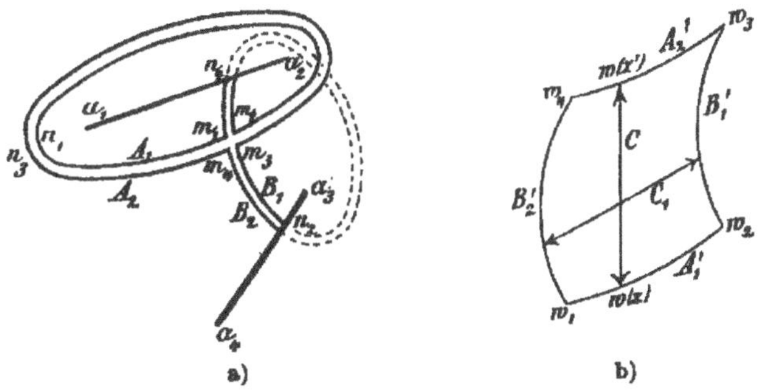

Fig. 47.

Wir denken uns nun (Fig. 47a) die Riemann'sche Fläche längs der Kurven A und B durchschnitten, so dass wir aus jeder Kurve A und B die beiden Begrenzungslinien $A_1 A_2$ und $B_1 B_2$ erhalten, die zusammengenommen die ganze Begrenzung von T' bilden. Wir setzen voraus, dass w im Punkte m_1, welcher der Schnittpunkt der Begrenzungslinien $A_1 B_2$ ist, den Wert w_1 haben soll, dann ist der Wert von w in m_4 gleich $w_1 + C$. Lassen wir nun x die Linie A_1 durchlaufen, so wird w von w_1 aus irgend eine Kurve A_1' beschreiben (Fig. 47b) und nach w_2 gelangen, wenn x nach m_2 gelangt. Denken wir uns gleichzeitig mit x, welches längs A_1 läuft, einen Punkt x' verbunden, welcher längs A_2 läuft, so dass entsprechende Punkte x und x' gerade einander gegenüber am Rande liegen, so wird $w(x')$ auch eine Linie A_2' durchlaufen, die aber derartig mit A_1' im Zusammenhange steht, dass die Punkte $w(x)$ und $w(x')$ gerade immer um C von einander abstehen.

Wird x nach m_2, also x' nach m_3 gelangen, so hat w den Wert w_2 resp. w_3 erhalten, und es ist die Strecke

$$\overline{w_1 w_4} = \overline{w_2 w_3} = C$$

nach unserer geläufigen Deutung der komplexen Grössen.

Von m_2, wo wir mit x anlangten, durchlaufen wir (Fig. 47a) nun die Linie $m_2 n_2 m_3$, wodurch w (Fig. 47b) irgend eine von w_2 nach w_3 gehende Kurve B_1' beschreibt. Der Punkt x' wird gleichzeitig die Kurve B_2 oder $m_1 n_4 m_4$ beschreiben, also w' eine Kurve B_2', deren entsprechende Punkte um die Konstante C_1 von denen von B_1' entfernt sind. Es ist

$$\overline{w_2 w_1} = \overline{w_3 w_4} + C_1.$$

Hierdurch ist die Begrenzung $m_1 n_1 m_2 n_2 m_3 n_3 m_4 n_4 m_1$ der Fläche T' in den Zug $w_1 w_2 w_3 w_4 w_1$ in der w-Ebene abgebildet. Dieses krummlinige Parallelogramm ist nun das Bild der zerschnittenen Riemann'schen Fläche T'. Denn da auf T' das Integral w nicht unendlich wird, so kann die Abbildung von T' mittels w den Punkt $w = \infty$ nicht enthalten, und das Bild muss eine zusammenhängende Begrenzungslinie haben gerade so wie T'.

Die Punkte w_{a_1}, w_{a_2}, w_{a_3}, w_{a_4}, die den Punkten a_1, a_2, a_3, a_4 von T' entsprechen, sind ganz gewöhnliche Punkte der w-Ebene.

Die Winkel des krummlinigen Parallelogrammes $w_1 w_2 w_3 w_4$ müssen zusammengenommen 4 Rechte geben, denn sie geben zusammengenommen die isogonale Abbildung der Umgebung des Punktes m, welcher zu den vier Zipfeln m_1, m_2, m_3, m_4 in T' wird, und der Punkt m ist ein ganz gewöhnlicher Punkt von T, es wird also seine Umgebung mit Erhaltung der Winkel abgebildet.

Denken wir uns nun die Fläche T unzerschnitten, aber die Linien A und B markirt. Wenn wir mit x dann A überschreiten, so wird w nicht mehr im Parallelogramm $w_1 w_2 w_3 w_4$ liegen, sondern, da man mit x in T' an die Linie A_2 gelangen würde und über dieselbe hinaustritt, so wird w die Linie A_2' in der Richtung des Pfeiles (Fig. 48) überschreiten und wenn wir nun wieder T' abbilden wollen, so müssen wir von m_4 d. h. auf der w-Ebene von w_4 anfangen und erhalten das Parallelogramm $w_4 w_3 w_2' w_1'$, welches sich an das erste $w_1 w_2 w_3 w_4$ längs $w_3 w_4$ anlegt, und diesem kongruent ist. Analog wird bei Ueberschreitung von B in T die Abbildung von T' ein Parallelogramm $w_2 w_3 w_4'' w_1''$ liefern, das dem ersten kongruent ist.

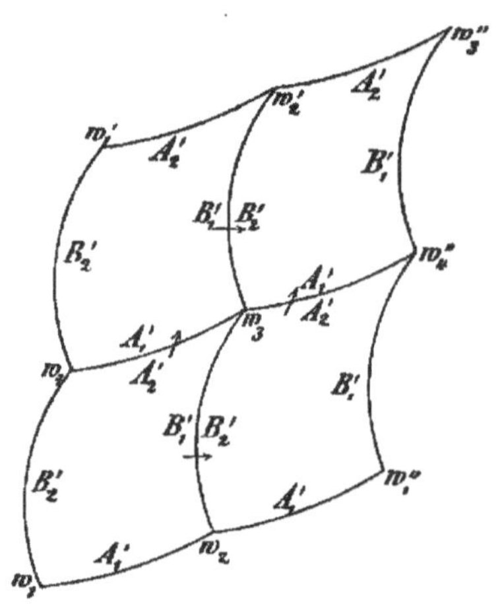

Fig. 48.

Neben das Parallelogramm $w_4\, w_3\, w_2'\, w_1'$ wird sich nun wieder längs $w_3 w_2'$ ein anderes legen, welches auch $w_2 w_1'' w_4'' w_3$ längs $w_4'' w_3$ anliegt und dieses nicht überdeckt. Denn da um w_3 sich die Winkel w_2, w_1, w_4 des ersten Parallelogrammes lagern, so werden dieselben, da ihre Summe vier Rechte ist, gerade die Umgebung von w_3 erschöpfen und die vier kongruenten Parallelogramme lagern sich also lückenlos um w_3 herum.

Auf diese Art erhalten wir die Riemann'sche Fläche T *auf unendlich viele Parallelogramme in der Ebene w abgebildet* und diese lagern sich *lückenlos* so nebeneinander, dass sie die ganze w-Ebene *überdecken*. Hierbei wird auf jedes derselben die Riemann'sche Fläche T vollständig abgebildet.

Nennt man Werte von w, welche von einander nur um *ganzzahlige* Vielfache von C und C_1 verschieden, sind *einander kongruente* Werte, so liegen die zu dem Punkte w kongruenten Punkte jeder in einem anderen Parallelogramm und alle die Punkte kommen zur Deckung, sobald man die Parallelogramme alle aufeinander legt. Solchen Werten von w entspricht derselbe Punkt der Riemann'schen Fläche, d. h. derselbe Wert von x und y.

44. Betrachten wir nun in

$$w = \int_{x_0}^{x} \frac{dx}{y}$$

w als unabhängige Variable, dann wird das Integral x und zufolge

$$y = \sqrt{A(x - a_1)(x - a_2)(x - a_3)(x - a_4)}$$

auch y als Funktion von w definiren. Wir setzen

$$x = f(w)$$
$$y = F(w).$$

Nach dem Vorstehenden erkennen wir nun, dass dem Werte w und $w + mC + m_1C_1$, wo m und m_1 ganze Zahlen sind, derselbe Wert von x und y entsprechen muss, also

$$x = f(w) = f(w + mC + m_1C_1)$$
$$y = F(w) = F(w + mC + m_1C_1)$$

d. h. x und y sind *doppeltperiodische Funktionen von w*. Da aber jedem Werte von w in einem Parallelogramm *ein* und *nur ein* bestimmter Punkt auf T entspricht, dem ein bestimmter Wert von x und y zugehört, so sind x und y *eindeutige doppeltperiodische Funktionen von w.*

Da in jedem Blatte der Riemann'schen Fläche ein Punkt $x = \infty$ existirt, so wird $x = f(w)$ nur für zwei Werte von w innerhalb eines jeden Periodenparallelogrammes unendlich d. h. x ist eine *doppeltperiodische Funktion zweiter* Ordnung von w. Wie man aus

$$y = \sqrt{A(x - a_1)(x - a_2)(x - a_3)(x - a_4)},$$

oder auch aus der Entwicklung S. 144 erkennt, muss y eine *doppeltperiodische Funktion vierter Ordnung sein.*

Soll F eine *eindeutige Funktion des Ortes* auf der Riemann'schen Fläche T sein, dann muss dieselbe ihren Wert wieder erhalten, wenn x auf einem beliebigen Wege auf T in seinen Ausgangspunkt zurückkehrt. Da aber T auf die w-Ebene so abgebildet ist, dass jedem Punkte von T je ein Punkt in einem der Parallelogramme entspricht, so wird dem Wege, den x in T beschreibt, ein bestimmter Weg des w in der w-Ebene entsprechen, der möglicherweise aus einem der Parallelogramme in ein anderes führt. Es ist aber F als eindeutige

Funktion von x und y auf T auch eine eindeutige Funktion von w auf der w-Ebene und da F in kongruenten Punkten der Parallelogramme denselben Wert erhalten muss, so ist F eine *eindeutige doppeltperiodische Funktion von* w und als solche daher rational durch x und y ausdrückbar nach Satz 21 S. 84. Diess die Umkehr des Satzes auf S. 154.

III. Das elliptische Normalintegral.

45. Wir kehren zu unserer speziellen Funktion z zurück, für welche

$$\frac{dz}{du} = G\sqrt{(1-z^2)(1-\varkappa^2 z^2)} \tag{1}$$

ist und setzen vor der Hand $G = 1$. Die Riemann'sche Fläche der Funktion

$$y = \sqrt{(1-z^2)(1-\varkappa^2 z^2)} \tag{2}$$

hat in $z = \pm 1$, $z = \pm\frac{1}{\varkappa}$ ihre Verzweigungspunkte. Wir wollen die Verzweigungsschnitte (Fig. 49) von $+1$ nach $+\frac{1}{\varkappa}$ und von -1 nach $-\frac{1}{\varkappa}$ führen, und setzen fest, dass im oberen Blatte für $x = 0$, $y = +1$ ist, also im darunter liegenden Punkte $x = 0$, $y = -1$ ist.

Wir haben dann

$$C = \int_B \frac{dz}{y} = 2\int_{-1}^{+1} \frac{dz}{y}$$

$$C_1 = \int_A \frac{dz}{y} = 2\int_1^{\frac{1}{\varkappa}} \frac{dz}{y}.$$

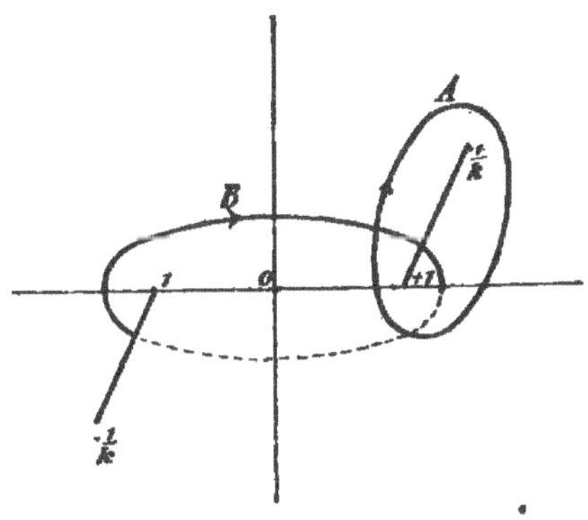

Fig. 49.

Wir setzen*)

$$\left.\begin{aligned} K &= \int_0^1 \frac{dz}{\sqrt{(1-z^2)(1-\varkappa^2 z^2)}} \\ K_1 &= \int_1^{\frac{1}{\varkappa}} \frac{dz}{\sqrt{(1-z^2)(1-\varkappa^2 z^2)}}, \end{aligned}\right\} \tag{3}$$

dann wird, da

$$\int_{-1}^{+1} \frac{dz}{y} = \int_{-1}^{0} \frac{dz}{y} + \int_0^1 \frac{dz}{y} = 2\int_0^1 \frac{dz}{y}$$

ist, denn der Integrationsweg verläuft ganz im oberen Blatte und geht durch $z = 0$, $y = +1$,

$$C = 4K, \quad C_1 = 2K_1$$

---

*) K_1 soll auf der *linken* Seite von 1 bis $\frac{1}{\varkappa}$ im *oberen* Blatte hinerstreckt sein und wird jedenfalls imaginär sein.

und es sind mithin z und y *eindeutige doppeltperiodische Funktionen* von

$$u = \int_0^z \frac{dz}{\sqrt{(1-z^2)(1-\varkappa^2 z^2)}}$$

mit den Perioden $4K$ und $2K_1$, so dass also

$$\begin{aligned} z &= f(u) = f(u + 4mK + 2m_1K_1) \\ y &= F(u) = F(u + 4mK + 2m_1K_1) \end{aligned}$$

ist, wenn m und m_1 beliebige ganze Zahlen sind.

Wenn wir das Integral

$$u = \int_0^z \frac{dz}{y}$$

(von $z = 0$, $y = +1$) längs eines beliebigen Weges $0zz_1$, (Fig. 50) nehmen, so möge es in z_1 den Wert

$$u_1 = \int_{0zz_1} \frac{dz}{y}$$

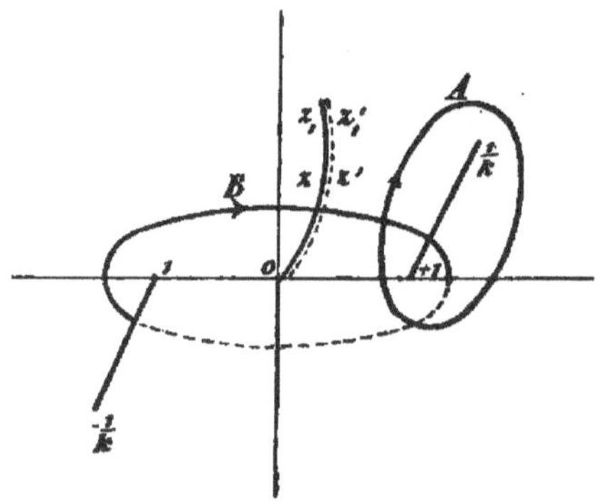

Fig. 50.

erhalten. Das Element des Integrales $\frac{dz}{y}$ besitzt in untereinander liegenden Punkten der Riemann'schen Fläche gleiche und entgegengesetzt bezeichnete Werte, da $z = z'$ ist, aber y im oberen Blatte den Wert y, im unteren $y' = -y$ besitzt, also ist

$$\frac{dz}{y} = -\frac{dz'}{y'}.$$

Nehmen wir also das Integral im oberen und unteren Blatte längs Wegen, die genau unter einander verlaufen, denen dasselbe z und gleiche entgegengesetzt bezeichnete y entsprechen, so wird

$$\int \frac{dz}{y} = -\int \frac{dz'}{y'} + A$$

sein.

Wir wollen das erste Integral von (0, 1) bis zu (z_1, y_1), das zweite von $z' = 0$, $y' = 1$, d. h. $z = 0$, $y = -1$ bis zu $(z_1', y_1') = (z_1, -y_1)$ in der oben angedeuteten Art führen und es wird daher

$$\int_{(0,1)}^{(z_1,y_1)} \frac{dz}{y} = -\int_{(0,-1)}^{(z_1,-y_1)} \frac{dz'}{y'} + A.$$

Setzen wir nun $z_1 = 0$, $y_1 = 1$, so wird $A = 0$ sich ergeben und daher ist

$$\int_{(0,1)}^{(z,y)} \frac{dz}{y} = -\int_{(0,-1)}^{(z,-y)} \frac{dz'}{y'}.$$

Wir setzen

$$u = \int_{(0,1)}^{(z,y)} \frac{dz}{y}, \quad v = \int_{(0,1)}^{(z,-y)} \frac{dz'}{y'},$$

so dass also, wenn $z = f(u)$, $y = F(u)$ die doppeltperiodischen Funktionen von u sind,

$$z = f(v), \quad y = -F(v)$$

wird, d. h. z nimmt für u und v dieselben Werte, y gleiche entgegengesetzt bezeichnete Werte an. Es kann

$$\int_{(0,1)}^{(z,-y)} \frac{dz'}{y'} = \int_{(0,1)}^{(0,-1)} \frac{dz'}{y'} + \int_{(0,-1)}^{(z,-y)} \frac{dz'}{y'} = \int_{(0,1)}^{(0,-1)} \frac{dz'}{y'} - \int_{(0,1)}^{(z,y)} \frac{dz}{y}$$

oder

$$v = 2K - u$$

gesetzt werden, da

$$\int_{(0,1)}^{(0,-1)} \frac{dz'}{y'} = 2\int_0^1 \frac{dz'}{y'} = 2K$$

sich ergiebt, wenn man das Integral rechter Hand so nimmt, dass der Integrationsweg die nebenstehende gezeichnete Kurve $(0,1)1(0,-1)$ ist.

Somit folgt, dass wenn $f(u) = f(v)$ ist,

$$\left.\begin{aligned} u &= -v + 2K + mAK + m_1 2K_1 \\ &= -v - 2K + (m+1)4K \\ &\quad + m_1 2K_1 \end{aligned}\right\} \qquad (4)$$

ist, wenn u und v nicht selbst kongruente Werte sein sollen, d. h. wenn

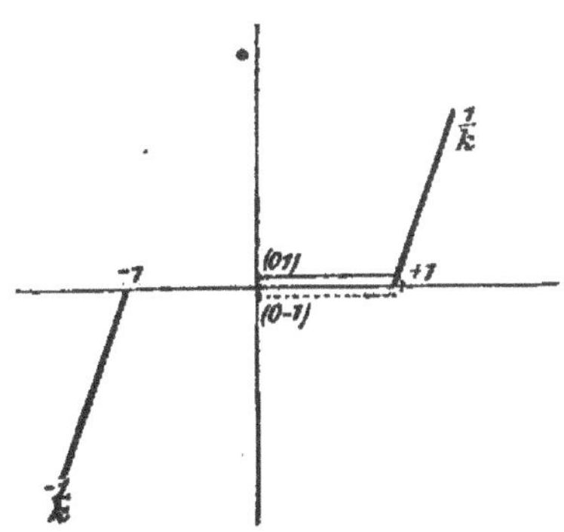

Fig. 50a.

$$u \neq v + m4K + m_1 2K_1$$

sein soll. Die Werte u und $2K - u$ oder $-2K - u$, welch letztere nach den Perioden kongruent sind, liegen, wie man sieht, in *einem* der Parallelogramme, auf welche die Riemann'sche Fläche abgebildet wird und sind diejenigen, welche demselben z und gleichen entgegengesetzt bezeichneten y angehören.

Die Funktion $z = f(u)$ ist also doppeltperiodisch, eindeutig und von zweiter Ordnung, welche für u und $2K - u$ dieselben Werte annimmt.

Es ist $f(0) = f(2K) = 0$ und $f(K) = 1$, da $u = \int_0^z \frac{dx}{y}$ für $z = 0$ verschwindet und für $z = 1$ den Wert K annimmt.

46. Es sei $u = \alpha$ für den Punkt $z = \infty$ des oberen Blattes, dann wird $u = 2K - \alpha$ für den Punkt $z = \infty$ des unteren Blattes. Es ist dann

$$\alpha = \int_0^\infty \frac{dz}{y}.$$

Wir erstrecken das Integral längs $0\,m\,\infty$ (Fig. 51), welche Kurve ganz im oberen Blatte verlaufen soll, also ist

$$\alpha = \int_{0m\infty} \frac{dz}{y}.$$

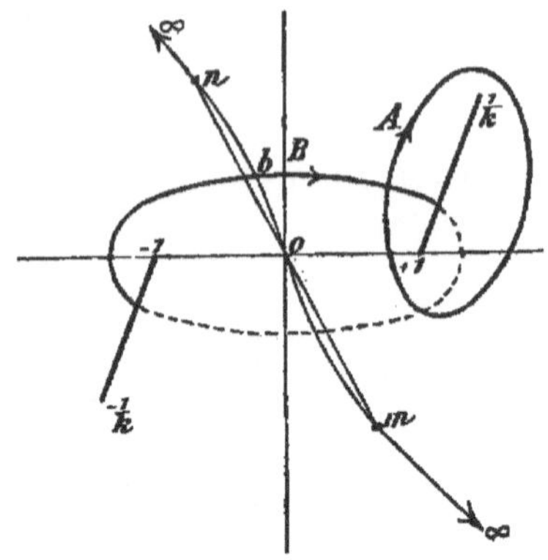

Fig. 51.

Wir konstruiren eine zweite Kurve $0n\infty$, welche aus der ersten $0m\infty$ entsteht, wenn man auf dem Radiusvektor des Punktes m die Strecke $\overline{0m}$ in entgegengesetzter Richtung nach $\overline{0n}$ abträgt. Dann wird, wenn man in α die Substitution $z = -z'$ macht,

$$\alpha = -\int_{0n\infty} \frac{dz'}{y'},$$

da y das Vorzeichen nicht ändert, d. h.

$$\alpha = -\int_{0n\infty} \frac{dz}{y},$$

wenn die Integrationsvariable wieder mit z bezeichnet wird. Es ist daher

$$2\alpha = \int_{0n\infty} \frac{dz}{y} + \int_{0m\infty} \frac{dz}{y} = \int_{0n\infty m\infty} \frac{dz}{y}.$$

Nun begrenzen die Linien A und $\infty n 0 m \infty$ zusammengenommen einen Theil des oberen Blattes vollständig, d. h. die Kurve $\infty n 0 m \infty$ ist in die Kurve A durch stetige Umformung überführbar, also ist

$$\int_{\infty n 0 m \infty} \frac{dz}{y} = \int_A \frac{dz}{y} = 2K_1.$$

Oder auch die Linie $\infty n 0 m \infty$ überschreitet (Fig. 51) bei b die Kurve B, führt also gerade so wie die Kurve A und in derselben Richtung von einem Ufer von B zum anderen, also muss

$$\int_{b0m\infty nb} \frac{dz}{y} = \int_A \frac{dz}{y} = 2K_1.$$

sein. Es ist daher $\alpha = K_1$ und wir ersehen also, dass $f(K_1) = f(2K \pm K_1) = \infty$ ist.

47. Wir wissen aus der Theorie der doppeltperiodischen Funktionen, wie solche zu konstruiren sind. Bestimmen wir also ϑ-Funktionen, deren Perioden $\omega = 2K$ und $\omega' = 2K_1$ sind, für die

$$q = e^{\pi \frac{\omega'}{\omega} i} = e^{\pi \frac{K_1}{K} i}$$

ist, so wird*)

$$z = f(u) = \frac{\vartheta_3}{\vartheta_2} \frac{\vartheta_1(u)}{\vartheta_0(u)}$$

sein; denn die Funktion rechter Hand ist doppeltperiodisch, mit den Perioden $2\omega = 4K$, $\omega' = 2K_1$, sie ist eindeutig, verschwindet für $u = 0$, $u = \omega = 2K$, wird unendlich für

$$u = K_1 = \frac{\omega'}{2}, \quad u = \omega + \frac{\omega'}{2} = 2K + K_1$$

und nimmt für $\frac{\omega}{2} = K$ den Wert 1 an, wodurch sie vollständig bestimmt ist und mit $z = f(u)$ identisch sein muss. Wir ersehen also, dass unsere Differentialgleichung

$$\left(\frac{dz}{du}\right)^2 = (1 - z^2)(1 - \varkappa^2 z^2) \tag{1}$$

durch die Funktion

$$z = su = \frac{\vartheta_3}{\vartheta_2} \frac{\vartheta_1(u)}{\vartheta_0(u)} \tag{5}$$

integrirt wird. Dann liefert die Gleichung 36 S. 128, da $G = 1$ ist,

$$\omega = 2K = \pi \vartheta_3^2.$$

---

*) Sollte in $\frac{K_1}{K}$ der Koeffizient von i negativ sein, so kann man für $K_1 \cdots - K_1$ einführen. Man kann übrigens zeigen, dass bei unserer Wahl der Grössen K und K_1 der Koeffizient i in $\frac{K_1}{K}$ stets *positiv* ist. Vergleiche hierüber: KÖNIGSBERGER, »Theorie der elliptischen Funktionen«, I. Theil, S. 295–299.

Wäre die Differentialgleichung

$$\left(\frac{dz}{dv}\right)^2 = G^2(1-z^2)(1-\varkappa^2 z^2) \tag{1a}$$

vorgelegt, so würde sich $z = f(v)$ als eine doppeltperiodische Funktion zweiter Ordnung von v ergeben. Setzt man aber $u = Gv$, so wird (1a) übergehen in

$$\left(\frac{dz}{du}\right)^2 = (1-z^2)(1-\varkappa^2 z^2),$$

deren Lösung

$$z = \frac{\vartheta_3}{\vartheta_2}\frac{\vartheta_1(u)}{\vartheta_0(u)}$$

ist. Also ist

$$f(v) = \frac{\vartheta_3}{\vartheta_2}\frac{\vartheta_1(Gv)}{\vartheta_0(Gv)}$$

und die Perioden von $f(v)$ sind

$$2\omega_1 = \frac{4K}{G}, \omega_1' = \frac{2K_1}{G}.$$

Dann ist mit Rücksicht auf $2K = \pi\vartheta_3^2$, da ϑ_3 nur von $\frac{K_1}{K} = \frac{\omega_1'}{\omega_1}$ abhängt, $G = \frac{\pi}{\omega_1}\vartheta_3^2$.

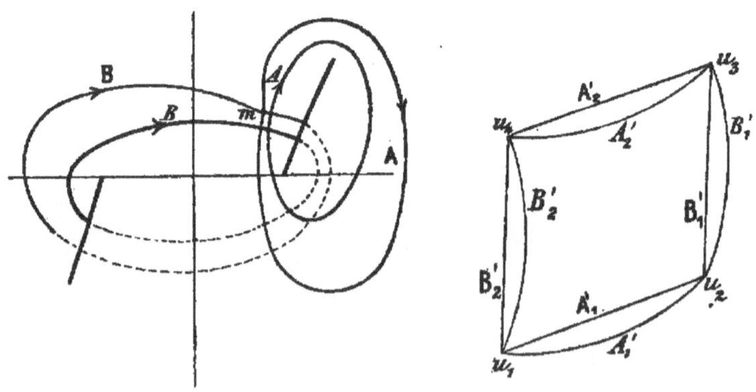

Fig. 52.

Es würde nur noch zu erwähnen sein, dass wir früher das Periodenparallelogramm auch gradlinig begrenzt annahmen, während wir auf S. 165 fanden, dass im Allgemeinen die Begrenzungslinien unseres Parallelogrammes krumm sind. Diess ist aber unwesentlich und kann das krummlinige Parallelogramm einfach in ein geradliniges verwandelt werden. Denn seien u_1, u_2, u_3, u_4 die Ecken des Parallelogrammes (Fig. 52 b), dessen Seiten A_1', A_2', B_1', B_2' den beiden Ufern A_1, A_2, B_1, B_2, der Schnitte A und B entsprechen; so verbinden wir $u_1 u_2$ durch die Gerade A_1'. Einem Punkte u dieser Geraden wird, wie wir wissen, ein bestimmter Punkt $x = f(u)$, $y = F(u)$ der Riemann'schen Fläche entsprechen. Lassen wir also u von u_1 aus die Gerade $\overline{u_1 u_2}$ durchlaufen, so wird (xy) von m aus irgend eine Kurve A auf der Riemann'schen Fläche beschreiben, die von m ausgeht und wenn u nach u_2 gelangt, wieder in m endigt. Da das Integral von u_1 bis u_2 um $u_2 - u_1 = C_1$ gewachsen ist, so muss die Linie A gerade so wie A von einem Ufer von B zum anderen führen, kann also bei der Zerschneidung der Riemann'schen Fläche an Stelle von A gesetzt werden. Thut man letzteres, so wird die längs A und B zerschnittene Riemann'sche Fläche sich auf die u-Ebene so abbilden, dass die beiden Ufer von A die Geraden $\overline{u_1 u_2}$ und $\overline{u_4 u_3}$ zu Bildern haben werden. Ersetzt man ebenso B durch eine Linie B, welche das Bild der Geraden $\overline{u_2 u_3}$ ist, so ersieht man, dass die längs A und B zerschnittene Riemann'sche Fläche sich auf die u-Ebene in ein geradliniges Parallelogramm abbildet, dessen Seiten die Längen C_1 und C haben, also die Repräsentanten der Perioden des Integrales u sind.

Wir sind also stets im Stande, die Riemann'sche Fläche derart zu zerschneiden, dass das Periodenparallelogramm ein geradliniges wird.

48. Wir wollen die Abbildung der Riemann'schen Fläche mittels des Integrals u auf die Zahlenebene von u in zwei Fällen besonders betrachten.

1. Es sei $\varkappa$ reell und kleiner als 1. (Wir werden sehen, dass man stets den Modul von $\varkappa$ kleiner als 1 machen kann.)

Es wird

$$u = \int_0^z \frac{dz}{\sqrt{(1-z^2)(1-\varkappa^2 z^2)}}$$

so lange $z^2 < 1$ ist und z reelle Werte annimmt, auch reell sein. Sobald z reell und $\frac{1}{\varkappa^2} > z^2 > 1$ ist, wird der reelle Theil von u konstant bleiben und es wird sich blos der rein imaginäre Theil ändern, denn es wird

$$u = \int_0^1 \frac{dz}{\sqrt{(1-z^2)(1-\varkappa^2 z^2)}} + i \int_1^z \frac{dz}{\sqrt{(z^2-1)(1-\varkappa^2 z^2)}}$$

$$u = K + i \int_1^z \frac{dz}{\sqrt{(z^2-1)(1-\varkappa^2 z^2)}},$$

also das von z abhängende Integral reell unter obiger Voraussetzung. K selbst ist nach Früherem reell, und

$$K_1 = \int_1^{\frac{1}{\varkappa}} \frac{dz}{\sqrt{(1-z^2)(1-\varkappa^2 z^2)}} = i\int_1^{\frac{1}{\varkappa}} \frac{dz}{\sqrt{(z^2-1)(1-\varkappa^2 z^2)}}$$

rein imaginär.

Die Verzweigungspunkte der Riemann'schen Fläche sind in diesem Falle alle auf der Achse der reellen Zahlen gelegen. Wir führen nun (Fig. 53) die Schnitte B und A so, dass sie durch die Achse der reellen Zahlen gehen. In der Figur sind sie knapp an dieselbe gezeichnet. In m hat u den reellen Wert K und auf der u-Ebene entspricht also der Punkt $a = K$ dem Punkte m. Durchläuft z nun von m aus die Linie B, so wird u sich von a reell ändern bis es, sobald der Punkt wieder in m angelangt ist, um $4K$ gewachsen in b eintrifft, also ist $b - a = 4K$ und b das Bild von m als auf dem anderen Ufer von A gelegen betrachtet. Wenn z von m aus das eine Ufer von A durchläuft, so wird sich nur der imaginäre Theil von u ändern, d. h. das Bild dieses Ufers wird eine durch a oder b (je nachdem auf welchem Ufer von B wir uns befinden) gehende zur Achse der rein imaginären Zahlen parallele Gerade $\overline{ad}$ oder $\overline{bc}$ sein, deren Länge $2K_1$ ist. Die Gerade, welche die Punkte d und c verbindet, ist das Bild des zweiten Ufers von B.

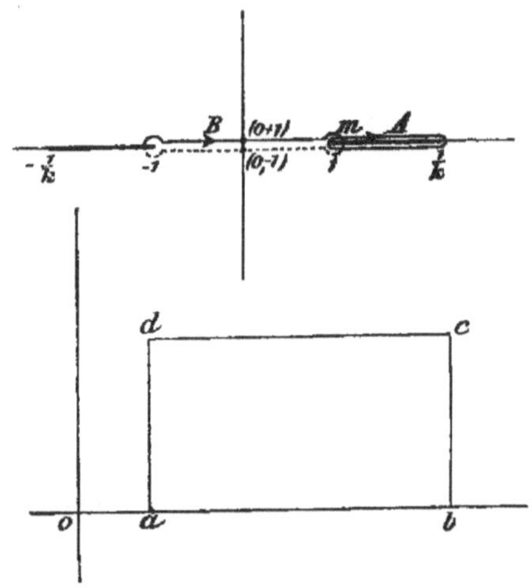

Fig. 53.

Wir ersehen also, dass unsere Riemann'sche Fläche, sobald $\varkappa$ reell und < 1 ist, derart zerschnitten, dass die reelle Achse die Schnittlinien bildet, sich mittels des Integrals u auf ein Rechteck abbildet. *Das Periodenparallelogramm der Funktion $z = f(u)$ ist also ein Rechteck.* Dass, wenn das Periodenparallelogramm ein Rechteck ist, unsere Funktion su so beschaffen ist, dass $\varkappa$ reell wird, haben wir früher gesehen (S. 130 u. ff.).

2. Es sei $\varkappa = i\varkappa_1$ und $\varkappa_1$ reell. Dann wird

$$u = \int_0^z \frac{dz}{\sqrt{(1-z^2)(1-\varkappa^2 z^2)}} = \int_0^z \frac{dz}{\sqrt{(1-z^2)(1+\varkappa_1^2 z^2)}}$$

reell sein, sobald z reelle Werte, die absolut kleiner als 1 sind, durchläuft.

Also ist

$$K = \int_0^1 \frac{dz}{\sqrt{(1-z^2)(1-\varkappa^2 z^2)}}$$

reell. Hingegen

$$K_1 = \int_1^{\frac{1}{\varkappa}} \frac{dz}{\sqrt{(1-z^2)(1-\varkappa^2 z^2)}}$$

komplex.

Nun kann man, statt das Integral auf dem geradlinigen Wege von 1 bis $\frac{1}{\varkappa}$ links von dem Verzweigungsschnitte (vgl. Anm. S. 169), es auch rechts von diesem im oberen Blatte erstrecken, wenn man nur beachtet, dass die Quadratwurzel auf dieser Seite des Verzweigungsschnittes das entgegengesetzte Vorzeichen besitzt und dass also dann

$$K_1 = -\int_1^{\frac{1}{\varkappa}} \frac{dz}{\sqrt{(1-z^2)(1-\varkappa^2 z^2)}} = \int_{\frac{1}{\varkappa}}^1 \frac{dz}{\sqrt{(1-z^2)(1-\varkappa^2 z^2)}}$$

zu setzen ist, sobald man das Integral im oberen Blatte rechts von der Linie $\overline{1\frac{1}{\varkappa}}$ erstreckt. Dieser Weg aber ist (Fig. 54) stetig in den gebrochenen Weg $\frac{1}{\varkappa}01$ überführbar, ohne dass einer der Punkte ± 1, $\pm\frac{1}{\varkappa}$ überschritten wird.

Also ist

$$\begin{aligned} K_1 &= \int_{\frac{1}{\varkappa}}^0 \frac{dz}{\sqrt{(1-z^2)(1-\varkappa^2 z^2)}} + \int_0^1 \frac{dz}{\sqrt{(1-z^2)(1-\varkappa^2 z^2)}} \\ &= K - \int_0^{\frac{1}{\varkappa}} \frac{dz}{\sqrt{(1-z^2)(1-\varkappa^2 z^2)}}; \end{aligned}$$

nun ist im zweiten Integral z rein imaginär, also $z = iz'$, wo z' reelle Werte annimmt, daher ist

$$K_1 = K - i\int_0^{\frac{1}{i\varkappa}} \frac{dz'}{\sqrt{(1+z'^2)(1+\varkappa^2 z'^2)}} = K - i\int_0^{-\frac{1}{\varkappa_1}} \frac{dz'}{\sqrt{(1+z'^2)(1-\varkappa^2 z'^2)}}.$$

Setzt man also

$$-\int_0^{-\frac{1}{\varkappa_1}} \frac{dz'}{\sqrt{(1+z'^2)(1-\varkappa^2 z'^2)}} = i\int_0^{-\frac{1}{\varkappa_1}} \frac{dz'}{\sqrt{(1+z'^2)(1-\varkappa^2 z'^2)}} = K_2,$$

so ist K_2 reell und positiv, da $z'^2 < \frac{1}{\varkappa_1^2}$ ist und z' reelle Werte durchläuft. Es ist dann

$$K_1 = K + iK_2.$$

Bildet man nun wieder, wie früher, die Riemann'sche Fläche auf die u-Ebene ab, so wird der Kurve B (Fig. 54) die Achse der reellen Zahlen ab entsprechen und einer gewissen Kurve A wird die Gerade $\overline{ad}$ resp. $\overline{bc}$ entsprechen, so zwar, dass $\overline{ad}$ die Summe aus $2K$ und $2iK_2$ ist.

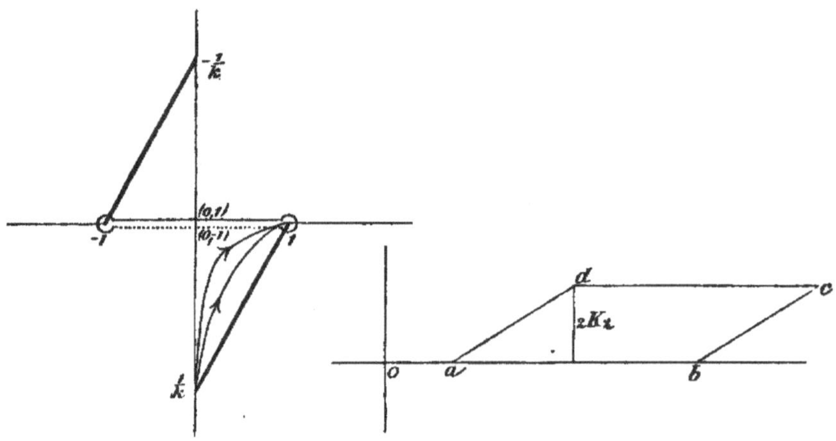

Fig. 54.

Wir wissen aus Früherem, dass wenn

$$\omega' = \omega + i\omega_2 \quad \text{ist, oder} \quad 2K_1 = 2(K + iK_2),$$

wo ω_1, ω_2 resp. K und K_2 reell sind, dann die doppeltperiodische Funktion $s(u)$ ein Parallelogramm besitzt, das wie $abcd$ beschaffen ist (S. 134 u. ff.).

49. Wir wollen nun noch folgenden wichtigen Satz beweisen:

»*Jedes Integral*

$$w = \int_{x_0}^{x} \frac{dz}{\sqrt{R(x)}},$$

worin $R(x)$ *eine ganze rationale Funktion vierten oder dritten Grades in* x *ist, lässt sich durch eine lineare Transformation in das Integral*

$$v = M \int_{z_0}^{z} \frac{dz}{\sqrt{(1 - z^2)(1 - \varkappa^2 z^2)}}$$

verwandeln; wobei M *eine Konstante und*

$$x = \frac{\alpha + \beta z}{\gamma + \delta z}, \quad x_0 = \frac{\alpha + \beta z_0}{\gamma + \delta z_0}$$

ist. α, β, γ, δ sind bestimmte Grössen.«

Wir setzen

$$R(x) = A(x - a_1)(x - a_2)(x - a_3)(x - a_4) \tag{7}$$

und führen z durch die Gleichung

$$x = \frac{\alpha + \beta z}{\gamma + \delta z} \tag{8}$$

ein. Dann wird

$$R(x) = \frac{R_1(z)}{(\gamma + \delta z)^4} \tag{9}$$

wobei $R_1(z)$ wieder eine ganze rationale Funktion des 4. Grades von z wird, die α, β, γ, δ als willkürliche Konstanten enthält. Wir verfügen nun über die letzteren so, dass

$$\begin{aligned} R_1(z) &= B(1 - z)(1 + z)(1 - \varkappa z)(1 + \varkappa z) \\ &= B(1 - z^2)(1 - \varkappa^2 z^2) \\ &= B[1 - (1 + \varkappa^2)z^2 + \varkappa^2 z^4] \end{aligned}$$

wird. Hierdurch sind für α, β, γ, δ drei Gleichungen gegeben, in denen sie homogen vorkommen, und aus welchen sich die drei Verhältnisse $\alpha\colon \beta\colon \gamma\colon \delta$ ergeben. Die Gleichungen selbst ergeben sich aus der Bedingung, dass in $R_1(z)$ die Koeffizienten von z^3 und z verschwinden sollen und der Koeffizient von z^2 gleich sein muss der entgegengesetzt bezeichneten Summe aus den Koeffizienten von z^0 und z^4.

Diese Bedingungen sind nun noch alle verträglich mit der, dass der Modul von $|\varkappa| < 1$ ist. In der That, soll

$$R(x) = B\frac{(1 - z^2)(1 - \varkappa^2 z^2)}{(\gamma + \delta z^2)^4}$$

und

$$x = \frac{\alpha + \beta z}{\gamma + \delta z}$$

sein, so muss, wenn $R(x) = 0$, also $x = a_1$, a_2, a_3, a_4 ist, auch $(1 - z^2)(1 - \varkappa^2 z^2) = 0$ sein, daher $s = \pm 1$, $\pm\frac{1}{\varkappa}$, d. h. den Werten a_1, a_2, a_3, a_4 von x entsprechen in irgend einer Reihenfolge die Werte $+1$, -1, $+\frac{1}{\varkappa}$, $-\frac{1}{\varkappa}$. Setzen wir also fest, dass für

$$\begin{aligned} x &= a_1, a_2, a_3, a_4 \\ z &= +1, -1, \frac{1}{\varkappa}, -\frac{1}{\varkappa}, \end{aligned}$$

wird, so muss nach dem in der Einleitung sub 5, S. 11 bewiesenen Satze das Doppelverhältnis erhalten bleiben, also

$$\left(\frac{\varkappa-1}{\varkappa+1}\right)^2 = \frac{a_1-a_3}{a_1-a_4}\cdot\frac{a_2-a_4}{a_2-a_3} = \varepsilon \tag{10}$$

sein. Diese Gleichung ist für $\varkappa$ eine reziproke und lässt sich also $\varkappa$ stets so bestimmen, dass $|\varkappa| < 1$ wird. Hat man $\varkappa$ bestimmt, so folgt aus (8)

$$dx = \frac{\beta\gamma-\alpha\delta}{(\gamma+dz)^2}dz$$

und da

$$\sqrt{R(x)} = \frac{\sqrt{B}\sqrt{(1-z^2)(1-\varkappa^2z^2)}}{(\gamma+\delta z)^2} \tag{11}$$

sich ergiebt, so folgt

$$\left.\begin{aligned}\frac{dx}{\sqrt{R(x)}} &= \frac{\beta\gamma-\alpha\delta}{\sqrt{B}}\frac{dz}{\sqrt{(1-z^2)(1-\varkappa^2z^2)}}\\ &= M\frac{dz}{\sqrt{(1-z^2)(1-x^2z^2)}}\end{aligned}\right\} \tag{12}$$

wo M eine Konstante ist.

Um diese zu bestimmen, braucht man nur ein Paar entsprechender Werte von x und z zu kennen, für die nicht $R(x)$ und $R(z)$ verschwinden. Es sei für $z=0$, $x=\frac{\alpha}{\beta}=x_1$, dann folgt

$$\left(\frac{dx}{dz}\right)_{z=0} = M\sqrt{R(x_1)},$$

woraus M bestimmbar.

Nun soll $z = 1, \ -1$ werden für $x = a_1, \ a_2$, also muss

$$\frac{x-a_1}{x-a_2} = A_{12}\frac{z-1}{z+1} \tag{13a}$$

sein, wo A_{12} eine Konstante ist.

Da aber für

$$x = a_3, \ a_4; \ z = \frac{1}{\varkappa}, \ -\frac{1}{\varkappa}$$

wird, so ist

$$\begin{aligned}\frac{a_3-a_1}{a_3-a_2} &= A_{12}\frac{1-\varkappa}{1+\varkappa}\\ \frac{a_4-a_1}{a_4-a_2} &= A_{12}\frac{1+\varkappa}{1-\varkappa},\end{aligned}$$

also ist

$$A_{12} = \sqrt{\frac{(a_3 - a_1)(a_4 - a_1)}{(a_3 - a_2)(a_4 - a_2)}},$$

wobei das Vorzeichen der Wurzel sich aus

$$\frac{x_1 - a_1}{x_1 - a_2} = -A_{12}$$

bestimmt, (da $x = x_1$ und $z = 0$ entsprechende Werte sind) oder auch, wenn $\varkappa$ bekannt ist, aus den Gleichungen (13a) sich ergiebt.

Man sieht ohne weiteres, dass wenn

$$\frac{x - a_2}{x - a_1} = A_{21}\frac{z + 1}{z - 1},$$

gesetzt wird, $A_{21}A_{12} = 1$ ist. Setzt man ebenso

$$\frac{x - a_3}{x - a_4} = A_{34}\frac{1 - \varkappa z}{1 + \varkappa z}, \tag{13b}$$

so ergiebt sich

$$A_{34} = \sqrt{\frac{(a_1 - a_3)(a_2 - a_3)}{(a_1 - a_4)(a_2 - a_4)}}$$

und

$$\frac{x_1 - a_3}{x_1 - a_4} = A_{34}.$$

Differentiirt man die Gleichungen (13), so folgt

$$\frac{a_1 - a_2}{(x - a_2)^2}dx = A_{12}\frac{2}{(z + 1)^2}dz,$$

also

$$\frac{dx}{dz} = \frac{2A_{12}}{a_1 - a_2}\frac{(x - a_2)^2}{(z + 1)^2};$$

analog ergiebt sich

$$\begin{aligned}
\frac{dx}{dz} &= -\frac{2A_{21}}{a_2 - a_1}\frac{(x - a_1)^2}{(z - 1)^2} \\
\frac{dx}{dz} &= -\frac{2\varkappa A_{34}}{a_3 - a_4}\frac{(x - a_4)^2}{(1 + \varkappa z)^2} \\
\frac{dx}{dz} &= \frac{2\varkappa A_{43}}{a_4 - a_3}\frac{(x - a_3)^2}{(1 - \varkappa z)^2}.
\end{aligned}$$

Multiplizirt man alle vier Gleichungen mit einander, so folgt

$$\left(\frac{dx}{dz}\right)^4 = 16\frac{\varkappa^2}{(a_1-a_2)^2(a_3-a_4)^2}\frac{(x-a_1)^2(x-a_2)^2(x-a_3)^2(x-a_4)^2}{(1-z^2)^2(1-\varkappa^2z^2)^2}$$
$$= 16\frac{\varkappa^2}{(a_1-a_2)^2(a_3-a_4)^2}\frac{R^2(x)}{A^2(1-z^2)(1-\varkappa^2z^2)^2}$$

also ist

$$\left(\frac{dx}{dz}\right)_{z=0} = \frac{2\sqrt{\varkappa}\sqrt{R(x_1)}}{\sqrt{A(a_1-a_2)(a_3-a_4)}} = M\sqrt{R(x_1)},$$

woraus

$$M = \frac{2\sqrt{\varkappa}}{\sqrt{A(a_1-a_2)(a_3-a_4)}}$$

folgt.

Ist nun für $x = x_0 \ldots z = z_0$ und setzt man

$$\int_0^{z_0}\frac{dz}{\sqrt{(1-z^2)(1-\varkappa^2z^2)}} = u_0$$

und

$$\int_0^{z}\frac{dz}{\sqrt{(1-z^2)(1-\varkappa^2z^2)}} = u$$

so folgt aus

$$\frac{dx}{\sqrt{R(x)}} = M\frac{dz}{\sqrt{(1-z^2)(1-\varkappa^2z^2)}}$$
$$w = \int_{x_0}^{x}\frac{dx}{\sqrt{R(x)}} = M\int_{z_0}^{z}\frac{dz}{\sqrt{(1-z^2)(1-\varkappa^2z^2)}}$$
$$= M\Big[\int_{z_0}^{0}\frac{dz}{\sqrt{(1-z^2)(1-n^2z^2)}} + \int_0^{z}\frac{dz}{\sqrt{(1-z^2)(1-\varkappa^2z^2)}}\Big],$$

oder

$$w = M(u-u_0)$$

da man den Integrationsweg von z_0 nach z, welcher dem von x_0 nach x führenden entspricht, so abändern kann, dass er durch den Punkt $z = 0$ geht, ohne den Wert des Integrales wesentlich zu beeinträchtigen, denn es können dann nur ganzzahlige Vielfache von Perioden hinzukommen.

Nun wissen wir aber, dass aus

$$u = \int_0^{z}\frac{dz}{\sqrt{(1-z^2)(1-\varkappa^2z^2)}}$$

$$z = su$$

folgt, also ist

$$x = \frac{\alpha + \beta su}{\gamma + \delta su}$$

und

$$u = \frac{w}{M} + u_0.$$

Will man x direkt mit z in Verbindung bringen, ohne zuerst α, β, γ, δ zu berechnen, so ersieht man, dass

$$\frac{x - a_2}{x - a_3} \frac{a_1 - a_3}{a_1 - a_2} = \frac{1 + z}{1 - \varkappa z} \frac{1 - \varkappa}{2}$$

gesetzt werden kann.

50. Aus (10) ergiebt sich

$$\frac{1 - \varkappa}{1 + \varkappa} = \sqrt{\frac{(a_1 - a_3)(a_2 - a_4)}{(a_2 - a_3)(a_1 - a_4)}} = \sqrt{\epsilon}$$

und

$$\varkappa = \frac{1 - \sqrt{\epsilon}}{1 + \sqrt{\epsilon}}$$

bei der bestimmten Anordnung, dass den Punkten

$$x = a_1,\ a_2,\ a_3,\ a_4$$

die Punkte

$$z = 1,\ -1,\ \frac{1}{\varkappa},\ -\frac{1}{\varkappa}$$

entsprechen. In welcher Weise ändert sich nun $\varkappa$, wenn die Zuordnung eine andere wird? Die Aenderung des Doppelverhältnisses ε ist uns bekannt, es treten nämlich bei den $4! = 24$ Permutationen der a_1, a_2, a_3, a_4 im Ganzen blos sechs verschiedene Werte auf, die, wenn ε einer der Werte ist,

$$\varepsilon, \frac{1}{\varepsilon}, 1 - \varepsilon, \frac{1}{1 - \varepsilon}, \frac{\varepsilon - 1}{\varepsilon}, \frac{\varepsilon}{\varepsilon - 1}$$

sind. Also wird $\varkappa$ die Werte haben:

$$\frac{1 - \sqrt{\varepsilon}}{1 + \sqrt{\varepsilon}}, \frac{\sqrt{\varepsilon} - 1}{\sqrt{\varepsilon} + 1}, \frac{1 - \sqrt{1 - \varepsilon}}{1 + \sqrt{1 - \varepsilon}}, \frac{\sqrt{1 - \varepsilon} - \varepsilon}{\sqrt{1 - \varepsilon} + \varepsilon}, \frac{\sqrt{\varepsilon} - \sqrt{1 - \varepsilon}}{\sqrt{\varepsilon} + \sqrt{1 - \varepsilon}}, \frac{\sqrt{\varepsilon - 1} - \sqrt{\varepsilon}}{\sqrt{\varepsilon - 1} + \sqrt{\varepsilon}},$$

da aber $\frac{1}{\varkappa}$ und $-\frac{1}{\varkappa}$ gleichzeitig in $R_1(z)$ auftreten, so werden wir blos drei verschiedene Werte von $\varkappa$ erhalten, wenn wir die Zuordnung der Grossen $x = a_1, a_2, a_3, a_4$ und $z = 1, -1, \frac{1}{\varkappa}, -\frac{1}{\varkappa}$ in beliebiger Weise vornehmen.

Nun wissen wir, dass das Doppelverhältnis ε dann und *nur* dann reell ist, wenn die vier Punkte a_1, a_2, a_3, a_4 auf einem Kreise liegen. Ist diess also der Fall, so ist einer der Werte ε oder $1-\varepsilon$ positiv und daher ist

$$\varkappa = \frac{1-\sqrt{\varepsilon}}{1+\sqrt{\varepsilon}} \quad \text{oder} \quad \varkappa = \frac{1-\sqrt{1-\varepsilon}}{1+\sqrt{1+\varepsilon}}$$

reell und absolut genommen kleiner als 1. Liegen die vier Punkte nicht auf einem Kreise, so wird das Doppelverhältnis komplex und auch $\varkappa$ ist komplex.

51. Ist

$$R(x) = Ax^3 + Bx^2 + Cx + D = A(x-a_1)(x-a_2)(x-a_3)$$

blos vom dritten Grade, so ändert das die Betrachtungen nicht wesentlich. Setzt man

$$x = \frac{\alpha + \beta z}{\gamma + \delta z},$$

so wird

$$R(x) = \frac{R_1(z)}{(\gamma+\delta z)^3} = \frac{(\gamma+\delta z)R_1(z)}{(\gamma+\delta z)^4},$$

wobei $R_1(z)$ jetzt blos vom dritten Grade in z ist. Nun kann man aber wieder

$$(\gamma+\delta z)(R_1 z) = \mathsf{A}(1-z^2)(1-\varkappa^2 z^2)$$

setzen und erhält

$$R(x) = \frac{\mathsf{A}(1-z^2)(1-\varkappa^2 z^2)}{(\gamma+\delta z)^4},$$

worauf dieselben Betrachtungen wie früher folgen.

Den Werten:

$$x = a_1, a_2, a_3, \infty$$

werden die Werte

$$z = 1, -1, \frac{1}{\varkappa}, -\frac{1}{\varkappa}$$

zugeordnet sein, denn $(\gamma + \delta z)$ muss verschwinden, wenn eine der Grössen $1-z$, $1+z$, $1-\varkappa z$, $1+\varkappa z$ verschwindet, also z. B. wenn

$$z = -\frac{1}{\varkappa}$$

ist, muss

$$\gamma + \delta z = 0$$

sein, also

$$z = -\frac{\gamma}{\delta},$$

d. h. es ist

$$x = \infty.$$

Aus dem Doppelverhältnis der vier Wertepaare folgt

$$\left(\frac{1-\varkappa}{1+\varkappa}\right)^2 = \frac{a_1 - a_3}{a_2 - a_4} = \varepsilon$$

die Gleichung für $\varkappa$.

52. Das Integral

$$u = \int_0^z \frac{dz}{\sqrt{(1-z^2)(1-\varkappa^2 z^2)}}$$

nennt man nach LEGENDRE das *Normalintegral I. Gattung*, indem auf diese Form jedes elliptische Integral von der Art

$$w = \frac{1}{M} \int_{x_0}^x \frac{dx}{\sqrt{R(x)}},$$

worin $R(x)$ eine *rationale ganze* Funktion dritten oder vierten Grades ist, zurückgeführt werden kann. Wir sahen, dass u und w für keinen Wert von z unendlich werden. Ersteres soll das *überall endliche Normalintegral*, letzteres das *allgemeine überall endliche Integral* heissen. Man nennt $\varkappa$ den *Modul* des Integrals. Ich will noch eine Umformung des Integrals u erwähnen, die von LEGENDRE eingeführt wurde. Setzt man

$$z = \sin\varphi,$$

so wird

$$dz = \cos\varphi\, d\varphi = \sqrt{1-z^2}\, d\varphi,$$

also

$$\frac{dz}{\sqrt{(1-z^2)(1-\varkappa^2 z^2)}} = \frac{d\varphi}{\sqrt{1-\varkappa^2\sin^2\varphi}}$$

und folglich, da für $z = 0$ auch $\varphi = 0$ ist,

$$u = \int_0^\varphi \frac{d\varphi}{\sqrt{1-\varkappa^2\sin^2\varphi}}. \qquad (17)$$

JACOBI nannte φ als Funktion von u betrachtet die *Amplitude* von u und schrieb

$$\varphi = am\, u. \tag{18}$$

Da $z = \sin\varphi$ gesetzt wurde, so folgt

$$z = \sin am\, u \tag{19}$$

und wir sehen, dass diese Funktion von u unsere Funktion su ist. Da $\cos\varphi = \sqrt{1-\sin^2\varphi}$ ist, so ersieht man, dass unsere Funktion cu als $\cos am\, u$ zu bezeichnen ist, da $\varphi = am\, u$ ist. Ebenso haben wir die JACOBI'sche Funktion $\Delta\, am\, u = \sqrt{1-\varkappa^2 \sin am\, u}$ mit Δu bezeichnet.

Die Periodentheile K und K_1 ergaben sich

$$K = \int_0^1 \frac{dz}{\sqrt{(1-z^2)(1-\varkappa^2 z^2)}}, \quad K_1 = \int_0^{\frac{1}{\varkappa}} \frac{dz}{\sqrt{(1-z^2)(1-\varkappa^2 z^2)}}$$

und da für $z = 1 \cdots \varphi = \frac{\pi}{2}$ folgt, so ist

$$K = \int_0^{\frac{\pi}{2}} \frac{d\varphi}{\sqrt{1-\varkappa^2 \sin\varphi}}. \tag{20a}$$

JACOBI nannte K das *ganze elliptische* Integral.

K_1 lässt sich aber genau auf die Form von K bringen. Setzt man nämlich

$$z' = \frac{1}{\varkappa'}\sqrt{1-\varkappa^2 z^2}, \tag{21}$$

wobei $\varkappa'^2 + \varkappa^2 = 1 \ldots \varkappa' = \sqrt{1-\varkappa^2}$ gesetzt wird, so wird

$$dz' = \frac{-\varkappa^2}{\varkappa'} \frac{z\, dz}{\sqrt{1-\varkappa^2 z^2}}.$$

Da ferner

$$\varkappa'\sqrt{1-z'^2} = i\varkappa\sqrt{1-z^2}$$

und

$$\sqrt{1-\varkappa'^2 z'^2} = \varkappa z$$

ist, so folgt durch Multiplikation beider Gleichungen

$$\varkappa'\sqrt{(1-z'^2)(1-\varkappa'^2 z'^2)} = i\varkappa^2 z\sqrt{1-z^2},$$

also ist

$$\frac{dz'}{\sqrt{(1-z'^2)(1-\varkappa'^2 z'^2)}} = i\frac{dz}{\sqrt{(1-z^2)(1-\varkappa^2 z^2)}}. \tag{21a}$$

Nun wird für $z = 1 \cdots z' = 1$, für $z = \frac{1}{\varkappa} \cdots z' = 0$, also ist

$$\begin{aligned}\int_1^{\frac{1}{\varkappa}} \frac{dz}{\sqrt{(1-z^2)(1-\varkappa^2 z^2)}} &= \frac{1}{i}\int_1^0 \frac{dz'}{\sqrt{(1-z'^2)(1-\varkappa'^2 z'^2)}} \\ &= i\int_0^1 \frac{dz'}{\sqrt{(1-z'^2)(1-\varkappa'^2 z'^2)}}.\end{aligned}$$

Hierbei ist vermöge (21) dem Integrationswege von z der von z' zugeordnet. Durchläuft z die reellen Werte von 1 bis $\frac{1}{\varkappa}$, so wird, im Falle $\varkappa^2$ reell ist, auch z' die reellen Werte von 1 bis 0 durchlaufen.

Setzt man

$$\int_0^1 \frac{dz}{\sqrt{(1-z^2)(1-\varkappa'^2 z^2)}} = K',$$

wobei K' von $\varkappa'$ gerade so abhängt, wie K von $\varkappa$, so wird $K_1 = iK'$, und wenn $z = \sin\varphi$ gesetzt wird,

$$K' = \int_0^{\frac{\pi}{2}} \frac{d\varphi}{\sqrt{1-\varkappa'^2 \sin^2\varphi}}. \tag{20b}$$

Wir ersehen also, dass wenn $\varkappa$ reell und kleiner als 1 ist, sowohl K als K' reell sind, da dann auch $\varkappa'$ kleiner als 1 ist. Es sind überdiess beide Grössen positiv.

IV. Integrale II. und III. Gattung.

53. Neben dem Integral I. Gattung, welches für keinen Wert von (x, y) auf der Riemann'schen Fläche unendlich wird, und welches sich stets auf das Normalintegral I. Gattung reduziren lässt, führte Legendre noch zwei andere Normalformen von elliptischen Integralen ein, die er Normalintegrale II. und III. Gattung nannte, und die wir nun betrachten wollen.

Als Normalintegral II. Gattung führte er das Integral

$$J = \int_0^z \frac{z^2\,dz}{\sqrt{(1-z^2)(1-\varkappa^2 z^2)}} \tag{22}$$

ein. Dieses Integral ist dadurch charakterisirt, dass es unendlich wird, wie z für $z = \infty$, d. h. einfach algebraisch, für gewisse Punkte auf der Riemann'schen Fläche der Funktion

$$y = \sqrt{(1-z^2)(1-\varkappa^2 z^2)}.$$

Für $z = 1, -1, \frac{1}{\varkappa}, -\frac{1}{\varkappa}$ erkennen wir, wie auf S. 161, dass J nicht unendlich wird.

Betrachten wir aber jetzt den Punkt $z = \infty$ und setzen wir zu dem Behufe

$$z = \frac{1}{\zeta}$$

und sei ζ_1 ein kleiner Wert, dem also ein sehr grosser Wert $z = z_1$ entspricht. Das Integral

$$J_1 = \int_0^{z_1} \frac{z^2\,dz}{\sqrt{(1-z^2)(1-\varkappa^2 z^2)}}$$

hat einen endlichen Wert und es ist

$$J = J_1 + \int_{z_1}^{z} \frac{z^2\,dz}{\sqrt{(1-z^2)(1-\varkappa^2 z^2)}},$$

oder

$$z = \frac{1}{\zeta} \cdots dz = -\frac{d\zeta}{\zeta^2}$$

gesetzt,

$$J = J_1 - \int_{\zeta_1}^{\zeta} \frac{d\zeta}{\zeta^2\sqrt{(\zeta^2-1)(\zeta^2-\varkappa^2)}}.$$

Nun entwickeln wir die Wurzelgrösse in der Umgebung $\zeta = 0$, indem wir den Zweig derselben wählen, für welchen dieselbe sich auf $\varkappa$ reduzirt für $\zeta = 0$, der andere ist durch den Wert $-\varkappa$ für $\zeta = 0$ bestimmt.

Dann ist

$$\frac{1}{\sqrt{(\zeta^2-1)(\zeta^2-\varkappa^2)}} = \frac{1}{\varkappa} + A_1\zeta + A_2\zeta^2 + A_3\zeta^3 + \cdots .$$

Die Entwicklung muss in der Umgebung von $\zeta = 0$ so lange $|\zeta| < |\varkappa|$ gelten, da $|\varkappa| < 1$ ist, also auch für $-\zeta$, d. h. es ist auch

$$\frac{1}{\sqrt{(\zeta^2-1)(\zeta^2-\varkappa^2)}} = \frac{1}{\varkappa} - A_1\zeta + A_2\zeta^2 - A_3\zeta^3 + \cdots .$$

Beide Gleichungen können nur bestehen, wenn

$$A_1 = 0,\ A_3 = 0 \cdots,\ A_{2\nu+1} = 0$$

ist. Mithin ist

$$\frac{1}{\sqrt{(\zeta^2-1)(\zeta^2-\varkappa^2)}} = \frac{1}{\varkappa} + A_2\zeta^2 + A_4\zeta^4 + \cdots$$

und

$$\int \frac{dz}{\zeta^2\sqrt{(\zeta^2-1)(\zeta^2-\varkappa^2)}} = \frac{1}{\varkappa}\int\frac{d\zeta}{\zeta^2} + A_2\int d\zeta + A_4\int \zeta^2 d\zeta + \cdots$$
$$= \frac{1}{\varkappa\zeta} + A_2\zeta + \frac{1}{3}A_4\zeta^3 + \cdots$$

und daher ist

$$J = J_1 + C - \frac{1}{\varkappa\zeta} - A_2\zeta - \frac{1}{3}A_4\zeta^3 - \cdots ,$$

wo C die Integrationskonstante bedeutet, die dadurch bestimmt ist, dass $J = J_1$ für $\zeta = \zeta_1$ ist.

Aus der obigen Entwicklung nun sieht man, dass J für $\zeta = 0$, d. h. $z = \infty$ unendlich wird wie $\frac{1}{\zeta}$ resp. wie z, d. h. *das Integral J wird für $z = \infty$ in dem einen und anderen Blatte der Riemannschen Fläche der Funktion*

$$y = \sqrt{(1-z^2)(1-\varkappa^2 z^2)}$$

einfach unendlich.

Die Entwicklung im anderen Blatte, für das $-\varkappa$ gilt für $\zeta = 0$, ist:

$$J = J_2 + C_1 + \frac{1}{\varkappa\zeta} + A_2\zeta + \frac{1}{3}A_4\zeta^3 + \cdots .$$

Dieses Integral J verdient den Namen *Normalintegral* insofern, als sich jedes Integral von der Form

$$J_m = \int_0^x \frac{x^m\,dx}{\sqrt{(1-x^2)(1-\varkappa^2x^2)}}$$

auf dasselbe und eine rationale Funktion von x und

$$y = \sqrt{(1-x^2)(1-\varkappa^2x^2)}$$

zurückführen lässt, wozu noch das Normalintegral I. Gattung treten kann.

Vor allem ist klar, dass für ein ungerades $m = 2n+1$ das Integral J_m kein elliptisches ist. Denn setzt man

$$x^2 = z,$$

so wird

$$x\,dx = \tfrac{1}{2}dz$$

$$J_{2n+1} = \int_0^x \frac{x^{2n+1}\,dx}{\sqrt{(1-x^2)(1-\varkappa^2x^2)}} = \frac{1}{2}\int_0^z \frac{z^n\,dz}{\sqrt{(1-z)(1-\varkappa^2z)}}$$

in welchem der Ausdruck unter der Wurzel blos zum zweiten Grade steigt und durch die Substitution

$$z = \frac{1-t^2}{\varkappa^2-t^2}$$

in das Integral

$$J_{2n+1} = -\int_1^t \frac{2(1-t^2)^n}{(\varkappa^2-t^2)^{n+1}}\,dt$$

verwandelt wird, das als Integrand eine rationale Funktion enthält.

Wir haben also blos Integrale von der Form

$$J_n = \int_0^z \frac{z^{2n}dz}{\sqrt{(1-z^2)(1-\varkappa^2z^2)}}$$

zu betrachten.

Setzt man

$$y = \sqrt{(1-z^2)(1-\varkappa^2z^2)},$$

so ist

$$\frac{d}{dz}(z^{2n-3}y) = (2n-1)\varkappa^2\frac{z^{2n}}{y} - (1+\varkappa^2)(2n-2)\frac{z^{2n-2}}{y} + (2n-3)\frac{z^{2n-4}}{y}.$$

Multiplizirt man diese Gleichung mit dz und integrirt in Bezug auf z von 0 bis z, so ergiebt sich

$$z^{2n-3}y = (2n-1)\varkappa^2 J_n - 2(n-1)(1+\varkappa^2)J_{n-1} + (2n-3)J_{n-2}$$

und hieraus

$$J_n = \frac{1}{(2n-1)\varkappa^2} z^{2n-3}y + \frac{2(n-1)(1+\varkappa^2)}{2n-1)\varkappa^2} J_{n-1} - \frac{(2n-3)}{(2n-1)\varkappa^2} J_{n-2}. \quad (22)$$

Diese Gleichung zeigt, dass man J_n aus J_{n-1} und J_{n-2} berechnen kann. Da nun J_1 das Normalintegral II. Gattung und J_0 das Normalintegral I. Gattung ist, so kann man J_2 aus diesen beiden, J_3 aus J_2 und J_1 u. s. w. berechnen und man erhält J_n ausgedrückt durch eine rationale Funktion von z und y und durch J und u:

$$J = \int_0^z \frac{z^2 dz}{\sqrt{(1-z^2)(1-\varkappa^2 z^2)}}, \quad u = \int_0^z \frac{dz}{\sqrt{(1-z^2)(1-\varkappa^2 z^2)}}.$$

54. Elliptische Integrale III. Gattung nennt man solche Integrale aus einer *rationalen* Funktion von y und z, welche logarithmisch unendlich werden, d. h. welche für $z = a$ so unendlich werden, wie $\log(z-a)$. Ein solches Integral ist

$$\Pi = \int_0^z \frac{dz}{(z-a)y}$$

$$y = \sqrt{(1-z^2)(1-\varkappa^2 z^2)},$$

wenn a von den Werten $1, -1, \frac{1}{\varkappa}, -\frac{1}{\varkappa}$ verschieden ist. Denn entwickeln wir $\frac{1}{y}$ in der Umgebung von $z = a$, so ist dieses, sobald das Blatt der Riemann'schen Fläche festgesetzt ist, nur in einer Weise möglich. Ist $y = b$ für $z = a$ im ersten Blatte, also $y = -b$ für $z = a$ im zweiten Blatte, so ist:

$$\frac{1}{y} = \frac{1}{b} + A_1(z-a) + A_2(z-a)^2 + \dots$$

$$\frac{dz}{(z-a)y} = \frac{1}{b}\frac{1}{z-a} + A_1 + A_2(z-a) + \dots$$

$$\Pi = C + \frac{1}{b}\log(z-a) + A_1(z-a) + \frac{1}{2}A_2(z-a)^2 + \dots,$$

wo C eine Konstante bedeutet, die dadurch bestimmt ist, dass $\Pi = \Pi_1$ für $z = z_1$ ist, wenn z_1 ein Punkt der Umgebung von a ist und

$$\Pi_1 = \int_0^{z_1} \frac{dz}{(z-a)y}.$$

Aus der Entwicklung sehen wir aber, dass Π so unendlich wird wie $\frac{1}{b}\log(z-a)$ für $z=a$, $y=b$. Für den Punkt der Riemann'schen Fläche $z=a$, $y=-b$ wird Π unendlich, wie $\frac{1}{b}\log(z-a)$.

Ein Integral III. Gattung, welches in *weniger* als *zwei* Punkten der Riemann'schen Fläche der Funktion

$$y=\sqrt{(1-z^2)(1-\varkappa^2 z^2)}$$

logarithmisch unendlich wird, *existirt nicht.*

Denn setzen wir voraus, dass das Integral Π nur für

$$\begin{aligned} z &= a_1, a_2 \dots a_n \\ y &= b_1, b_2 \dots b_n \end{aligned}$$

auf der Riemann'schen Fläche unendlich wird für $(z=a_k,\ y=b_k)$, wie

$$\frac{A_k^{(n)}}{(z-a_k)^n}+\frac{A_k^{(n-1)}}{(z-a_k)^{n-1}}+\cdots+\frac{A_k^{(2)}}{(z-a_k)^2}+\frac{A_k^{(1)}}{(z-a_k)} \\ +M_k\log(z-a_k),$$

so wird die rationale Funktion von z und $y\frac{d\Pi}{dz}$ für $z=a_k$, $y=b_k$ unendlich wie

$$-n\frac{A_k^{(n)}}{(z-a_k)^{n-1}}-(n-1)\frac{A_k^{(n-1)}}{(z-a_k)^{n-2}}-\cdots-2\frac{A_k^{(2)}}{(z-a_k)^3} \\ -\frac{A_k^{(1)}}{(z-a_k)^2}+\frac{M_k}{z-a_k}$$

und kann sonst nur noch für $z=\pm1,\ \pm\frac{1}{\varkappa}$ unendlich werden.

Dann gilt die Relation

$$M_1+M_2+M_3+\cdots+M_n=0.$$

Denn umgeben wir die Punkte (a_k, b_k), welche in einem bestimmten Blatte der Riemann'schen Fläche liegen, mit kleinen Kreisen, welche nur je einen Punkt umgeben, und thun wir dasselbe mit den Punkten 1, -1, $\frac{1}{\varkappa}$, $-\frac{1}{\varkappa}$, so wird $\frac{d\Pi}{dz}$ in dem ausgeschlossenen Gebiete der Riemann'schen Fläche sonst nicht unendlich, da Π stets endlich bleibt. Nehmen wir also das $\int d\Pi$ längs allen diesen Kreisen, so muss

$$\int d\Pi = 0$$

sein. Nun ist für den Punkt (a_k, b_k)

$$\frac{d\Pi}{dz} = -\frac{nA_k^{(n)}}{(z-a_k)^{n+1}} + \cdots - \frac{A_k^{(1)}}{(z-a_k)^2} + \frac{M_k}{z-a_k} + B_k^{(0)} + B_k^{(1)}(z-a_k) + \cdots,$$

also

$$\int_{\widehat{a_k}} d\Pi = 2\pi i M_k.$$

Für die Punkte 1, -1, $\frac{1}{\varkappa}$, $-\frac{1}{\varkappa}$ soll Π endlich sein, also kann $\frac{d\Pi}{dz}$ nur so unendlich werden, dass, wenn α einer derselben ist,

$$\frac{d\Pi}{dz} = \frac{A}{(z-\alpha)^{\frac{1}{2}}} + B(z-\alpha)^{\frac{1}{2}} + \cdots$$

ist, da sich y für diese Punkte nur nach gebrochenen Potenzen von $(x-\alpha)$ entwickeln lässt, wie wir schon früher (S. 162) sahen. Würden in $\frac{d\Pi}{dz}$ Potenzen von der Form $\frac{A_m}{(z-\alpha)^{\frac{m}{2}}}$ auftreten, wobei $m > 1$ wäre, so würde

$$\frac{d\Pi}{dz} = \frac{A_m}{(z-\alpha)^{\frac{m}{2}}} + \frac{A_{m-1}}{(z-\alpha)^{\frac{m-1}{2}}} + \cdots + \frac{A}{(z-\alpha)^{\frac{1}{2}}} + \cdots$$

und

$$\Pi = -\frac{2}{m+1}\frac{A_m}{(z-\alpha)^{\frac{m+1}{2}}} - \frac{2}{m}\frac{A_{m-1}}{(z-\alpha)^{\frac{m}{2}}} - \cdots + 2A(z-\alpha)^{\frac{1}{2}} + \cdots$$

für $z = a$ unendlich; da dieses nicht stattfinden soll, so muss $A_m = 0$, $A_{m-1} = 0 \ldots, A_2 = 0$ und die gegebene Form die stattfindende sein.

Dann ist aber

$$\int_{\widehat{\alpha}} d\Pi = 0,$$

da kein Glied in der Entwicklung $\frac{d\Pi}{dz}$ auftritt, welches von der ersten Ordnung unendlich würde.

Würde aber selbst Π für $z = \alpha$ unendlich, so sieht man aus der Entwicklung, dass man nur den Koeffizienten des Gliedes $(z-\alpha)^{-1}$ zu beachten braucht und wenn dieser von Null verschieden ist, ihn mit unter die M_k aufzunehmen, um die Richtigkeit der weiteren Schlüsse nicht zu alteriren.

Daher ist

$$\int d\Pi = 2\pi i(M_1 + M_2 + \cdots + M_n) = 0,$$

d. h.

$$M_1 + M_2 + \cdots + M_n = 0.$$

Würde also ein Integral Π blos in (a_1, b_1) wie $M_1 \log(z - a_1)$ unendlich, so müsste $M_1 = 0$ sein, d. h. das Glied $M_1 \log(z - a_1)$ würde in der Entwicklung von Π fehlen, also würde Π nicht ein Integral III. Gattung sein. Hieraus folgt beiläufig: das Integral einer rationalen Funktion von z und y, welche in Punkten der Riemann'schen Fläche nur so unendlich wird, dass der Koeffizient der -1ten Potenz überall null ist, lässt sich immer durch eine rationale Funktion von x, y, Integrale II. und I. Gattung ausdrücken. Wir werden bald die Richtigkeit dieses Satzes noch auf andere Art einsehen.

Das anfänglich angeschriebene Integral

$$\Pi = \int_0^z \frac{dz}{(z-a)\sqrt{(1-z^2)(1-\varkappa^2 z^2)}}$$

wird für $z = a$, $y = b$ unendlich wie $\frac{1}{b}\log(z-a)$

„ „ $z = a$, $y = -b$ „ „ $-\frac{1}{b}\log(z-a)$

und es ist in der That

$$M_1 + M_2 = \frac{1}{b} - \frac{1}{b} = 0.$$

Als Normalintegral III. Gattung wurde von Legendre eingeführt das Integral

$$\Pi_a = \int_0^z \frac{dz}{\left(z^2 - a^2\right)\sqrt{\left(1-z^2\right)\left(1-\varkappa^2 z^2\right)}}, \tag{23}$$

welches für

$$\begin{aligned} z &= +a, y = +b \\ z &= -a, y = +b \\ z &= +a, y = -b \\ z &= -a, y = -b \end{aligned}$$

unendlich wird wie $\pm\frac{1}{b}\log(z-a)$ resp. $\pm\frac{1}{b}\log(z+a)$, also in vier Punkten der Riemann'schen Fläche.

Man nennt a den *Parameter* des Integrals.

55. Ist

$$y^2 = Ax^4 + Bx^3 + Cx^2 + Dx + E$$

und B von Null verschieden, wenn A verschwindet, so dass y^2 eine rationale Funktion des 4. oder 3. Grades von x ist, so nennt man

$$U = \int f(x, y)\, dx, \tag{24}$$

wo f eine rationale Funktion von x und y ist, ein *allgemeines elliptisches Integral.*

Wir beweisen folgenden Satz:

Jedes elliptische Integral von der Form (24) lässt sich zurückführen auf eine rationale Funktion von x und y, einen Logarithmus einer solchen Funktion, ein Normalintegral I. und II. Gattung und auf Integrale III. Gattung mit bestimmten Parametern.

Wir transformiren vor allem $R(x)$ durch die Substitution

$$x = \frac{\alpha + \beta z}{\gamma + \delta z}$$

in die Form

$$R(x) = \frac{R_1(z)}{(\gamma + \delta z)^4} = A\frac{(1 - z^2)(1 - \varkappa^2 z^2)}{(\gamma + \delta z)^4},$$

wodurch

$$U = \int f_1\big(z, \sqrt{P(z)}\big)\, dz,$$

wird, wenn wir

$$\eta^2 = P(z) = (1 - z^2)(1 - \varkappa^2 z^2)$$

setzen.

Nun ist, wenn $r_i(z)$ eine rationale ganze Funktion von z bedeutet,

$$f_1\big(z, \sqrt{P(z)}\big) = \frac{r_1(z) + r_2(z)\sqrt{P(z)}}{r_3(z) + r_4(z)\sqrt{P(z)}},$$

da durch

$$\left[\sqrt{P(z)}\right]^{2n+1} = P(z)^n \cdot \sqrt{P(z)}$$

alle höheren als 1sten Potenzen der $\sqrt{P(z)}$ verschwinden, indem sie als rationale Funktionen von z in die Funktion f_1 eintreten. Multiplizirt man Zähler und Nenner mit

$$r_3(z) - r_4(z)\sqrt{P(z)},$$

so wird

$$f_1\big(z, \sqrt{P(z)}\big) = \frac{\big[r_1(z) + r_2(z)\sqrt{P(z)}\big]\big[r_3(z) - r_4(z)\sqrt{P(z)}\big]}{r_3^2(z) - r_4^2(z)P(z)}$$
$$= \frac{R_1(z) + R_2(z)\sqrt{P(z)}}{R_3(z)}.$$

Also ist

$$U = \int \frac{R_1(z)}{R_3(z)}\, dz + \int \frac{R_2(z)P(z)}{R_3(z)\sqrt{P(z)}}\, dz.$$

Das erste Integral ist von einer rationalen Funktion von z zu nehmen, also durch logarithmische und rationale Ausdrücke von z darstellbar. Wir wollen es mit $V(z)$ bezeichnen, so dass

$$U = V(z) + \int \frac{R_2(z)P(z)}{R_3(z)\sqrt{P(z)}} dz.$$

ist. Da aus

$$x = \frac{\alpha + \beta z}{\gamma + \delta z}, \quad z = \frac{\alpha - \gamma x}{-\beta + \delta x}$$

folgt, so ist

$$V(z) = \int \frac{R_1(z)}{R_2(z)}\, dz = \int R(x)\, dx = V_1(x)$$

auch das Integral einer rationalen Funktion von x allein. Das Integral

$$W = \int \frac{R_2(z)P(z)}{R_3(z)} \frac{dz}{\eta}$$

behandeln wir weiter. Es ist

$$\frac{R_2(z)P(z)}{R_3(z)} = \frac{R_2(z)P(z)R_3(-z)}{R_3(z)R_3(-z)}$$

und da $R_3(z)R_3(-z)$ eine *gerade* Funktion von z ist, so enthält sie blos z^2, also kann man

$$R_3(z)R_3(-z) = \Psi(z^2)$$

setzen und

$$R_2(z)P(z)R_3(-z) = \Phi_1(z^2) + z\Phi_2(z^2),$$

so dass

$$W = \int \frac{\Phi_1(z^2) + z\Phi_2(z^2)}{\Psi(z^2)} \frac{dz}{\eta} = \int \frac{z\Phi_2(z^2)}{\Psi(z^2)} \frac{dz}{\eta} + \int \frac{\Phi_1(z^2)}{\Psi(z^2)} \frac{dz}{\eta}$$

wird.

Im ersten Integrale führen wir $\zeta = z^2$ ein, wodurch es in

$$\int \frac{\Phi_2(z^2)dz}{\Psi(z^2)\sqrt{(1-z^2)(1-\varkappa^2 z^2)}} = \frac{1}{2}\int \frac{\Phi_2(\zeta)d\zeta}{\Psi(\zeta)\sqrt{(1-\zeta)(1-\varkappa^2\zeta)}}$$

übergeht, welches Integral sich durch die auf S. 190 angegebene Substitution $z = \frac{1-t^2}{\varkappa^2-t^2}$ als Integral aus einer rationalen Funktion von t darstellen lässt, und mit

$$V'(\zeta, \sqrt{(1-\zeta)(1-\varkappa^2\zeta)} = \int \frac{\Phi_2(\zeta)d\zeta}{\Psi(\zeta)\sqrt{(1-\zeta)(1-\varkappa^2\zeta)}}$$

bezeichnet sei. Durch die Substitution $\zeta = z^2$ wird

$$V'(\zeta, \sqrt{(1-\zeta)(1-\varkappa^2\zeta)} = V'(z^2, \eta),$$

so dass

$$U = V(z) + V'(z^2, \eta) + \int \frac{\Phi_1(z^2)}{\Psi(z^2)}\frac{dz}{\eta}$$

sich ergiebt. Das letzte Integral führt nun auf *elliptische* Integrale.

Wir wissen, dass die rationale Funktion

$$\frac{\Phi_1(\zeta)}{\Psi(\zeta)} = a_0 + a_1\zeta + \cdots a_\nu\zeta^\nu + \frac{p(\zeta)}{q(\zeta)}$$

gesetzt werden kann, wo $p(\zeta)$ und $q(\zeta)$ rationale Funktionen von ζ sind und erstere wenigstens um eine Einheit niedriger in ζ als letztere ist.

Nun lässt sich

$$J_2 = \int \frac{z^{2\lambda}dz}{\eta}$$

durch eine rationale Funktion von z und η und durch J und u ausdrücken, d. h. es ist

$$J_\lambda = r_\lambda(z, \eta) + A_\lambda J + B_\lambda u,$$

daher ist

$$\begin{aligned}\int \frac{\Phi_1(z^2)}{\Psi(z^2)}\frac{dz}{\eta} &= a_0\int\frac{dz}{\eta} + a_1\int\frac{z^2dz}{\eta} + \cdots + a_\nu\int\frac{z^{2\nu}dz}{\eta} + \int\frac{p(z^2)}{q(z^2)}\frac{dz}{\eta} \\ &= \varrho(z,\eta) + AJ + Bu + \int\frac{p(z^2)}{q(z^2)}\frac{dz}{\eta},\end{aligned}$$

wenn ϱ eine rationale Funktion von z und y bedeutet und A und B gewisse aus A_λ, B_λ und $a_0 \dots a_\nu$ und $\varkappa^2$ zusammengesetzte Konstanten sind.

Was das letzte Integral anbelangt, so führt dieses auf elliptische Integrale III. Gattung.

Denn es ist

$$\frac{p(\zeta)}{q(\zeta)} = \frac{A_1}{\zeta - a_1^2} + \frac{A_2}{\zeta - a_2^2} + \frac{A_3}{\zeta - a_3^2} + \dots \frac{A_n}{\zeta - a_n^2},$$

wenn

$$q(\zeta) = A(\zeta - a_1^2)(\zeta - a_2^2) \cdots (\zeta - a_n^2)$$

ist. Da $p(\zeta)$ höchstens vom $(n-1)^{\text{ten}}$ Grade ist, so muss

$$A_1 + A_2 + A_3 + \cdots + A_n = 0$$

sein. Wenn

$$\Pi_{a_\nu}(z) = \int \frac{dz}{(z^2 - a_\nu^2)\sqrt{(1-z^2)(1-\varkappa^2 z^2)}}$$

gesetzt wird, so wird

$$\int \frac{p(z^2)}{q(z^2)} \frac{dz}{\eta} = A_1 \Pi_{a_1}(z) + A_2 \Pi_{a_2}(z) + \cdots + A_n \Pi_{a_n}(z),$$

so dass wir schliesslich erhalten

$$U = V(z) + V'(z^2, \eta) + \varrho(z, \eta) + AJ + Bu + \sum_{\nu=1}^{n} A_\nu \Pi_{a_\nu}(z), \tag{25}$$

was das ausgesprochene Theorem beweist. Wenn man bedenkt, dass aus

$$x = \frac{\alpha + \beta z}{\gamma + \delta z}, \quad z = \frac{\alpha - \gamma x}{-\beta + \delta x},$$

und aus

$$y = \frac{A\eta}{(\gamma + \delta z)^4}, \quad \eta = \frac{y}{A}(\gamma + \delta z)^4 = \frac{y}{(-\beta + \delta x)^4} \frac{(\alpha\delta - \beta\gamma)^4}{A}$$

folgt, dass somit z und η sich rational durch x und y ausdrücken, also in den obigen Funktionen jene durch diese ersetzt werden können, so ersieht man, dass obige Funktionen in (25) ihre Art beibehalten als Funktionen von x und y.

Wir sehen mithin, dass wir das allgemeine elliptische Integral

$$U = \int_{x_0}^{x} f\big(x, \sqrt{R(x)}\big)\, dx$$

zu berechnen im Stande sind, sobald wir die drei Normalintegrale berechnen können.*)

Diess letztere wollen wir nun darlegen.

---

*) Hierbei ist von der Ausführbarkeit der algebraischen Operationen, als z. B. das Auflösen der Gleichung n^{ten} Grades $q(\zeta) = 0$, um $a_1^2 \cdots a_n^2$ zu finden, abgesehen. Sollte die Gleichung $q(\zeta) = 0$ eine ν-fache Wurzel $\zeta = \alpha^2$ haben, so würde

$$\frac{p(\zeta)}{q(\zeta)} = \frac{A^{(\nu)}}{(\zeta - \alpha^2)^\nu} + \frac{A^{(\nu-1)}}{(\zeta - \alpha^2)^{\nu-1}} + \cdots + \frac{A^{(1)}}{\zeta - \alpha^2} + \frac{A_1}{\zeta - a_1^2} + \cdots$$

als Partialbruchzerlegung sich ergeben. Man sieht nun leicht, dass durch bekannte Rekursionsformeln jedes der

$$\int \frac{A^{(\lambda)}}{(z^2 - \alpha^2)^\lambda} \frac{dz}{\eta}$$

auf die Normalintegrale reduzirt werden kann.

V. Berechnung der Integrale I., II. und III. Gattung.

56. Wir schreiten zuerst zur Berechnung des Integrales I. Gattung

$$u = \int_0^z \frac{dz}{\sqrt{(1-z^2)(1-\varkappa^2 z^2)}} \tag{26}$$

unter der Voraussetzung, dass $|x| < 1$ ist, was, wie wir sahen, durch eine passende Transformation stets bewirkt werden kann.

Unter dieser Voraussetzung ist

$$\left.\begin{aligned} K &= \int_0^1 \frac{dz}{\sqrt{(1-z^2)(1-\varkappa^2 z^2)}} = \int_0^{\frac{\pi}{2}} \frac{d\varphi}{\sqrt{1-\varkappa^2 \sin^2\varphi}} \\ \text{und} \qquad K' &= \int_0^1 \frac{dz}{\sqrt{(1-z^2)(1-\varkappa'^2 z^2)}} = \int_0^{\frac{\pi}{2}} \frac{d\varphi}{\sqrt{1-\varkappa'^2 \sin^2\varphi}} \end{aligned}\right\} \tag{27}$$

reell und positiv, wenn $\varkappa$ reell ist. Für imaginäre $\varkappa$ ist aber in

$$\frac{K_1}{K} = \frac{iK'}{K}$$

der Koeffizient von i stets positiv. (Vergleiche die Note S. 173.)

Setzt man nun

$$2K = \omega, \quad 2K_1 = 2iK' = \omega'$$

und konstruirt die ϑ-Funktionen mit Hilfe von ω, ω', was möglich ist, da der Koeffizient von i in $\frac{\omega'}{\omega} = i\frac{K'}{K}$ positiv ist, so kann man für jeden gegebenen Wert von u

$$z = \frac{\vartheta_2}{\vartheta_3} \frac{\vartheta_1(u)}{\vartheta_0(u)} \tag{28}$$

berechnen und das Integral (26) giebt uns umgekehrt für jeden Wert von z bis auf Vielfache von $4K$ und $2K_1$ das zugehörige u. Um einen der Werte von u in eine konvergente Reihe zu entwickeln, verfahren wir folgendermassen.

Für Werte von z, die der Bedingung $|\varkappa z| < 1$ genügen, wird die Reihe

$$(1-\varkappa^2 z^2)^{-\frac{1}{2}} = 1 + \frac{1}{2}(\varkappa z)^2 + \frac{1\cdot 3}{2\cdot 4}(\varkappa z)^4 + \cdots + \frac{1\cdot 3 \cdots 2n-1}{2\cdot 4 \cdots 2n}(\varkappa z)^{2n} + \cdots$$

konvergiren, und es wird

$$\int_0^z \frac{dz}{\sqrt{(1-z^2)(1-\varkappa^2 z^2)}} = \int_0^z \frac{dz}{\sqrt{1-z^2}} \left[1 + \frac{1}{2}\varkappa^2 z^2 + \frac{1\cdot 3}{2\cdot 4}\varkappa^4 z^4 + \cdots\right] \tag{a}$$

sein.

Nun ist

$$\frac{2\cdot 4\cdots 2n}{1\cdot 3\cdots 2n-1}\frac{z^{2n}dz}{\sqrt{1-z^2}} = \frac{dz}{\sqrt{1-z^2}} - d\left[G_n(z)\sqrt{1-z^2}\right],$$

wobei

$$\left.\begin{aligned} G_1(z) &= z \\ G_2(z) &= z + \tfrac{2}{3}z^3 \\ &\vdots \\ G_n(z) &= z + \tfrac{2}{3}z^3 + \tfrac{2\cdot 4}{3\cdot 5}z^5 + \cdots \tfrac{2\cdot 4\cdots 2n-2}{1\cdot 3\cdots 2n-1}z^{2n-1} \end{aligned}\right\} \tag{29}$$

sich ergiebt.

Setzt man

$$C_n = \frac{1\cdot 3\cdots 2n-1}{2\cdot 4\cdots 2n},$$

so wird

$$\begin{aligned} \int_0^z \frac{z^{2n}dz}{\sqrt{1-z^2}} &= C_n\int_0^z \frac{dz}{\sqrt{1-z^2}} - C_nG_n(x)\cdot\sqrt{1-z^2} \\ &= C_n \arcsin z - C_n\sqrt{1-z^2}\,G_n(x); \end{aligned}$$

eine Konstante ist rechter Hand zuzufügen nicht nöthig.

Führt man diesen Wert des Integrales in die rechte Seite von (a) ein, und setzt

$$\begin{aligned} \mathfrak{K} &= 1 + c_1^2\varkappa^2 + c_2^2\varkappa^4 + \cdots \\ &= 1 + \left(\frac{1}{2}\right)^2\varkappa^2 + \left(\frac{1\cdot 3}{2\cdot 4}\right)^2\varkappa^4 + \left(\frac{1\cdot 3\cdot 5}{2\cdot 4\cdot 6}\right)^2\varkappa^6 + \cdots, \end{aligned}$$

so wird

$$u = \mathfrak{R}\arcsin z - \sqrt{1-z^2}\sum_{n=1}^{\infty} C_n^2\varkappa^{2n}G_n(z),$$

wo die Summe der rechten Seite wegen der Grösse $\varkappa^2$, deren Modul kleiner als 1 ist, für kleine Werte von $|z|$ gut konvergirt. Sie konvergirt jedenfalls, so lange $|\varkappa z| < 1$ ist, also für $z = 1$, und da $u = K$ wird, so folgt

$$K = \mathfrak{K}\frac{\pi}{2}$$

und daher

$$u = \frac{2K}{\pi} \arcsin z - \sqrt{1 - z^2} \sum_{n=1}^{\infty} C_n^2 \varkappa^{2n} G_n(z) \tag{30}$$

$$\frac{2K}{\pi} = 1 + \left(\frac{1}{2}\right)^2 \varkappa^2 + \cdots \left(\frac{1 \cdot 3 \cdot 5 \cdots 2n-1}{2 \cdot 4 \cdot 6 \cdots 2n}\right)^2 \varkappa^{2n}.$$

Aus dieser Gleichung ersieht man nun auch die Vieldeutigkeit von u. Dieselbe hängt nämlich von der von $\arcsin z$ und $\sqrt{1 - z^2}$ ab. Behält die letztere ihr Vorzeichen, so ist $\arcsin z$ unbestimmt um 2π, indem

$$\varkappa = \arcsin z + 2n\pi$$

stets $z = \sin \varkappa$ liefert und also ist u unbestimmt um $4K$.

Da auch

$$\int_0^z \frac{dz}{\sqrt{1 - z^2}} = \frac{1}{i} \log\left(z - i\sqrt{1 - z^2}\right) + \frac{\pi}{2}$$

ist, so kann man

$$u - K = \frac{2K}{\pi i} \log\left(z - i\sqrt{1 - z^2}\right) - \sqrt{1 - z^2} \sum_{n=1}^{\infty} C_n^2 \varkappa^{2n} G_n(z) \tag{(30a)}$$

setzen, woraus die Vieldeutigkeit wieder ersichtlich, da der Logarithmus um $2\pi i$ unbestimmt ist. Aus dieser Form ersieht man aber auch einfach das Verhalten von u, wenn an Stelle von $+\sqrt{1 - z^2}$ gesetzt wird $-\sqrt{1 - z^2}$. Denn da

$$\begin{aligned} &\log\left(z - i\sqrt{1 - z^2}\right) + \log\left(z + i\sqrt{1 - z^2}\right) \\ &= \log\left(z - i\sqrt{1 - z^2}\right)\left(z + i\sqrt{1 - z^2}\right) = 0 \end{aligned}$$

ist, so folgt, dass für diese Zeichenänderung

$$\begin{aligned} u' - K &= \frac{2k}{\pi i} \log(z + i\sqrt{1 - z^2}) + \sqrt{1 - z^2} \sum_1^{\infty} C_n^2 \varkappa^{2n} G_n(z) \\ &= -\left[\frac{2K}{\pi i} \log(z - i\sqrt{1 - z^2}) - \sqrt{1 - z^2} \sum_1^{\infty} C_n^2 \varkappa^{2n} G_n(z)\right] \end{aligned}$$

wird, oder

$$u' - K = -(u - K),$$

d. h. bleibt z dasselbe und wird für

$$y = \sqrt{1-z^2} \cdot \sqrt{1-\varkappa z^2}$$

eingeführt,

$$-\sqrt{1-z^2} \cdot \sqrt{1-\varkappa^2 z^2},$$

so geht u über in $u' = 2K - u$. Dies stimmt mit den S. 172 gefundenen Resultaten vollkommen überein.

Aenderungen um die andere Periode $2K_1$ können hier nicht auftreten, da wir $|\varkappa z| < 1$ als Konvergenzbedingung aufstellten, also z den Punkt $\frac{1}{\varkappa}$ nicht umkreisen kann, mithin ein Unbestimmtheit derart nicht eintreten kann, dass z einen der Linie A, Fig. 49, äquivalenten Weg beschreibt, weil z immer innerhalb des mit der Länge $|\frac{1}{\varkappa}|$ beschriebenen Kreises bleiben muss.

Es lassen sich übrigens Reihenentwickelungen aufstellen, die dieser Beschränkung für z nicht unterliegen, und die für jedes z konvergiren, wie Herr Weierstrass in seinen Vorlesungen über elliptische Funktionen gezeigt hat. Diese lassen auch die Unbestimmtheit von u bezüglich der anderen Periode $2K_1$ ersehen.

57. Wollten wir nun zur Berechnung der Integrale II. und III. Gattung übergehen, so würden wir sehen, dass wir hierzu die ϑ-Funktionen für einen beliebigen Wert von u zu berechnen im Stande sein müssen. Nun schreiten die ϑ-Funktionen nach Potenzen von

$$q = e^{\pi i \frac{\omega'}{\omega}} = e^{-\pi \frac{K'}{K}}$$

fort.

Man könnte nun diese Grösse berechnen, indem man K und K_1 berechnet. Aber wie die Formel (30) zeigt, konvergirt die Reihe für K schlecht, wenn $\varkappa$ grösser als $\frac{1}{2}$ ist. Man könnte eine ähnliche Reihe für K' aufstellen, die von $\varkappa'$ genau so abhängt wie in (30) K von $\varkappa$. Ueberdiess ist, da K' und K von $\varkappa$ abhängen, q blos eine Funktion von $\varkappa$ und es ist ein Umweg, zuerst K und K' zu berechnen um dann q berechnen zu können. Es ist wünschenswert q direkt aus $\varkappa$ durch eine hinreichend konvergente Reihenentwicklung zu berechnen. Diess wollen wir thun.

Wir setzen $\varkappa^2 = \lambda$ und stützen uns auf die S. 94 aufgestellte Formel

$$\sqrt{\varkappa} = \sqrt[4]{\lambda} = \frac{\vartheta_2}{\vartheta_3} = \frac{2q^{\frac{1}{4}} \sum_0^\infty q^{n(n-1)}}{1 + 2\sum_1^\infty q^{n^2}}$$

$$\lambda^{\frac{1}{4}} = \frac{2q^{\frac{1}{4}}(1 + 2q^2 + 2q^6 + \cdots)}{1 + 2q + 2q^4 + 2q^9 + \cdots}, \qquad \text{(a)}$$

indem wir voraussetzen, dass in den ϑ-Funktionen

$$q = e^{\frac{\omega'}{\omega} i\pi} = e^{-\pi \frac{K'}{K}}$$

eingeführt wurde. Unsere Aufgabe wird sein, aus der Gleichung für $\sqrt{\varkappa}$ den Wert q zu berechnen.

Erhebt man beiderseits zur 4. Potenz, so wird

$$\lambda = \frac{16q(1+q^2+q^6+\cdots)^4}{(1+2q+2q^4\cdots)^4}.$$

Für sehr kleine Werte von $|q|$ wird, da der Nenner nahezu 1 ist, $|\lambda|$ sehr kleine Werte annehmen, also kann man

$$\lambda = 16q(1+aq+aq^2+\cdots)$$

setzen. Aus dieser Beziehung folgt aber, dass in erster Annäherung für sehr kleine $|q|$

$$q = \frac{1}{16}\lambda$$

wird, also dass für kleine $|\lambda|$ eine Reihenentwicklung

$$q = \frac{1}{16}\lambda(1+\alpha\lambda+\beta\lambda^2+\cdots)$$

existirt, die für kleine $|\lambda|$ konvergirt. Wir setzen

$$q = \frac{1}{16}\lambda[1+\mathfrak{P}(\lambda)], \tag{b}$$

wobei $\mathfrak{P}(\lambda)$ die Potenzreihe $\alpha\lambda+\beta\lambda^2+\cdots$ bedeutet, also $\mathfrak{P}(0)=0$ ist. Wir wollen nun zeigen, dass $\mathfrak{P}(\lambda)$ auch noch für $\lambda=1$ konvergirt und lauter positive Glieder besitzt, sobald $\varkappa$ reell ist, welchen Fall wir für das Folgende der Einfachheit wegen vorauszusetzen.

Führen wir neben $\lambda^{\frac{1}{4}} = \sqrt{x}$ auch

$$(1-\lambda)^{\frac{1}{4}} = \lambda'^{\frac{1}{4}} = \sqrt{\varkappa'} = \frac{\vartheta_0}{\vartheta_3} = \frac{1+2\sum_1^\infty(-1)^n q^{n^2}}{1+2\sum_1^\infty q^{n^2}}$$

ein und setzen

$$\lambda_1^{\frac{1}{4}} = \frac{1-\lambda'^{\frac{1}{4}}}{1+\lambda'^{\frac{1}{4}}}. \tag{c}$$

Da wir wissen, dass für reelle Werte von $\varkappa$ auch $\varkappa'$ reell und positiv ist, so ist $\lambda'^{\frac{1}{4}}$ reell und $\lambda_1^{\frac{1}{4}}$ auch reell und kleiner als 1.

Nun ist

$$\frac{1-\lambda'^{\frac{1}{4}}}{1+\lambda'^{\frac{1}{4}}} = \frac{\vartheta_3 - \vartheta_0}{\vartheta_3 + \vartheta_0}$$

und da

$$\begin{aligned} \vartheta_3 &= 1 + 2q + 2q^4 + 2q^9 + 2q^{16} + \cdots + 2q^{n^2} \\ \vartheta_0 &= 1 - 2q + 2q^4 - 2q^9 + 2q^{16} - \cdots + (-1)^n 2q^{n^2} \end{aligned}$$

so ist

$$\begin{aligned} \vartheta_3 - \vartheta_0 &= 4q\left[1 + q^8 + q^{24} + \cdots + q^{4n(n-1)} + \cdots\right] \\ \vartheta_3 + \vartheta_0 &= 2\left[1 + 2q^4 + 2q^{16} + \cdots + 2q^{4n^2} + \cdots\right], \end{aligned}$$

mithin

$$\lambda_1^{\frac{1}{4}} = \frac{1-(1-\lambda)^{\frac{1}{4}}}{1+(1-\lambda)^{\frac{1}{4}}} = \frac{2q(1 + q^{4\cdot 2} + q^{4\cdot 6} + q^{4n(n-1)} + \cdots)}{1 + 2q^4 + 2q^{4\cdot 4} + \cdots + 2q^{4n^2} + \cdots}. \qquad (\mathrm{a}_1)$$

Aus dieser Gleichung ersehen wir, dass der Uebergang von λ zu λ_1 äquivalent ist dem Uebergange von q zu q^4, wie man aus dem blossen Anblick der Formeln (a) und (a_1) ersieht.

Nun ist für sehr kleine λ der Werte $(1-\lambda)^{\frac{1}{4}}$ nahezu gleich 1 und daher $1-(1-\lambda)^{\frac{1}{4}}$ oder $\lambda_1^{\frac{1}{4}}$ selbst sehr klein und es wird sich q daher als eine Potenzreihe von λ_1 entwickeln lassen, die mit λ_1 selbst verschwindet. Nach der obigen Bemerkung aber, dass bei dem Uebergange von λ zu $\lambda_1 \ldots q$ übergeht in q^4, ersieht man aus (b), dass

$$q^4 = \frac{\lambda_1}{16}\left[1 + \mathfrak{P}(\lambda_1)\right], \quad \mathfrak{P}(0) = 0 \qquad (\mathrm{b}_1)$$

wird.

Geht man nun von λ_1 zu λ_2 auf dieselbe Art über, wie man von λ zu λ_1 überging, d. h. setzt man

$$\lambda_2 = \frac{1-(1-\lambda_1)^{\frac{1}{4}}}{1+(1-\lambda_1)^{\frac{1}{4}}}, \qquad (\mathrm{a}_2)$$

so muss

$$q^{(4)^2} = \frac{\lambda_2}{16}\left[1 + \mathfrak{P}(\lambda_2)\right], \quad \mathfrak{P}(0) = 0 \qquad (\mathrm{b}_2)$$

und also, wenn man zu λ_n angelangt ist,

$$q^{4^n} = \frac{\lambda_n}{16}\left[1 + \mathfrak{P}(\lambda_n)\right] \ldots \mathfrak{P}(0) = 0 \qquad (\mathrm{b_n})$$

oder

$$4^n \log q = \log \frac{\lambda_n}{16} + \varphi(\lambda_n),$$

sein, wenn man

$$\log\left[1 + \mathfrak{P}(\lambda_n)\right] = \varphi(\lambda_n)$$

setzt, wobei $\varphi(\lambda_n)$ wieder eine für kleine λ_n konvergente Potenzreihe sein wird und

$$\varphi(0) = \log 1 = 0$$

ist. Aus (b_n) folgt nun

$$\log q = \frac{1}{4^n} \log \frac{\lambda_n}{16} + \frac{1}{4^n}\varphi(\lambda_n),$$

und da bei wachsendem $n \ldots \lambda_n$ stets kleiner als 1 bleibt, also $\varphi(\lambda_n)$ noch konvergirt, so ist

$$\log q = \lim \left[\frac{1}{4^n} \log \frac{\lambda_n}{16}\right]_{n=\infty}. \qquad (\mathrm{d})$$

Den Grenzwert rechter Hand berechnen wir nun auf andere Weise. Es ist

$$\lambda_1^{\frac{1}{4}} = \frac{1 - (1-\lambda)^{\frac{1}{4}}}{1 + (1-\lambda)^{\frac{1}{4}}} \qquad (\mathrm{c})$$

und

$$\tfrac{1}{4} \log \lambda_1 = \log\left[1 - (1-\lambda)^{\frac{1}{4}}\right] - \log\left[1 + (1-\lambda)^{\frac{1}{4}}\right],$$

also

$$\begin{aligned}
\frac{1}{4}\frac{d\lambda_1}{\lambda_1} &= \frac{d\lambda}{4}\left[\frac{(1-\lambda)^{-\frac{3}{4}}}{1-(1-\lambda)^{\frac{1}{4}}} + \frac{(1-\lambda)^{-\frac{3}{4}}}{1+(1-\lambda)^{\frac{1}{4}}}\right] \\
&= \frac{d\lambda}{2}\frac{(1-\lambda)^{-\frac{3}{4}}}{1-(1-\lambda)^{\frac{1}{2}}} \\
&= \frac{d\lambda}{\lambda}\tfrac{1}{2}[1-\lambda]^{-\frac{3}{4}}[1+(1-\lambda)^{\frac{1}{2}}] \\
&= \frac{d\lambda}{\lambda}\tfrac{1}{2}[(1-\lambda)^{-\frac{3}{4}} + (1-\lambda)^{-\frac{1}{4}}].
\end{aligned}$$

Da nun für $|\varkappa| < 1$ sowohl

$$(1-\lambda)^{-\frac{3}{4}} = 1 + \frac{3}{4}\lambda + \cdots$$

als auch

$$(1-\lambda)^{-\frac{1}{4}} = 1 + \frac{1}{4}\lambda + \cdots$$

lauter positive Koeffizienten enthalten, so wird dasselbe für

$$\tfrac{1}{2}[(1-\lambda)^{-\frac{3}{4}} + (1-\lambda)^{-\frac{1}{4}}] = 1 + \tfrac{1}{2}\lambda + \cdots = 1 + \lambda\psi'(\lambda)$$

gelten ($\psi'(\lambda)$ eine Potenzreihe mit positiven Potenzen). Hieraus ergiebt sich

$$\frac{1}{4}\frac{d\lambda_1}{\lambda_1} = \frac{d\lambda}{\lambda} + \psi'(\lambda)\,d\lambda,$$

also ist

$$\tfrac{1}{4}\log\lambda_1 = \log\lambda + \log c + \psi(\lambda),$$

wo $\psi(0) = 0$ sein soll und $\psi(\lambda)$ eine Potenzreihe mit lauter positiven Koeffizienten ist. Um c zu bestimmen, ersehen wir, dass aus

$$\lambda_1^{\frac{1}{4}} = c\lambda e^{\psi(\lambda)} \ldots c = \left[\frac{\lambda_1^{\frac{1}{4}}}{\lambda}\right]_{\lambda=0}$$

folgt. Nun folgt aber aus (c)

$$\left[\frac{\lambda_1^{\frac{1}{4}}}{\lambda}\right]_{\lambda=0} = \frac{1}{2}\left[\frac{1-(1-\lambda)^{\frac{1}{4}}}{\lambda}\right]_{\lambda=0} = \frac{1}{8}$$

und daher $c = \frac{1}{8}$, somit dass

$$\frac{1}{4}\log\lambda_1 = \log\frac{\lambda}{8} + \psi(\lambda) \ldots \psi(0) = 0$$

ist. $\psi(\lambda)$ konvergirt noch für $\lambda = 1$, denn da $\psi(\lambda)$ für alle Werte kleiner als 1 konvergirt und für $\lambda = 0$ verschwindet, so stellt sie stets die Funktion

$$\frac{1}{4}\log\lambda_1 - \log\frac{\lambda}{8}$$

dar, so lange $|\lambda| < 1$. Nun hat die $\psi(\lambda)$ lauter positive Koeffizienten und

$$\frac{1}{4}\log\lambda_1 - \log\frac{\lambda}{8}$$

wird für $\lambda = 1$ *endlich*, nämlich gleich $\log 8$, also muss auch $\psi(1) = \log 8$ sein.

Da ferner aus

$$\lambda_1^{\frac{1}{4}} = \frac{\lambda}{8}e^{\psi(\lambda)}$$

$$\lambda_1 = \frac{\lambda^4}{8^4}\left[1 + \mathfrak{Q}(\lambda)\right]$$

folgt, so ersieht man, dass auch $\mathfrak{Q}(\lambda)$ lauter positive Koeffizienten besitzt, $\mathfrak{Q}(0) = 0$ ist und $\mathfrak{Q}(1)$ noch konvergirt.

Aus

$$\frac{1}{4}\log\lambda_1 = \log\frac{\lambda}{8} + \psi(\lambda)$$

und

$$\frac{1}{4}\log 16 = \log 2$$

folgt

$$\frac{1}{4}\log\frac{\lambda_1}{16} = \log\frac{\lambda}{16} + \psi(\lambda).$$

Gehen wir nun von λ_1 zu λ_2 über, hiervon zu λ_3 u. s. w. so erhalten wir folgende Reihe von Gleichungen

$$\begin{aligned}
\frac{1}{4}\log\frac{\lambda_1}{16} &= \log\frac{\lambda}{16} + \psi(\lambda)\\
\frac{1}{4}\log\frac{\lambda_2}{16} &= \log\frac{\lambda_1}{16} + \psi(\lambda_1)\\
\frac{1}{4}\log\frac{\lambda_3}{16} &= \log\frac{\lambda_2}{16} + \psi(\lambda_2)\\
&\vdots\\
\frac{1}{4}\log\frac{\lambda_n}{16} &= \log\frac{\lambda_{n-1}}{16} + \psi(\lambda_{n-1}),
\end{aligned}$$

wo die Potenzreihen rechts alle noch konvergiren für $\lambda_i = 1$.

Multiplizirt man die Gleichungen der Reihe nach mit

$$1, \frac{1}{4}, \frac{1}{4^2}, \frac{1}{4^3}, \cdots \frac{1}{4^{n-}}$$

und addirt sie, so erhält man

$$\frac{1}{4^n}\log\frac{\lambda_n}{16} = \log\frac{\lambda}{16} + \sum_{\nu=0}^{n-1}\frac{1}{4^\nu}\psi(\lambda_\nu)$$

Die Summe rechter Hand konvergirt, wenn n ins Unendliche wächst. Denn da $|\lambda| \leqq 1$ ist, so sind alle $\lambda_1, \lambda_2 \ldots \lambda_n \ldots \lambda_\infty$ kleiner oder gleich als 1 und die Potenzreihen $\psi(\lambda_\nu)$ konvergiren alle, sind also alle endlich. Sei g eine Grösse, die gleich oder grösser ist als die grösste von den $\psi(\lambda_\nu)$, so dass also

$$g \geqq |\psi(\lambda_\nu)|$$

für alle ν, dann wird

$$\sum_0^{n-1} g\frac{1}{4^\nu} \geqq \sum_0^{n-1} \frac{1}{4^\nu}|\psi(\lambda_\nu)|,$$

d. h.

$$\frac{4}{3}g\left(1 - \frac{1}{4^\nu}\right) \geqq \sum_0^{n-1} \frac{1}{4^\nu}|\psi(\lambda_\nu)|$$

und mithin

$$\frac{4}{3}g \geqq \sum_0^{\infty} \frac{1}{4^\nu}|\psi(\lambda_\nu)|,$$

d. h. die Reihe

$$\sum_0^{\infty} \frac{1}{4^\nu}\psi(\lambda_\nu)$$

konvergirt. Daher erhalten wir

$$\lim\left[\frac{1}{4^\nu}\log\frac{\lambda_n}{16}\right]_{n=\infty} = \log\frac{\lambda}{16} + \sum_0^{\infty} \frac{1}{4^\nu}\psi(\lambda_\nu)$$

und mit Rücksicht auf die Gleichung (d)

$$\log q = \log\frac{\lambda}{16} + \sum_0^{\infty} \frac{1}{4^\nu}\psi(\lambda_\nu).$$

Nun ist

$$\lambda_1 = \frac{\lambda^4}{8^4}[1 + \mathfrak{Q}(\lambda)] \text{ und } \mathfrak{Q}(0) = 0,$$

$\mathfrak{Q}(1)$ endlich. Ebenso

$$\lambda_2 = \frac{\lambda_1^4}{8^4}[1 + \mathfrak{Q}(\lambda_1)].$$

Führt man in diese Reihenentwicklung für λ_1 die erste ein, so kann man, da für $|\lambda| \leqq 1$ die Potenzreihen konvergiren, das Resultat nach Potenzen von λ ordnen und erhält

$$\lambda_2 = \frac{\lambda^{16}}{8^{20}}\left[1 + \mathfrak{Q}_1(\lambda)\right],$$

wo $\mathfrak{Q}_1(\lambda)$ konvergirt für $|\lambda| \leqq 1$.

Dasselbe gilt für $\lambda_3 \dots \lambda_4 \dots$, alle sind Potenzreihen von λ, die für $|\lambda| \leqq 1$ konvergiren und alle haben nur positive Koeffizienten.

Denkt man sich diese Potenzreihen in

$$\psi(\lambda_1),\ \psi(\lambda_2),\ \psi(\lambda_3)\dots$$

eingeführt und ordnet in

$$\sum_{\nu=0}^{\infty} \frac{1}{4^{\nu}} \psi(\lambda_{\nu})$$

alles nach λ, was erlaubt ist, da alle Potenzreihen für $|\lambda| \leqq 1$ konvergiren, so erhält man eine Potenzreihe $\Pi(\lambda)$ mit lauter positiven Koeffizienten, so dass also

$$\sum_{0}^{\infty} \frac{1}{4^{\nu}} \psi(\lambda_{\nu}) = \Pi(\lambda)$$

ist, und

$$\log q = \log \frac{\lambda}{16} + \Pi(\lambda) \tag{d}$$

folgt.

Nun ist für

$$\lambda = 1 : \lambda_1 = 1,\ \lambda_2 = 1 \dots \lambda_{\nu} = 1 \text{ und } \psi(1) = \log 8,$$

daher

$$\left[\sum_{1}^{\infty} \frac{1}{4^{\nu-1}} \psi(\lambda_{\nu})\right]_{\lambda=1} = \log 8 \sum_{0}^{\infty} \frac{1}{4^{n}} = \frac{4}{3} \log 8 = \log 16,$$

d. h.

$$\Pi(1) = \log 16.$$

Unsere Potenzreihe $\Pi(\lambda)$ konvergirt also auch für $\lambda = 1$ und giebt in der Gleichung (d) den richtigen Wert von q, nämlich $\log q = 0$, also $q = 1$ für $\lambda = 1$.

Es ist, da $\psi(0) = 0$ ist, auch $\Pi(0) = 0$.

Aus (d) folgt schliesslich

$$q = \frac{\lambda}{16} e^{\Pi(\lambda)} = \frac{\lambda}{16}(1 + \mathfrak{P}(\lambda)) \tag{e}$$

als Potenzreihe von λ, von der wir nun wissen, dass sie nicht blos für $|\lambda| < 1$, sondern auch für $|\lambda| = 1$ konvergirt, da es $\Pi(\lambda)$ thut und dass sie gerade so wie $\Pi(\lambda)$ lauter positive Koeffizienten besitzt. Es ist $\mathfrak{P}(0) = 0$ und $\mathfrak{P}(1) = 15$.

Da wir nun den Konvergenzbereich der Potenzreihe, also die Giltigkeit der Entwicklung (e) kennen, so können wir auch die Koeffizienten der Potenzreihe $\mathfrak{P}(\lambda)$ bestimmen.

Setzen wir für einen Augenblick $\lambda_1^{\frac{1}{4}} = y$, so wird

$$y = \frac{2q(1 + q^8 + q^{24} + \cdots)}{1 + 2q^4 + 2q^{16} + \cdots}$$

und

$$(1 + 2q^4 + 2q^{16} + \cdots)y = 2q(1 + q^8 + q^{24} + \cdots)$$
$$q = \tfrac{1}{2}y + (q^4 + q^{16} + \cdots)y - (q^9 + q^{25} + \cdots), \tag{d}$$

also in erster Annäherung

$$q_1 = \tfrac{1}{2}y;$$

geht man mit diesem Werte in die Gleichung (d) ein, so folgt

$$q = \tfrac{1}{2}y + (q_1^4 + q_1^{16} + \cdots)y - (q_1^9 + q_1^{25} + \cdots)$$

oder, wenn man wieder nur die nächste Annäherung nimmt,

$$q_2 = \frac{1}{2}y + \frac{1}{2^4}y^5.$$

Geht man mit dieser wieder in die Gleichung ein, so findet man

$$q_3 = \frac{y}{2} + 2\left(\frac{y}{2}\right)^5 + 15\left(\frac{y}{2}\right)^9$$

und sodann

$$q_4 = \frac{y}{2} + 2\left(\frac{y}{2}\right)^5 + 15\left(\frac{y}{2}\right)^9 + 150\left(\frac{y}{2}\right)^{13},$$

so dass man durch analoges Verfahren die Potenzreihe von y beliebig weit fortsetzen kann und

$$q = \frac{y}{2} + 2\left(\frac{y}{2}\right)^5 + 15\left(\frac{y}{2}\right)^9 + 150\left(\frac{y}{2}\right)^{13} + \cdots \tag{e}$$

oder

$$q = \frac{1}{2}\lambda_1^{\frac{1}{4}} + 2\left(\frac{\lambda_1^{\frac{1}{4}}}{2}\right)^5 + 15\left(\frac{\lambda_1^{\frac{1}{4}}}{2}\right)^9 + 150\left(\frac{\lambda_1^{\frac{1}{4}}}{2}\right)^{13} + \cdots \tag{f}$$

erhält, wobei

$$\lambda_1^{\frac{1}{4}} = \frac{1-(1-\lambda)^{\frac{1}{4}}}{1+(1+\lambda)^{\frac{1}{4}}} \cdots \lambda = k^2$$

ist. Wir wissen, dass unsere Reihe für $\lambda = 1$ d. h. $\lambda_1^{\frac{1}{4}} = 1$ auch noch konvergirt und gleich 1 wird, so dass

$$1 = \frac{1}{2} + \frac{1}{2^4} + \frac{15}{2^9} + \frac{150}{2^{13}} + \cdots$$

sich ergeben muss. Brechen wir nun die Reihe (f) bei dem Gliede

$$150\left(\frac{\lambda_1^{\frac{1}{4}}}{2}\right)^{13}$$

ab, so werden wir dabei einen Fehler machen, der desto grösser ist, je grösser λ_1 ist, da die Reihe lauter positive Glieder besitzt, daher am grössten, wenn $\lambda_1 = 1$ ist. Dieser Fehler ist aber

$$1 - \left(\frac{1}{2} + \frac{1}{2^4} + \frac{15}{2^9} + \frac{150}{2^{13}}\right) = \frac{1847}{2^{12}}$$

Nun tritt zu diesem Fehler in der Reihe f noch $\left(\frac{\lambda_1^{\frac{1}{4}}}{2}\right)$ zu einer Potenz, die grösser ist als 13 ist, als Faktor hinzu, d. h. der begangene Fehler ist jedenfalls kleiner als

$$\left(\frac{\lambda_1^{\frac{1}{4}}}{2}\right)^{13} \frac{1847}{2^{13}} \text{ oder } \lambda_1^{\frac{13}{4}} \cdot \frac{1847}{2^{25}},$$

was in Anbetracht dessen, dass $|\lambda_1| < 1$ ist, eine sehr kleine Grösse ist. Die Reihe (f) ist also eine sehr gute zur Berechnung von q.*)

---

*) Die vorstehende Entwicklung ist nach den Vorträgen des Herrn Prof. Weierstrass durchgeführt.

Wenn wir aber auf diese Art q direkt aus $\varkappa$ erhalten können, so können wir auch K und K' einfacher berechnen. Es ist nämlich

$$q = e^{-\pi\frac{K'}{K}},$$

also

$$\log q = -\pi\frac{K'}{K}$$

und

$$K' = -\frac{K}{\pi}\log q. \tag{g}$$

Kennen wir also K und q, so ist K' auch gegeben. Nun haben wir auf S. 173 gesehen, dass

$$\frac{2K}{\pi} = \vartheta_3^2 = (1 + 2q^2 + 2q^4 + \cdots)^2$$

ist, und daher liefert die Gleichung

$$\sqrt{\frac{2K}{\pi}} = 1 + 2q^2 + 2q^4 + 2q^9 + 2q^{16} + \cdots \tag{h}$$

den Wert von K, sobald q aus (f) bestimmt ist. Wir sehen also, dass sobald q gegeben ist, auch die Grössen K und K' daraus berechenbar sind.

58. Wir gehen nun dazu, die elliptischen Normalintegrale II. und III. Gattung durch das elliptische Integral I. Gattung auszudrücken.

Als Normalintegral II. Gattung nahmen wir nach Legendre das Integral

$$J = \int_0^z \frac{z^2 dz}{\sqrt{(1-z^2)(1-\varkappa^2 z^2)}}$$

an.

Setzt man $z = su$, so wird, da

$$du = \frac{dz}{\sqrt{(1-z^2)(1-\varkappa^2 z^2)}}$$

ist,

$$J = \int_0^u s^2 u\, du.$$

Wenn wir nun $s^2 u$ in integrabler Form durch die ϑ-Funktionen ausdrücken, so haben wir das Verlangte geleistet.

Wir haben auf S. 122 Formel 32 erhalten

$$\vartheta_0^2\vartheta_0(u+v)\vartheta_0(u-v) = \vartheta_0^2 u\,\vartheta_0^2 v - \vartheta_1^2 u\,\vartheta_1^2 v.$$

Beachtet man, dass

$$\frac{d\vartheta_0(u+v)}{du} = \frac{d\vartheta_0(u+v)}{dv} = \vartheta_0'(u+v)$$
$$\frac{d\vartheta_0(u-v)}{du} = -\frac{d\vartheta_0(u-v)}{dv} = \vartheta_0'(u-v)$$

ist, wo

$$\vartheta_0'(\alpha) = \frac{d\vartheta_0(\alpha)}{d(\alpha)}$$

sein soll, so liefert die angesetzte Gleichung durch Differentiation nach v

$$\vartheta_0^2[\vartheta_0'(u+v)\vartheta_0(u-v) - \vartheta_0(u+v)\vartheta_0'(u-v)]$$
$$= 2[\vartheta_0^2 u\,\vartheta_0 v\,\vartheta_0' v - \vartheta_1^2 u\,\vartheta_1 v\,\vartheta_1' v]$$

und durch nochmalige Differentiation nach v, wenn man dann $v = 0$ setzt und beachtet, dass

$$\vartheta_0' = 0, \quad \vartheta_1'' = 0$$

ist,

$$\vartheta_0^2[\vartheta_0 u\,\vartheta_0'' u - (\vartheta_0' u)^2] = \vartheta_0\vartheta_0''\vartheta_0^2 u - \vartheta_1'^2\vartheta_1^2 u$$

oder, wenn man durch $\vartheta_0^2\vartheta_0^2 u$ dividirt,

$$\frac{1}{\vartheta_0 u}\frac{d^2\vartheta_0 u}{du^2} - \left[\frac{1}{\vartheta_0 u}\frac{d\vartheta_0 u}{du}\right]^2 = \frac{\vartheta_0''}{\vartheta_0} - \left(\frac{\vartheta_1'}{\vartheta_0}\right)^2 \frac{\vartheta_1^2 u}{\vartheta_0^2 u}.$$

In andrer Form geschrieben

$$\frac{d^2 \log\vartheta_0 u}{du^2} = \frac{\vartheta_0''}{\vartheta_0} - \left(\frac{\vartheta_2\vartheta_1'}{\vartheta_0\vartheta_3}\right)^2 s^2 u.$$

Da nun

$$\vartheta_1' = \frac{\pi}{2K}\vartheta_0\vartheta_2\vartheta_3$$

ist, so folgt

$$\frac{\vartheta_1'\vartheta_2}{\vartheta_0\vartheta_4} = \frac{\pi}{2K}\vartheta_2^2 = \frac{\vartheta_2^2}{\vartheta_3^2} = \varkappa$$

und

$$\frac{d^2 \log \vartheta_0 u}{du^2} = \frac{\vartheta_0''}{\vartheta_0} - \varkappa^2 s^2 u, \tag{a}$$

hieraus

$$s^2 u = \frac{1}{\varkappa^2}\frac{\vartheta_0''}{\vartheta_0} - \frac{1}{\varkappa^2}\frac{d^2 \log \vartheta_0 u}{du},$$

mithin

$$\int_0^u s^2 u\, du = \frac{1}{\varkappa^2}\frac{\vartheta_0''}{\vartheta_0} u - \frac{1}{\varkappa^2}\frac{d \log \vartheta_0 u}{du} \tag{31}$$

Es ergiebt sich also

$$J(u) = \frac{1}{\varkappa^2}\frac{\vartheta_0''}{\vartheta_0} u - \frac{1}{\varkappa^2}\frac{\vartheta_0' u}{\vartheta_0 u} \tag{31}$$

$$u = \int_0^z \frac{dz}{\sqrt{(1-z^2)(1-\varkappa^2 z^2)}}.$$

Hat man für irgend einen Wert von z das zugehörige u berechnet, so liefert die Formel (31) den Wert von J für dasselbe z.

Es ist

$$J\left(\frac{\omega}{2}\right) = J(K) = E = \frac{1}{\varkappa^2}\frac{\vartheta_0''}{\vartheta_0} K,$$

da

$$\vartheta_0\left(u - \frac{\omega}{2}\right) = \vartheta_3(u),$$

also

$$\vartheta_0'\left(u - \frac{\omega}{2}\right) = \vartheta_3'(u),$$

ist, mithin

$$\vartheta_0'\left(-\frac{\omega}{2}\right) = -\vartheta_0'\left(\frac{\omega}{2}\right) = \vartheta_3'(0) = 0$$

sich ergiebt.

Man nennt E das ganze elliptische Integral II. Gattung und es ist

$$E = \frac{K}{\varkappa^2}\frac{\vartheta_0''}{\vartheta_0} = \int_0^1 \frac{z^2 dz}{\sqrt{(1-z^2)(1-\varkappa^2 z^2)}},$$

da für $u = \frac{\omega}{2} = K$ sich $z = 1$ ergiebt.

Führt man E ein, so wird (31) die Form

$$J(u) = \frac{E}{K} u - \frac{1}{\varkappa^2}\frac{\vartheta_0'(u)}{\vartheta_0(u)}$$

annehmen.

Beachtet man, dass

$$\vartheta_0(u+\omega) = \vartheta_0(u)$$
$$\vartheta_0(u+\omega') = -\vartheta_0(u)e^{-(2u+\omega')\frac{\pi i}{\omega}},$$

also

$$\frac{d\log\vartheta_0(u+\omega)}{du} = \frac{\vartheta_0'(u+\omega)}{\vartheta_0(u+\omega)} = \frac{\vartheta_0'(u)}{\vartheta_0(u)}$$
$$\frac{d\log\vartheta_0(u+\omega')}{du} = \frac{\vartheta_0'(u+\omega')}{\vartheta_0(u+\omega)} = \frac{\vartheta_0'(u)}{\vartheta_0(u)} - \frac{2\pi i}{\omega}$$

ist, und da

$$\omega = 2K,\ \omega' = 2K_1$$

gesetzt wurde, so ergiebt sich

$$J(u+4K) = J(u) + 4E$$
$$J(u+2K_1) = J(u) + 2E\frac{K_1}{K} + \frac{\pi i}{\varkappa^2 K}. \tag{32}$$

Es ist also $J(u)$ eine eindeutige Funktion von u, welche für z und y unendlich vieldeutig wird, indem denselben Werten von z und y unendlich viele u von der Form

$$u + 4mK + 2m'K_1$$

entsprechen und $J(u)$ bei Aenderung von u um eine oder die andere der Grössen sich um

$$4E \quad \text{oder} \quad 2E\frac{K_1}{K} + \frac{\pi i}{\varkappa^2 K}$$

nach (32) ändert.

Es wird $J(u) = \infty$ für $u = \frac{\omega'}{2} = K_1$, da $\vartheta_0\left(\frac{\omega'}{2}\right) = 0$ ist. Das entspricht dem Werte

$$z = s(K_1) = \infty.$$

Da aber z noch für den Wert $2K + K_1$ im Periodenparallelogramm unendlich wird, und

$$\vartheta_0\left(\omega + \frac{\omega'}{2}\right) = \vartheta_0(2K + K_1) = 0$$

ist, so wird $J(2K + K_1)$ auch unendlich.

Für $u = K_1$ wird $J(u)$ so unendlich wie $\frac{1}{\vartheta_0 u}$, also einfach algebraisch. Denn es ist

$$\vartheta_0\left(\nu+\frac{\omega'}{2}\right) = i\vartheta_1(\nu)e^{-\left(\nu+\frac{\omega'}{4}\right)\frac{\pi i}{\omega}}$$
$$= i\left[\nu\vartheta_1' + \nu^3\frac{\vartheta_1'''}{3!}+\cdots\right][1+B\nu+\cdots]$$
$$\vartheta_0\left(\nu+\frac{\omega'}{2}\right) = \nu i\vartheta_1'[1+B\nu+\cdots]$$
$$\frac{1}{\vartheta_0\left(\nu+\frac{\omega'}{2}\right)} = \frac{1}{i\vartheta_1'}\,\frac{1}{\nu}\,\frac{1}{1+B\nu\cdots},$$

also wird für $\nu = 0$

$$\left[\frac{\nu}{\vartheta_0\left(\nu+\frac{\omega'}{2}\right)}\right]$$

endlich und von Null verschieden, daher auch

$$\left[\nu J\left(\nu+\frac{\omega'}{2}\right)\right]_{\nu=0}$$

was eben ausdrückt, dass $J(u)$ für

$$u = \frac{\omega'}{2} = K_1$$

einfach algebraisch unendlich wird. Dasselbe gilt für*)

$$u = 2K + K_1 = \omega + \frac{\omega'}{2}.$$

---

*) Es sind die elliptischen Integrale II. Gattung diejenigen, welche zuerst von dem Mathematiker Fagnano (1700—1766) betrachtet wurden und später von Euler (1761) als eigentümliche Transcendenten erkannt, von Legendre ausführlicher studirt und alle derartigen Integrale auf die drei Normalintegrale zurückgeführt worden sind. Das Integral zweiter Gattung trat bei der Berechnung des Ellipsenbogens auf. Indem man

$$x = a\sin\varphi$$
$$y = b\cos\varphi$$

als Gleichungen der Ellipse ansetzt, erhält man für den von der y-Achse aus gezählten Ellipsenbogen

$$S = \int_0^{\varphi}\sqrt{\left(\frac{dx}{d\varphi}\right)^2+\left(\frac{dy}{d\varphi}\right)^2}d\varphi = a\int_0^{\varphi}\sqrt{1-\varkappa^2\sin\varphi}d\varphi, \qquad \varkappa^2 = \frac{a^2-b^2}{a^2}$$

Führt man

$$u = \int_0^{\varphi}\frac{d\varphi}{\sqrt{1-\varkappa^2\sin^2\varphi}}$$

59. Wir schreiten zur Berechnung der elliptischen Integrale III. Gattung.

Wir gehen aus von der schon benutzten Gleichung 32 auf S. 122

$$\vartheta_0^2\vartheta_0(\alpha+u)\vartheta_0(\alpha-u)=\vartheta_0^2\alpha\,\vartheta_0^2u-\vartheta_1^2\alpha\,\vartheta_1^2u,$$

indem wir in derselben $v=\alpha$ setzen und dann u mit α vertauschen. Aus denselben folgt

$$\vartheta_0^2\frac{\vartheta_0(\alpha+u)\vartheta_0(\alpha-u)}{\vartheta_0\alpha\,\vartheta_2^0u}=1-\varkappa^2s^2\alpha\,s^2u.$$

Nimmt man beiderseits den Logarithmus und differentiirt dann nach α, so erhält man

$$\frac{\vartheta_0'(\alpha+u)}{\vartheta_0(\alpha+u)}+\frac{\vartheta_0'(\alpha-u)}{\vartheta_0(\alpha-u)}-2\frac{\vartheta_0'\alpha}{\vartheta_0\alpha}=-\frac{2\varkappa^2\,s\alpha\,s'\alpha\,s^2u}{1-\varkappa^2\,s^2\alpha\,s^2u}. \tag{b}$$

Integrirt man diese Gleichung nach u von 0 bis u, so wird

$$\varkappa^2\,s'\alpha\,s\alpha\int_0^u\frac{s^2u\,du}{1-\varkappa^2\,s^2\alpha\,s^2u}=\frac{\vartheta_0'\alpha}{\vartheta^0\alpha}u-\frac{1}{2}\log\frac{\vartheta_0(\alpha+u)}{\vartheta_0(\alpha-u)}.$$

oder wenn man

$$u=\int_0^z\frac{dz}{\sqrt{(1-z^2)(1-\varkappa^2z^2)}}$$

$$z=su,\quad a=\frac{1}{\varkappa s\alpha}$$

---

und

$$z=\sin\varphi=su$$

ein, so wird

$$S=a\int_0^u(1-\varkappa^2s^2u)du=a[u-\varkappa^2J(u)],$$

also bis auf das Integral I. Gattung unser Normalintegral II. Gattung. Hieraus entsprang auch der Name *elliptische Integrale*, den man dann auf alle Integrale von der Form

$$\int f[x,\sqrt{R(x)}]dx$$

ausdehnte, in denen f eine rationale Funktion von x und $\sqrt{R(x)}$ ist, wobei $R(x)$ den 4. Grad nicht übersteigt. Jacobi führte (1826) die Umkehr z des elliptischen Integrals

$$u=\int_0^z\frac{dz}{\sqrt{(1-z^2)(1-\varkappa^2z^2)}}$$

ein indem er dieselbe als *elliptische Funktion* von w mit

$$z=\sin am\,u$$

bezeichnete. (Vgl. S. 186.)

setzt, so wird

$$P(u,a)=\int_0^z \frac{z^2dz}{(a^2-z^2)\sqrt{(1-z^2)(1-\varkappa^2z^2)}}$$
$$=\int_0^u \frac{\varkappa^2\,s^2\alpha\,s^2du}{1-\varkappa^2\,s^3\,s^2u}=\frac{s\alpha}{s'\alpha}\left[\frac{\vartheta_0'\alpha}{\vartheta_0\alpha}u-\frac{1}{2}\log\frac{\vartheta_0(\alpha+u)}{\vartheta_0(\alpha-u)}\right]. \quad (33)$$

Dieses Integral $P(u,a)$ dritter Gattung wurde von JACOBI seiner leichten Berechnung halber als Normalintegral eingeführt. Will man das LEGENDRE'sche Normal integral berechnen, so ergiebt sich dieses einfach aus $P(u,a)$. Es ist

$$P(u,a)=\int_0^z \frac{z^2dz}{(a^2-z^2)y}=\int_0^z\left(-1+\frac{a^2}{a^2-z^2}\right)\frac{dz}{y}$$
$$=a^2\int_0^z\frac{dz}{(a^2-z^2)y}-\int_0^z\frac{dz}{y}.$$

$$P(u,a)=-a^2\Pi(u,a)-u$$
$$\Pi(u,a)=-\frac{P(u,a)}{a^2}-\frac{u}{a^2}=\varkappa^2s^2\alpha[P(u,a)+u]. \quad (34)$$

Daher ist

$$\Pi(u,a)=\int_0^z\frac{dz}{(z^2-a^2)\sqrt{(1-z^2)(1-\varkappa^2z^2)}}$$
$$=-\frac{\varkappa^2s^3\alpha}{c\alpha\Delta\alpha}\left[\frac{c\alpha\Delta\alpha}{s\alpha}+\frac{\vartheta_0'\alpha}{\vartheta_0\alpha}\right]u+\frac{1}{2}\varkappa^2\frac{s^3\alpha}{c\alpha\Delta\alpha}\log\frac{\vartheta_0(\alpha+u)}{\vartheta_0(\alpha-u)}; \quad (35)$$
$$u=\int_0^z\frac{dz}{\sqrt{(1-z^2)(1-\varkappa^2z^2)}},\quad z=su,\quad a=\frac{1}{\varkappa s\alpha}=s(\alpha+K_1).$$

Die logarithmischen Unstetigkeitspunkte des Integrals sind

$$u=-\alpha+K_1$$

und

$$u=+\alpha+K_1,$$

für welche

$$\vartheta_0(\alpha+u)\quad\text{resp.}\quad\vartheta_0(\alpha-u)$$

verschwindet. Für diese ist

$$z=s(-\alpha+K_1)=-a$$

und

$$z = s(\alpha + K_1) = a.$$

Wie man aus (35) ersieht, wird das Integral III. Gattung durch Einführung des Integrals I. Gattung nur insofern vieldeutig, als es einen Logarithmus enthält, während es als Funktion von z und y noch unendlich vieldeutig ist in Bezug auf Periodenvielfache, da einem z und y alle Werte

$$u + m4K + m_1 2K_1$$

entsprechen, für welche $\Pi(u, a)$ seinen Wert ändert

Wir haben also folgendes Resultat:

Ist

$$y^2 = (1 - z^2)(1 - \varkappa^2 z^2)$$

und führt man

$$u = \int_0^z \frac{dz}{y}$$

als unabhängige Variable ein, so werden z und y eindeutige Funktionen von u und infolge dessen auch alle rationalen Funktionen von z und y. Es wird auch das unendlich vieldeutige Integral II. Gattung

$$J = \int_0^z \frac{z^2 dz}{y}$$

eine eindeutige Funktion von u und das Integral III. Gattung

$$\Pi_a = \int_0^z \frac{dz}{(z^2 - a^2)y}$$

behält nur die Vieldeutigkeit eines Logarithmus einer eindeutigen Funktion.

VI. Das Additionstheorem für die Integrale I. und II. Gattung.

60. Wenn wir

$$u = \int_0^{z_1} \frac{dz}{\sqrt{(1-z^2)(1-\varkappa^2 z^2)}}, \quad v = \int_0^{z_2} \frac{dz}{\sqrt{(1-z^2)(1-\varkappa^2 z^2)}}$$

setzen, so ergiebt sich

$$z_1 = su, \quad z_2 = sv$$

und nach dem Additionstheoreme für die Funktion $s(u+v)$ S. 105

$$\begin{aligned} s(u+v) &= \frac{su\,cv\Delta v + sv\,cu\Delta u}{1-\varkappa^2 s^2 v\, s^2 u} \\ &= \frac{z_1\sqrt{1-z_2^2}\sqrt{1-\varkappa^2 z_2^2} + z_2\sqrt{1-z_1^2}\sqrt{1-\varkappa^2 z_1^2}}{1-\varkappa^2 z_1^2 z_2^2}. \end{aligned}$$

Setzt man also $z_3 = s(u+v)$, d. h.

$$u + v = \int_0^{z_3} \frac{dz}{\sqrt{(1-z^2)(1-\varkappa^2 z^2)}},$$

so kann man zufolge des Additionstheorems der Funktion $s(u)$ das Additionstheorem für das Integral I. Gattung folgendermassen aussprechen:

Ist

$$\int_0^{z_1} \frac{dz}{\sqrt{(1-z^2)(1-\varkappa^2 z^2)}} + \int_0^{z_2} \frac{dz}{\sqrt{(1-z^2)(1-\varkappa^2 z^2)}} = \int_0^{z_3} \frac{dz}{\sqrt{(1-z^2)(1-\varkappa^2 z^2)}} \tag{36}$$

so findet zwischen z_1, z_2, z_3 die Gleichung

$$z_3 = \frac{z_1\sqrt{1-z_2^2}\sqrt{1-\varkappa^2 z_2^2} + \sqrt{1-z_1^2}\sqrt{1-\varkappa^2 z_1^2}}{1-\varkappa^2 z_1^2 z_2^2} \tag{37}$$

statt.

Man kann umgekehrt, wenn man die Richtigkeit der Gleichung (37) direkt beweist, aus dieser das Additionstheorem für die doppeltperiodischen Funktionen ableiten. Dies that (1761) Euler, Jacobi (1826) erkannte erst die Wichtigkeit dieses Satzes für elliptische Funktionen.

Das Additionstheorem für die Integrale II. Gattung ergiebt sich einfach aus der Gleichung (b) S. 218; wenn man in derselben v statt α setzt, lautet dieselbe nämlich

$$\frac{\vartheta_0'(u+v)}{\vartheta_0(u+v)} - \frac{\vartheta_0'(u-v)}{\vartheta_0(u-v)} = 2\frac{\vartheta_0'v}{\vartheta_0 v} - 2\varkappa^2 su\, sv \frac{s'v\, su}{1-\varkappa^2 s^2 v\, s^2 u}$$

und wenn u und v vertauscht werden

$$\frac{\vartheta_0'(u+v)}{\vartheta_0(u+v)} - \frac{\vartheta_0'(v-u)}{\vartheta_0(v-u)} = 2\frac{\vartheta_0'u}{\vartheta_0 u} - 2\varkappa^2 su\, sv \frac{s'u\, sv}{1-\varkappa^2 s^2 v\, s^2 u}.$$

Addirt man beide Gleichungen, so ergiebt sich

$$\frac{\vartheta_0'(u+v)}{\vartheta_0(u+v)} = \frac{\vartheta_0'u}{\vartheta_0 u} + \frac{\vartheta_0'v}{\vartheta_0 v} - \varkappa^2 su\, sv\, s(u+v). \tag{38}$$

Nun liefert die Gleichung (31) S. 215

$$J(u+v) = \frac{1}{\varkappa^2}\frac{\vartheta_0''}{\vartheta_0}(u+v) - \frac{1}{\varkappa^2}\frac{\vartheta_0'(u+v)}{\vartheta_0(u+v)}$$

und mit Rücksicht auf (38)

$$= \left[\frac{1}{\varkappa^2}\frac{\vartheta_0''}{\vartheta_0}u - \frac{1}{\varkappa^2}\frac{\vartheta_0'u}{\vartheta_0 u}\right] + \left[\frac{1}{\varkappa^2}\frac{\vartheta_0''}{\vartheta_0}v - \frac{1}{\varkappa^2}\frac{\vartheta_0'v}{\vartheta_0 v}\right] + su\, sv\, s(u+v),$$

also ist

$$J(u+v) = J(u) + J(v) + su\, sv\, s(u+v). \tag{39}$$

VII. Integrale doppeltperiodischer Funktionen.

61. Es sei $F(u)$ eine eindeutige doppeltperiodische Funktion von u, welche die Perioden ω und ω' besitzt, die wir unseren ϑ-Funktionen (S. 53) zu Grunde legten. Dann wird

$$V = \int F(u)du$$

ausgedrückt durch doppeltperiodische Funktionen mit den Perioden ω und ω', durch Integrale I., II. und III. Gattung.

Die doppeltperiodischen Funktionen können alle durch irgend zwei mit denselben Perioden rational ausgedrückt werden.

Der Satz ergiebt sich sehr einfach mit Rücksicht auf die in 34 S. 140 erhaltenen Resultate.

Nach Gleichung II. kann man

$$F(u) = C - \sum_{i=1}^{n} \sum_{h=1}^{n_{i-1}} \frac{A_{i,h}}{h!} Z^{(h)}(u - \alpha)$$

setzen, wobei

$$Z^{(h)}(u) = \frac{d^{h+1} \log \vartheta_1(u)}{du^{h+1}}$$

ist. Da ferner $F(u)$ eine eindeutige Funktion sein soll mit den Perioden ω, ω', so ergiebt sich nach 14 S. 66, dass

$$\sum_{i=1}^{m} A_{i,0} = 0$$

ist.

Wir schreiben

$$F(u) = C - \sum_{i=1}^{m} A_{i,0} \frac{d \log \vartheta_1(u - \alpha_i)}{du} - \sum_{i=1}^{m} A_{i,1} \frac{d^2 \log \vartheta_1(u - \alpha_i)}{du^2}$$
$$- \sum_{i=1}^{m} \sum_{h=2}^{n_i - 1} \frac{A_{i,h}}{h!} \frac{d^{h+1} \log \vartheta_1(u - \alpha_i)}{du^{h+1}},$$

dann folgt

$$V = C_1 + Cu - \sum_{i=1}^{m} A_{i,0} \log \vartheta_1(u - \alpha_i) - \sum_{i=1}^{m} A_{i,1} \frac{d \log \vartheta_1(u - \alpha_i)}{du}$$
$$- \sum_{i=1}^{m} \sum_{h=2}^{n_i - 1} \frac{A_{i,h}}{h!} \frac{d^h \log \vartheta_1(u - \alpha_i)}{du^h}$$

und da

$$\sum_{i=1}^{m} A_{i,0} = 0$$

ist, also auch

$$\sum_{i=1}^{m} A_{i,0} \log \vartheta_1(u-\beta) = 0$$

ist, wenn β ein beliebiger Wert ist, so kann man v auch in der Form schreiben

$$\begin{aligned} V = C_1 + Cu - \sum_{i=1}^{m} A_{i,0} \log \frac{\vartheta_1(u-\alpha_i)}{\vartheta_1(u-\beta)} - \sum_{i=1}^{m} A_{i,1} Z(u-\alpha_i) \\ - \sum_{i=1}^{m} \sum_{h=2}^{n_i-1} \frac{A_{i,h}}{h!} Z^{(h-1)}(u-\alpha_i). \end{aligned} \tag{40}$$

Nun ist, wie wir sahen, $Z^{(h-1)}(u-\alpha_i)$, sobald $h \geqq 2$ ist, eine doppeltperiodische Funktion von u mit den Perioden ω, ω', welche für $u = \alpha_i$, unendlich von der h^{ten} Ordnung wird und daher sich rational durch irgend zwei doppeltperiodische Funktionen mit denselben Perioden z. B. $Z'(u)$ und $Z''(u)$ ausdrücken lässt.

Es ist mithin

$$\sum_{i=1}^{m} \sum_{h=2}^{n_i-1} \frac{A_{i,h}}{h!} Z^{(h-1)}(u-\alpha_i) = \varrho(Z', Z''),$$

wo ϱ eine rationale Funktion der Argumente Z', Z'' bedeutet.

$Z(u-\alpha_i)$ ist ein Integral II. Gattung, welches für $u = \alpha_i$ einfach algebraisch unendlich wird, welches sich aber stets auf das Normalintegral II. Gattung $J(u)$, ein Integral I. Gattung und eine rationale Funktion von Z', Z'' zurückführen lässt.

Aus den Formeln VI S. 56 ersehen wir, dass

$$\vartheta_0(u) = \frac{1}{i}\vartheta_1\left(u + \tfrac{\omega'}{2}\right) e^{\left(u+\frac{\omega'}{4}\right)\frac{\pi i}{\omega}},$$

also ist

$$\frac{d \log \vartheta_0(u)}{du} = \frac{d \log \vartheta_1\left(u + \frac{\omega'}{2}\right)}{du} + \frac{\pi i}{\omega}$$

und hieraus folgt mit Rücksicht auf Gleichung (31) S. 215, dass

$$Z\left(u + \tfrac{\omega'}{2}\right) = -\varkappa^2 J(u) + \frac{\vartheta_0''}{\vartheta_0} u - \frac{\pi i}{\omega} \tag{41}$$

ist. Aus dieser Gleichung ergiebt sich

$$Z\left(u+v+\tfrac{\omega'}{2}\right) = -\varkappa^2 J(u+v)\frac{\vartheta_0''}{\vartheta_0}(u+v) - \frac{\pi i}{\omega}$$

und mit Rücksicht auf die Gleichung (39) S. 222

$$\begin{aligned} Z\left(u+v+\tfrac{\omega'}{2}\right) &= -\varkappa^2 J(u) + \frac{\vartheta_0''}{\vartheta_0}u - \varkappa^2 J(v) + \frac{\vartheta_0''}{\vartheta_0}v \\ &\qquad - \frac{\pi i}{\omega} - \varkappa^2 su\, sv\, s(u+v) \\ &= Z\left(u+\tfrac{\omega'}{2}\right) + Z\left(v+\tfrac{\omega'}{2}\right) + \frac{\pi i}{\omega} - \varkappa^2 su\, sv\, s(u+v). \end{aligned}$$

Setzt man $v - \frac{\omega'}{2}$ an Stelle von v, so wird

$$Z(u+v) = Z\left(u+\tfrac{\omega'}{2}\right) + Z(v) + \frac{\pi i}{\omega} - \frac{su}{sv\, s(u+v)}. \tag{42}$$

Hieraus folgt, $v = -\alpha_i$ gesetzt,

$$Z(u-\alpha_i) = Z\left(u+\tfrac{\omega'}{2}\right) - Z(\alpha_i) + \frac{\pi i}{\omega} - \frac{1}{s\alpha_i}\frac{1-\varkappa^2 s^2\alpha_i s^2 u}{s'\alpha_i + s\alpha_i \frac{s'u}{su}}.$$

Nun lässt sich s^2u und $\frac{s'u}{su}$ rational durch $Z'(u)$ und $Z''(u)$ ausdrücken, denn aus der obigen Gleichung

$$\frac{d\log\vartheta_0(u)}{du} = \frac{d\log\vartheta_1\left(u+\frac{\omega'}{2}\right)}{du} + \frac{\pi i}{\omega}$$

folgt

$$\frac{d^2\log\vartheta_0(u)}{du^2} = \frac{d^2\log\vartheta_0\left(u+\frac{\omega'}{2}\right)}{du^2}$$

und mit Rücksicht auf die Gleichung (a) S. 215

$$Z'\left(u+\tfrac{\omega'}{2}\right) = \frac{\vartheta_0''}{\vartheta_0} - \varkappa^2 s^2 u,$$

also wenn $u - \frac{\omega'}{2}$ an Stelle von u gesetzt wird,

$$\begin{aligned} Z'(u) &= \frac{\vartheta_0''}{\vartheta_0} - \frac{1}{s^2u} \\ Z''(u) &= 2\frac{s'u}{s^3u}, \end{aligned}$$

also

$$\begin{aligned}\frac{1}{s^2u} &= \frac{\vartheta_0''}{\vartheta_0} - Z'(u)\\ \frac{s'u}{su} &= \frac{1}{2}\frac{Z''(u)}{\frac{\vartheta_0''}{\vartheta_0} - Z'(u)}.\end{aligned} \tag{43}$$

Mithin ist

$$Z(u-\alpha_i) = Z\left(u+\tfrac{\omega'}{2}\right) - Z(\alpha_i) + \frac{\pi i}{\omega} - r_i(Z'Z''),$$

wenn r_i die leicht herzustellende rationale Funktion von Z', Z'' bedeutet. Daher kann man

$$\sum_{i=1}^{m} A_{i,1} Z(u-\alpha_i) = AZ\left(u+\tfrac{\omega'}{2}\right) - B - r(Z',Z'')$$

setzen, wenn

$$A = \sum_{i=1}^{m} A_{i,1};\ B = \sum_{i=1}^{m} A_{i,1}\left(Z(\alpha_i) - \frac{\pi i}{\omega}\right)$$

$$r(Z',Z'') = \sum_{i=1}^{m} A_{i,1} r_i(Z',Z'')$$

gesetzt wird. Vereinigt man nun die Konstanten C_1, B und $r(Z',Z'')$, $\varrho(Z',Z'')$ zu einer einzigen rationalen Funktion $R(Z',Z'')$ von Z' und Z'', so kann man die Gleichung (40) auch schreiben

$$\begin{aligned}V &= \int F(u)\,du\\ &= Cu + AZ\left(u+\tfrac{\omega'}{2}\right) - \sum_{i=1}^{m} A_{i,1}\log\frac{\vartheta_1(u-\alpha_i)}{\vartheta_1(u-\beta)} + R(Z',Z''),\end{aligned} \tag{44}$$

in welcher Form sie den Satz 55 S. 195 aussagt.

Denn $F(u)$ ist als doppeltperiodische Funktion von u mit den Perioden ω, ω' durch Z', Z'' rational ausdrückbar, und da

$$\frac{dZ'}{du} = Z'' \text{ oder } du = \frac{dZ'}{Z''}$$

ist, so folgt

$$\int F(u)du = \int P(Z',Z'')\frac{dZ'}{Z''},$$

wo $P(Z', Z'')$ eine rationale Funktion von Z', Z'' ist.

Die $\log \frac{\vartheta_1(u-\alpha_i)}{\vartheta_1(u-\beta)}$ führen auf Integrale III. Gattung, können aber durch Vereinigung auch Logarithmen rationaler Funktionen von Z' und Z'' geben.

Die rationale Gleichung, welche zwischen Z'' und Z' bestehen muss, wird, da Z' von der zweiten Ordnung unendlich für $u = 0$ wird, von der Form sein

$$(Z'')^2 = G^2(Z'^3 + BZ'^2 + CZ' + D),$$

wobei sich B, C, D leicht aus den Gleichungen (43) bestimmen, denn es ist

$$\begin{aligned} Z'(u) - \frac{\vartheta_0''}{\vartheta_0} &= -\frac{1}{s^2u} \\ (Z''u)^2 &= 4\frac{(s'u)^2}{s^6u} = 4\frac{(1-s^2u)(1-\varkappa^2s^2u)}{s^6u} \\ &= 4\left(1-\frac{1}{s^2u}\right)\left(\varkappa^2-\frac{1}{s^2u}\right)\frac{1}{s^2u}. \end{aligned}$$

Also ist

$$(Z'')^2 = -4\left(Z'+1-\frac{\vartheta_0''}{\vartheta_0}\right)\left(Z'+\varkappa^2-\frac{\vartheta_0''}{\vartheta_0}\right)\left(Z'-\frac{\vartheta_0''}{\vartheta_0}\right),$$

welches die verlangte Gleichung ist.

Anhang

Anwendung der Theorie der elliptischen Funktionen auf Kurven $n$ter Ordnung mit $\frac{1}{2}n(n-3)$ Doppelpunkten.

I. Kurven dritter Ordnung.

1. Die Kurven dritter Ordnung zerfallen in zwei wesentlich verschiedene Geschlechter. Die einen besitzen einen Doppelpunkt und werden daher von jeder durch diesen gehenden Geraden in *einem* variablen Punkte geschnitten, dessen Koordinaten sich dann als rationale Funktionen eines Parameters darstellen lassen, als welchen man den Parameter des Strahles durch den Doppelpunkt benutzen kann. Umgekehrt muss jede Kurve dritter Ordnung, deren Gleichung $x = R(t)$, $y = R_1(t)$ ist, in der R und R_1 rationale Funktionen von t sind, einen Doppelpunkt besitzen.*)

Die Kurven dritter Ordnung ohne Doppelpunkt bilden ein anderes Geschlecht.

Da jede Gerade, die durch einen Punkt der Kurve geht, noch immer in zwei variablen Punkten schneidet, so ist es nicht möglich, die Koordinaten der Punkte der Kurve als rationale Funktionen eines Parameters darzustellen; versucht man es, so muss man auf Irrationalitäten stossen, wie wir gleich sehen werden. Da nun die irrationalen Funktionen nicht eindeutig sind, so ist ein Rechnen mit denselben nicht so einfach und es ist stets vom Vortheil,

---

*) Jede Kurve n^{ter} Ordnung, deren Koordinaten rationale Funktionen *eines* Parameters sind, hat $\frac{1}{2}(n-1)(n-2)$ Doppelpunkte. Denn ist ihre Gleichung $x = \frac{r(t)}{\varrho(t)}$, $y = \frac{r_1(t)}{\varrho(t)}$, wobei r, r_1, ϱ rationale Funktionen n^{ter} Ordnung in t sind, so wird für einen Doppelpunkt t die Werte t' und $t'' \neq t'$ haben, während x und y dieselben bleiben. Daher müssen t' und t'' die Gleichungen:

$$\frac{1}{t'-t''}\left[\frac{r(t')}{\varrho(t')} - \frac{r(t'')}{\varrho(t'')}\right] = 0$$
$$\frac{1}{t'-t''}\left[\frac{r_1(t')}{\varrho(t')} - \frac{r_1(t'')}{\varrho(t'')}\right] = 0$$

oder

$$\frac{1}{t'-t''}[r(t')\varrho(t'') - r(t'')\varrho(t')] = 0$$
$$\frac{1}{t'-t''}[r_1(t')\varrho(t'') - r_1(t'')\varrho(t')] = 0$$

befriedigen. Hiervon sind nur auszuscheiden die $(n-1)$ Werte t, die ausser einer Wurzel t'' noch $\varrho(t) = 0$ befriedigen. Eliminirt man aus den Gleichungen t'', welches in ihnen ebenso wie t' im $(n-1)^{\text{ten}}$ Grade auftritt, so erhält man $G(t') = 0$, welche Gleichung t' in der Ordnung $(n-1)^2$ enthält. Scheidet man obige $(n-1)$ Werte, die $\varrho(t) = 0$ befriedigen, aus, so werden die $(n-1)(n-2)$ übrigen Werte t', welche $G(t') = 0$ machen, die verlangten Gleichungen befriedigen. Würde man aber t' eliminirt haben, dann würde sich $G(t'') = 0$ ergeben haben, wo $G = 0$ dieselbe Gleichung für t'', wie früher für t' wäre, d. h. die $(n-1)(n-2)$ Wurzeln von $G(t') = 0$ sind gleichzeitig Wurzeln von $G(t'') = 0$ oder die Wertepaare t' und t'' geben $\frac{1}{2}(n-1)(n-2)$ Doppelpunkte der Curve n^{ter} Ordnung.

wenn man statt vieldeutiger Funktionen eindeutige einführen kann, selbst wenn diese einem höheren Gebiete entnommen sind. Wir werden nun sehen, dass man die Koordinaten der Punkte der Kurve dritter Ordnung als *eindeutige doppeltperiodische Funktionen* eines Parameters darstellen kann, und hierdurch die irrationale algebraische Funktion durch eine eindeutige Transcendente ersetzt hat.

Die allgemeine Gleichung der Kurve dritter Ordnung hat die Form:

$$\begin{aligned} f(x,y) = A_3y^3 + B_3xy^2 + C_3x^2y + D_3x^3 + A_2x^2 \\ + 2B_2xy + C_2y^2 + A_1x + 2B_1y + A_0 = 0, \end{aligned} \tag{1}$$

dieselbe besitzt bei allgemeinen Werten der Koeffizienten keinen Doppelpunkt, denn für einen solchen müsste

$$\left.\begin{aligned} \frac{\partial f}{\partial x} = B_3y^2 + 2C_3xy + 3D_3x^2 + 2A_2x + 2B_2y + A_1 = 0 \\ \frac{\partial f}{\partial y} = 3A_3y^2 + 2B_3xy + C_3x^2 + 2B_2x + 2C_2y + 2B_1 = 0 \end{aligned}\right\} \tag{2}$$

sein für Werte x, y, die auch (1) genügen. Eliminirt man daher aus (2) und (1) die Koordinaten x, y, so erhält man eine Relation zwischen den Koeffizienten der Gleichung, die nicht stattfinden muss, sobald die Koeffizienten beliebig sind. Findet sie statt, so hat die Kurve einen Doppelpunkt; wir wollen diesen Fall ausschliessen.

Setzen wir die Kurve reell voraus, so sind in (1) reelle Koeffizienten vorhanden. Ist a ein beliebiger Punkt der Kurve, so wird seine Tangente die Kurve noch in einem Punkte a' treffen. Wir denken uns nun eine derartige Projektion der Kurve gemacht, dass die Tangente $\overline{aa'}$ ins Unendliche fällt und die Punkte a, a' in zu einander senkrechten Richtungen liegen, die wir zu Richtungen der Koordinatenachsen nehmen wollen, a soll auf der x-Achse, a' auf der y-Achse liegen.

Um die Form der Gleichung einer so projizirten Kurve zu erhalten, auf welche die allgemeine Gleichung stets reduzirt werden kann, durch eine reelle lineare Substitution für die x und y, setzen wir in (1), in welcher wir die Koeffizienten nach der Transformation mit $A', B' \dots$ bezeichnen, für y und $x \cdots \frac{y}{t}, \frac{x}{t}$ ein, und multipliziren mit t^3, dann muss für $t = 0$ die Gleichung

$$A_3'y^3 + B_3'xy^2 + C_3'x^2y + D_3'x^3 = 0$$

für $\left(\frac{y}{x}\right)$ die drei Werte 0, 0, ∞ liefern, da die Gerade $y = 0$ den Berührungspunkt a der unendlich fernen Geraden $t = 0$ enthält, und $x = 0$ den Punkt a'. Es muss also

$$D_3' = 0, \quad C_3' = 0, \quad A_3' = 0$$

sein, d. h. die Gleichung einer reellen Kurve dritter Ordnung kann in der Form

$$f(x, y) = B_3xy^2 + A_2x^2 + 2B_2xy + C_2y^2 + A_1x + 2B_1y + A_0 = 0 \qquad (3)$$

angenommen werden, in der die Koeffizienten reell sind. Die Tangenten parallel zur y-Achse haben Berührungspunkte, deren Koordinaten sich aus

$$\frac{1}{2}\frac{\partial f}{\partial y} = B_3xy + B_2x + C_2y + B_1 = 0 \qquad (4)$$

und aus (3) ergeben. Berechnet man aus (4) y und setzt es in (3) ein, so erhält man

$$(A_2x^2 + A_1x + A_0)(B_3x + C_2) - (B_2x + B_1)^2 = 0, \qquad (5)$$

für die Abscissen x eine Gleichung dritten Grades, welche drei von einander verschiedene Wurzeln α_1, α_2, α_3 besitzt. Denn würde eine Wurzel $x = \alpha$ Doppelwurzel von (5) sein, so müsste sie die Ableitung dieser Gleichung auch befriedigen, d. h. es müsste für $x = \alpha$ die Gleichung (3), (4) und

$$\frac{d}{dx}\left(\frac{1}{2}\frac{\partial f}{\partial y}\right)_{x=\alpha} = \left[B_3y + B_2 + (B_3x + C_2)\frac{dy}{dx}\right]_{x=\alpha} = 0$$

bestehen und da

$$\frac{dy}{dx} = -\frac{\partial f}{\partial x} : \frac{\partial f}{\partial y}$$

ist, so müsste

$$\frac{1}{\frac{\partial f}{\partial y}}\left[(B_3y + B_2)\frac{\partial f}{\partial y} - (B_3x + C_2)\frac{\partial f}{\partial x}\right] = 0$$

sein. Da aber $\frac{\partial f}{\partial y}$ nicht unendlich ist für $x = \alpha$, sondern null, so muss

$$(B_3\alpha + C_2)\left(\frac{\partial f}{\partial x}\right)_{x=\alpha} = 0$$

sein. Der Wert $\alpha = -\frac{C_2}{B_3}$ genügt aber $f(x, y) = 0$ nicht, also muss $\left(\frac{\partial f}{\partial x}\right)_{x=\alpha} = 0$ sein, d. h. für einen solchen Wert $x = \alpha$ würde

$$f(x, y) = 0, \quad \frac{\partial f}{\partial x} = 0, \quad \frac{\partial f}{\partial y} = 0$$

folgen oder die Kurve hätte einen Doppelpunkt, für den $x = \alpha$ sich ergäbe. Diesen Fall haben wir aber ausgeschlossen.

Ist nun $\alpha_3 < \alpha_2 < \alpha_1$, wenn diese Grössen reell sind, und α_3 die reelle Wurzel, wenn zwei konjugirt imaginär sind, so nehme man die Gerade, welche durch $x = \alpha_3$ parallel zur y-Achse geht, zur neuen y-Achse und die durch den Berührungspunkt parallel zur x-Achse gehende Gerade zur neuen x-Achse. Auf dieses Koordinatensystem bezogen wird die Gleichung der Kurve die Form haben

$$f(x, y) = B_3xy^2 + C_2y^2 + 2B_2xy + A_2x^2 + A_1x = 0. \qquad (6)$$

Die Gleichung (5) wird

$$(A_2x + A_1)(B_3x + C_2)x - B_2^2x^2 \equiv A_2B_2x(x - a_1)(x - a_2) = 0,$$

wobei

$$a_1 = \alpha_1 - \alpha_3, \quad a_2 = \alpha_2 - \alpha_3, \text{ also } a_1 > a_2 > 0,$$

wenn α_1, α_2, α_3 reell waren und $a_1 = a + ib$, $a_2 = a - ib$, wenn α_1, α_2 konjugirt imaginär waren.

Der Punkt M, dessen Koordinaten

$$x = -\frac{C_2}{B_3} = m, \quad y = -\frac{A_1 + A_2m}{2B_2} = n$$

sind, ist der reelle Schnittpunkt der Asymptote des unendlich fernen Punktes der Kurve C_3 auf der y-Achse (Fig. 55).

Die Koordinaten

$$y = 0, \ x = -\frac{A_1}{A_2} = l$$

gehören dem dritten Schnittpunkte L der Kurve mit der x-Achse an.

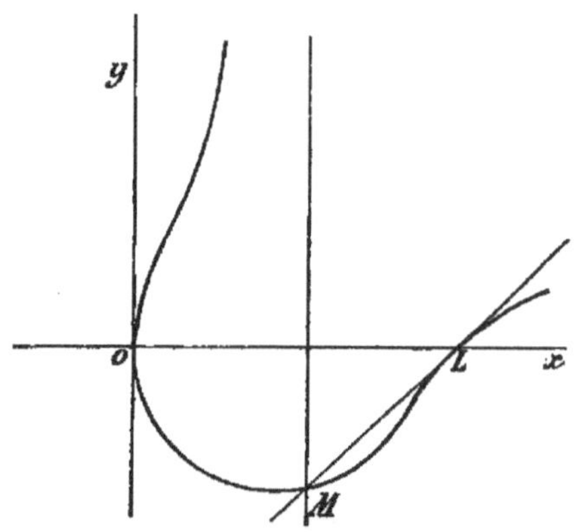

Fig. 55.

Wird

$$-\frac{2n}{m - l} = \lambda,$$

gesetzt, so wird die Gleichung (6) die Form annehmen:

$$\varrho(x - m)y^2 + 2xy + \lambda x(x - l) = 0,$$

wobei

$$\varrho = \frac{B_3}{B_2}.$$

Setzt man für ϱy einfach y, so hat die Gleichung auch die Form

$$(x-m)y^2+2xy+\lambda\varrho x(x-l)=0.$$

Hierbei kann $\lambda\varrho$ stets positiv gemacht werden, denn wäre $\lambda\varrho<0$, so würde die Substitution $x'=-x$, $y'=y$ auf die Gleichung

$$(x'+m)y'^2+2x'y'-\lambda\varrho x'(x'+l)=0$$

führen. Setzt man daher $\lambda\varrho=c^2$, so kann c stets reell angenommen werden, wenn die Kurve dritter Ordnung reell ist und ihre Gleichung kann daher stets auf die reelle Form

$$(x-m)y^2+2xy+c^2x(x-l)=0 \tag{7}$$

gebracht werden und es ist

$$c^2(x-l)(x-m)-x\equiv c^2(x-a_1)(x-a_2),$$

wobei $a_1>a_2$ sein soll, wenn beide Grössen reell sind. Aus (7) ergiebt sich

$$\left.\begin{aligned} y&=\frac{-x\pm\sqrt{x[x-c^2(x-l)(x-m)]}}{x-m}\\ y&=\frac{-x\pm c\sqrt{-x(x-a_1)(x-a_2)}}{x-m}\end{aligned}\right\} \tag{8}$$

also y eine irrationale Funktion von x.

Setzen wir aber

$$Y=\sqrt{-x(x-a_1)(x-a_2)}$$

und

$$w=\int_{x_0}^{x}\frac{dx}{Y},$$

so wissen wir, dass x und Y *eindeutige* doppeltperiodische Funktionen des Argumentes w werden, dass also

$$x=\varphi(w),\quad Y=\psi(w),$$

mithin auch

$$y=\Phi(w)$$

eine eindeutige doppeltperiodische Funktion von w wird.

Um eine bekannte Form dieser Funktion zu erhalten, brauchen wir nur w auf die Normalform zu transformiren.

2. Wir setzen
$$x = \frac{\alpha + \beta z}{\gamma + \delta z}$$
und haben die Transformation dadurch bestimmt, dass
$$w = \int_{x_0}^{x} \frac{dx}{\sqrt{-x(x-a_1)(x-a_2)}} \text{ in } \frac{(u-u_0)}{a} = \int_0^z \frac{dz}{\sqrt{(1-z^2)(1-\varkappa^2 z^2)}}$$
übergehen soll, also nach S. 184, dass den Werten
$$x = 0,\ a_2,\quad a_1,\quad \infty$$
die Werte
$$z = 1,\ \frac{1}{\varkappa},\ -\frac{1}{\varkappa},\ -1$$
entsprechen sollen.

Hieraus ergiebt sich vor allem
$$\left(\frac{1-\varkappa}{1+\varkappa}\right)^2 = \frac{a_2}{a_1}$$
und
$$\varkappa = \frac{\sqrt{a_1} - \sqrt{a_2}}{\sqrt{a_1} + \sqrt{a_2}}, \tag{9}$$
also für reelle a_1 und a_2 reell und kleiner als 1; für konjungirt komplexe a_1 und a_2 aber von der Form $i\varkappa_1$, wo $\varkappa_1$ reell ist. Setzt man nun
$$x = N_1 \frac{1-z}{1+z},$$
so folgt für $z = \frac{1}{\varkappa}$, also $x = a_2$
$$a_2 = N_1 \frac{\varkappa - 1}{\varkappa + 1} = -N_1 \frac{\sqrt{a_2}}{\sqrt{a_1}}, \quad \text{d. h.} \quad N_1 = -\sqrt{a_1 a_2};$$
da ferner
$$x - a_1 = N_2 \frac{1 + \varkappa z}{1 + z}$$
$$x - a_2 = N_3 \frac{1 - \varkappa z}{1 + z}$$

sein muss, so folgt aus diesen für $x = 0$ und $z = 1$

$$a_2 a_1 = N_2 N_3 \frac{1 - \varkappa^2}{4}$$

$$N_2 N_3 = \frac{4 a_1 a_2}{1 - \varkappa^2} = \sqrt{a_1 a_2}\,(\sqrt{a_1} + \sqrt{a_2})^2 .$$

Daher ergiebt sich

$$-x(x - a_1)(x - a_2) = a_1 a_2\,(\sqrt{a_1} + \sqrt{a_2})^2\,\frac{(1 - z)(1 - \varkappa^2 z^2)}{(1 + z)^3}$$

und wenn

$$a_1 a_2\,(\sqrt{a_1} + \sqrt{a_2})^2 = \frac{b^2}{c^2}$$

gesetzt wird, da es, für eine reelle Kurve stets positiv ist, so wird

$$Y = \sqrt{-x(x - a_1)(x - a_2)} = \frac{b}{c}\frac{\sqrt{(1 - z^2)(1 - \varkappa^2 z^2)}}{(1 + z)^2}$$

und

$$\frac{dx}{\sqrt{-x(x - a_1)(x - a_2)}} = \frac{2c\sqrt{a_1 a_2}}{b}\,\frac{dz}{\sqrt{(1 - z^2)(1 - \varkappa^2 z^2)}} \tag{10}$$

oder

$$aw = u - u_0,$$

wenn

$$a = \frac{b}{2c\sqrt{a_1 a_2}}, \quad u = \int_0^z \frac{dz}{\sqrt{(1 - z^2)(1 - \varkappa^2 z^2)}}$$

$$u_0 = \int_0^{z_0} \frac{dz}{\sqrt{(1 - z^2)(1 - \varkappa^2 z^2)}}$$

gesetzt wird, und z_0 der Wert ist, welcher $x = x_0$, $Y = Y_0$ entspricht. Dann ist aber

$$z = su, \quad Y = \frac{b}{c}\frac{cu\,\Delta u}{(1 + su)^2},$$

also

$$\left.\begin{aligned} x &= -\sqrt{a_1 a_2}\frac{1 - su}{1 + su} \\ y &= -\frac{cu}{1 + su}\,\frac{cu + 2ac\Delta u}{(1 - su) + \frac{m}{\sqrt{a_1 a_2}}(1 + su)}. \end{aligned}\right\} \tag{11}$$

Diese Gleichungen kann man noch etwas transformiren. Da $x = m$, $y = n$ die Koordinaten des Punktes M (Fig. 55) sind, dem ein Wert $u = \mu$ entsprechen soll, so muss

$$m = \sqrt{a_1 a_2}\frac{1 - s\mu}{1 + s\mu}$$
$$n = -\frac{c\mu}{1 + s\mu}\,\frac{c\mu + 2ac\Delta\mu}{(1 - \mu) + \frac{m}{\sqrt{a_1 a_2}}(1 + s\mu)}$$

sein; nun giebt die erste

$$\frac{m}{\sqrt{a_1 a_2}}(1 + s\mu) + (1 - s\mu) = 0,$$

d. h. die zweite würde $n = \infty$ geben, wenn nicht

$$c\mu + 2ac\Delta\mu = 0$$

wäre. Da n endlich ist, so muss also

$$2ac = -\frac{c\mu}{\Delta\mu} \quad \text{und} \quad \frac{m}{\sqrt{a_1 a_2}} = -\frac{1 - s\mu}{1 + s\mu}$$

sein. Dann nehmen die Gleichungen (11) die Gestalt an:

$$\left.\begin{aligned} x &= -\sqrt{a_1 a_2}\frac{1 - su}{1 + su} &&= \varphi(u) \\ y &= \frac{cu}{1 + su}\,\frac{cu\,\Delta\mu - c\mu\,\Delta u}{su - s\mu}\,\frac{1 + s\mu}{\Delta\mu} &&= \Phi(u). \end{aligned}\right\} \tag{12}$$

Es bietet weiter für uns kein Interesse diese Funktionen von u in solche von w zu verwandeln. Da die Gleichungen (12), resp. (11) die Gleichung (8) oder (7) identisch erfüllen für alle Werte von u, sobald nur $\varkappa$ aus der Gleichung (9) bestimmt ist, so haben wir in (12) die Koordinaten der Kurve dritter Ordnung, deren Gleichung, ohne die Allgemeinheit der Kurve zu beeinträchtigen, in der Form (7) angenommen werden kann, als doppeltperiodische Funktionen eines Parameters dargestellt.

3. Die Form der Gleichungen (11) oder (12) erlauben auch den Verlauf der Kurve dritter Ordnung C_3 zu übersehen. Wir setzen die letztere reell voraus, also in (7) reelle Koeffizienten, und unterscheiden zwei Fälle.

I. a_1, a_2 sind reell, $\varkappa$ also reell und kleiner als 1. Die Periode $4K$ ist reell, $2iK'$, rein imaginär.

Die Gleichungen (11), in denen $\sqrt{a_1 a_2}$, $2ac$, m reelle Grössen sind, zeigen, dass x und y *nur* dann reell sind, wenn su, c^2u und $cu\Delta u$ gleichzeitig reell sind. Ein Blick auf die Figuren 26, S. 133 lässt uns erkennen, dass diess nur der Fall ist für reelle Werte von u und $u-iK'$. Umgekehrt müssen sich für u reelle Werte oder solche von der Form $u+iK'$ (u reell) ergeben, wenn x und y (d. h. der Punkt der Kurve) reell sind.

In diesem Falle besteht also die Kurve dritter Ordnung aus zwei getrennten Zügen, von denen der eine reellen Werten u, der andere Werten $u+iK'$ (u reell) entspricht.

Da der Punkt M (Fig. 55) $x=m$, $y=n$ ein reeller Punkt der Kurve ist, so ist μ oder $\mu - iK'$ reell.

II. a_1, a_2 sind konjugirt imaginär, $\varkappa$ ist rein imaginär, K reell und $K_1 = 2K + iK'$, K' wieder reell.

Die Figuren 27, S. 136 lehren uns, dass su, c^2u und $cu\Delta u$ nur reell sind für reelle Werte von u, dass also die Kurve in diesem Falle nur aus einem reellen Zuge besteht, dessen Punkte den reellen Werten von u entsprechen.

μ muss in diesem Falle reell sein.

Da die Funktionen $\varphi(u)$ und $\Phi(u)$ blos reelle Konstanten enthalten, so werden Werten von u von der Form $u+iu''$ und $u'-iu''$ auch konjugirt imaginäre Werte von $\varphi(u)$ und $\Phi(u)$ entsprechen, d. h. die den Argumenten $u'+iu''$ und $u-iu''$ entsprechenden imaginären Punkte von C_3 liegen auf einer reellen Geraden.

4. Wir können die Null- und Unendlichkeitspunkte der Funktionen $\varphi(u)$ und $\Phi(u)$ leicht angeben und dann diese Funktionen direkt durch ϑ-Funktionen ausdrücken.

Es wird

$$\varphi(u) = \infty \quad \text{für} \quad u = K,\ K,$$
$$\varphi(u) = 0 \qquad\qquad u = 3K, 3K.$$

Jede dieser Stellen ist eine doppelte.

$$\Phi(u) \quad \text{wird} \quad \infty \quad \text{für} \quad u = 3K, \quad \text{und} \quad 2K-\mu,$$
$$\Phi(u) \qquad\quad \infty \qquad\quad u = K, \qquad\qquad -\mu.$$

Der Wert $u = 3K$ ist für $\varPhi(u)$ nur eine einfache Unendlichkeitsstelle, denn es ist

$$\frac{cu}{1+su} = \frac{1-su}{cu}$$

und cu wird für $u = 3K$ einfach null.

Bezeichnet man mit $\varTheta_1(u)$, $\varTheta_2(u)$, $\varTheta_3(u)$, $\varTheta_0(u)$, die vier Thetafunktionen, welche die Gleichungen I, S. 53 definiren, wenn man statt ω, ω' einführt, $\varOmega = 4K$ und $\varOmega' = 2K_1$ wobei K und K_1 die Bedeutung haben, die wir ihnen S. 169 zu Grunde legten, so wird

$$x = \varPhi(u) = -\sqrt{a_1 a_2}\left[\frac{\varTheta_1\left(u - \frac{\varOmega}{4}\right)}{\varTheta_1\left(u - \frac{3\varOmega}{4}\right)}\right]^2$$

$$x = \varPhi(u) = A\frac{\varTheta_1\left(u - \frac{\varOmega}{4}\right)\varTheta_1(u+\mu)}{\varTheta_1\left(u - \frac{3\varOmega}{4}\right)\varTheta_1\left(u - \frac{\varOmega}{2} + \mu\right)},$$

wo A eine Konstante ist, die sich für $u = 0$ bestimmt.

Führt man also homogene Koordinaten

$$x_1 : x_2 : x_3 = x : y : 1$$

ein, so kann man

$$\left.\begin{aligned} \varrho x_1 &= A_1\left[\varTheta_1\left(u - \tfrac{\varOmega}{4}\right)\right]^2 \varTheta_1\left(u - \tfrac{\varOmega}{2} + u\right) \\ \varrho x_2 &= A_2\,\varTheta_1\left(u - \tfrac{\varOmega}{4}\right) \varTheta_1\left(u - \tfrac{3\varOmega}{4}\right)\varTheta_1(u+\mu) \\ \varrho x_3 &= \left[\varTheta_1\left(u - \tfrac{3\varOmega}{4}\right)\right]^2 \varTheta_1\left(u - \tfrac{\varOmega}{2} + \mu\right) \end{aligned}\right\} \tag{13}$$

setzen, wo die $\varTheta_1$-Funktion den Gleichungen

$$\left.\begin{aligned} \varTheta_1(u+\varOmega) &= -\varTheta_1(u) \\ \varTheta_1(u+\varOmega') &= -\varTheta_1(u)e^{-(2u+\varOmega')\frac{\pi i}{\varOmega}} \end{aligned}\right\} \tag{14}$$

gemäss sich verhält. Die Konstanten A_1, A_2 bestimmen sich leicht.

5. Setzt man überhaupt

$$\left.\begin{aligned}\varrho x_1 &= A_1\Theta_1(u-\alpha_1)\Theta_1(u-\alpha_2)\Theta_1(u-\alpha_3)e^{2\mu\frac{\pi i}{\Omega}u}\\ \varrho x_2 &= A_1\Theta_1(u-\beta_1)\Theta_1(u-\beta_2)\Theta_1(u-\beta_3)e^{2\nu\frac{\pi i}{\Omega}u}\\ \varrho x_3 &= A_1\Theta_1(u-\gamma_1)\Theta_1(u-\gamma_2)\Theta_1(u-\gamma_3)\end{aligned}\right\} \tag{15}$$

und

$$\begin{aligned}\alpha_1+\alpha_2+\alpha_3 &= \alpha\\ \beta_1+\beta_2+\beta_3 &= \beta\\ \gamma_1+\gamma_2+\gamma_3 &= \gamma\end{aligned}$$

so sind unter der Bedingung*)

$$\left.\begin{aligned}\alpha &= \gamma+\mu'\Omega-\mu\Omega'\\ \beta &= \gamma+\nu'\Omega-\nu\Omega'\end{aligned}\right\} \tag{15a}$$

die Quotienten $\frac{x_1}{x_3}$ und $\frac{x_2}{x_3}$ doppeltperiodische Funktionen von u mit den Perioden Ω, Ω', wenn $\Theta_1(u)$ den Gleichungen (14) genügt. (Siehe Satz 16, S. 72.) Folglich besteht zwischen $\frac{x_1}{x_3}$ und $\frac{x_2}{x_3}$ eine rationale Gleichung, die den dritten Grad nicht übersteigt. Denn ist

$$f\left(\frac{x_1}{x_3},\frac{x_2}{x_3}\right)=0$$

diese Gleichung, so wird dieselbe durch die doppeltperiodischen Funktionen

$$\begin{aligned}\frac{x_1}{x_3} &= \varphi(u) = \frac{A_1}{A_3}\,\frac{\Theta_1(u-\alpha_1)\Theta_1(u-\alpha_2)\Theta_1(u-\alpha_3)}{\Theta_1(u-\gamma_1)\Theta_1(u-\gamma_2)\Theta_1(u-\gamma_3)}e^{2\mu\frac{u}{\Omega}\pi i}\\ \frac{x_2}{x_3} &= \Phi(u) = \frac{A_2}{A_3}\,\frac{\Theta_1(u-\beta_1)\Theta_1(u-\beta_2)\Theta_1(u-\beta_3)}{\Theta_1(u-\gamma_1)\Theta_1(u-\gamma_2)\Theta_1(u-\gamma_3)}e^{2\nu\frac{u}{\Omega}\pi i}\end{aligned}$$

identisch erfüllt.

Ist nun

$$ax_1+bx_2+cx_3=0$$

die Gleichung einer beliebigen Geraden, so wird

$$\Psi(u)=a\varphi(u)+b\Phi(u)+c$$

---

*) Führt man statt $u \ldots u'+\frac{1}{3}\gamma$ ein, so wird $\alpha_i'=\alpha_i-\frac{1}{3}\gamma$, $\beta_i'=\beta_i-\frac{1}{3}\gamma$, $\gamma_i'=\gamma_i-\frac{1}{3}\gamma$ und daher $\alpha'=\alpha-\gamma=\mu'\Omega-\mu\Omega'$, $\beta'=\beta-\gamma=\nu'\Omega-\nu\Omega'$ und $\gamma'=0$ so dass die Annahme $\gamma=0$ keine Beschränkung ist.

eine doppeltperiodische Funktion von u der dritten Ordnung sein, die für $u = \lambda_1, \lambda_2, \lambda_3$ unendlich wird, und die also auch für drei Werte $u = u_1, u_2, u_3$ verschwindet, d. h. die Koordinaten

$$\frac{x_1}{x_3} = \varphi(u_1), \varphi(u_2), \varphi(u_3)$$
$$\frac{x_2}{x_3} = \Phi(u_1), \Phi(u_2), \Phi(u_3)$$

genügen sowohl der Gleichung der Kurve

$$f\left(\frac{x_1}{x_3}, \frac{x_2}{x_3}\right) = 0,$$

als der Gleichung der Geraden

$$a\frac{x_1}{x_3} + b\frac{x_2}{x_3} + c = 0,$$

d. h. jede Gerade schneidet die Kurve nur in drei Punkten.

Setzt man nun

$$\begin{aligned} F\left(\frac{x_1}{x_3}, \frac{x_2}{x_3}\right) \equiv A_1\left(\frac{x_1}{x_3}\right)^3 &+ A_2\left(\frac{x_1}{x_2}\right)^2\left(\frac{x_2}{x_3}\right) + A_3\left(\frac{x_1}{x_3}\right)\left(\frac{x_2}{x_3}\right)^2 + A_4\left(\frac{x_2}{x_3}\right)^3 \\ &+ B_1\left(\frac{x_1}{x_3}\right)^2 + B_2\left(\frac{x_1}{x_3}\right)\left(\frac{x_2}{x_3}\right) + B_3\left(\frac{x_2}{x_3}\right)^2 \\ &+ C_1\left(\frac{x_1}{x_3}\right) + C_2\left(\frac{x_2}{x_3}\right) \end{aligned}$$

mit neun willkürlichen Konstanten A, B, C an, so kann man diese so bestimmen, dass die doppeltperiodische Funktion 9. Ordnung

$$\chi(u) = F\left(\varphi(u), \Phi(u)\right)$$

eine Konstante wird. Denn $\chi(u)$ wird für $u = \gamma_i$ unendlich, so zwar, dass

$$\chi(u) = \frac{L_i}{(u-\gamma_1)^3} + \frac{M_i}{(u-\gamma_i)^2} + \frac{N_i}{u-\gamma_i} + P + \cdots \text{ pos. Pot. } (u-\gamma_i)$$

wird, wo L_i, M_i, N_i lineare homogene Funktionen der A, B, C sind. Setzt man nun $i = 1, 2, 3$ und

$$\left.\begin{aligned} L_1 = 0,\quad L_2 = 0,\quad L_3 = 0 \\ M_1 = 0,\quad M_2 = 0,\quad M_3 = 0 \\ N_1 = 0,\quad N_2 = 0,\quad N_3 = 0 \end{aligned}\right\} \tag{S}$$

so erhält man für die neun Konstanten A, B, S neun Gleichungen, in denen sie linear und homogen vorkommen. Von diesen neun Gleichungen ist eine der letzten Folge der übrigen. Denn bestimmt man die acht Verhältnisse der neun Konstanten aus den acht ersten Gleichungen, so wird die so bestimmte doppeltperiodische Funktion $\chi(u)$ nur mehr für $u = \gamma_3$ *einfach* unendlich werden können. Da aber nach Satz 14, S. 66 eine solche Funktion sich auf eine von u unabhängige Konstante reduziren muss, so ist auch $N_3 = 0$ erfüllt. Wird also $\chi(u) = C$ gesetzt, so folgt

$$f\left(\frac{x_1}{x_3}, \frac{x_2}{x_3}\right) = F\left(\frac{x_1}{x_3}, \frac{x_2}{x_3}\right) - C = 0$$

als Gleichung der Kurve dritter Ordnung, welche durch die Gleichung (15) dargestellt wird.

Für spezielle Werte von α_i β_i, γ_i kann es sehr einfach gelingen, die rationale Gleichung aufzustellen. Ist z. B.

$$\begin{array}{lll}
\gamma_1 = 0, & \gamma_2 = \frac{\Omega'}{3}, & \gamma_3 = -\frac{\Omega'}{3} \\
\beta_1 = -\frac{2\Omega}{3}, & \beta_2 = -\frac{2\Omega-\Omega'}{3}, & \beta_3 = -\frac{2\Omega+\Omega'}{3}, \\
\alpha_1 = \frac{2\Omega}{3}, & \alpha_2 = \frac{2\Omega+\Omega'}{3}, & \alpha_3 = \frac{2\Omega-\Omega'}{3},
\end{array}$$

also

$$\begin{aligned}
\alpha &= 2\Omega \\
\beta &= -2\Omega \\
\gamma &= 0
\end{aligned}$$

und setzt man

$$\left.\begin{aligned}
\varrho x_1 &= \Theta_1\left(u - \tfrac{2\Omega}{3}\right)\Theta_1\left(u - \tfrac{2\Omega+\Omega'}{3}\right)\Theta_1\left(u - \tfrac{2\Omega-\Omega'}{3}\right) = \varphi_1(u) \\
\varrho x_2 &= \Theta_1\left(u + \tfrac{2\Omega}{3}\right)\Theta_1\left(u + \tfrac{2\Omega-\Omega'}{3}\right)\Theta_1\left(u + \tfrac{2\Omega+\Omega'}{3}\right) = \varphi_2(u) \\
\varrho x_3 &= \Theta_1(u)\Theta_1\left(u - \tfrac{\Omega'}{3}\right)\Theta_1\left(u + \tfrac{\Omega'}{3}\right) = \varphi_3(u),
\end{aligned}\right\} \tag{16}$$

so kann man die Gleichung der Kurve dritter Ordnung in rationaler Form durch folgende Betrachtungen aufstellen.

Es ist

$$\varphi_3(u) = \varphi_1(u + \tfrac{2\Omega}{3}) = \varphi_2(u - \tfrac{2\Omega}{3})$$

und

$$\left.\begin{aligned}
\varphi_1(u+\Omega) &= -\varphi_1(u)\\
\varphi_2(u+\Omega) &= -\varphi_2(u)\\
\varphi_3(u+\Omega) &= -\varphi_3(u)\\
\varphi_1(u+\tfrac{\Omega'}{3}) &= -\varepsilon\varphi_1(u)e^{(2u+\frac{\Omega'}{3})\frac{\pi i}{\Omega}}\\
\varphi_2(u+\tfrac{\Omega'}{3}) &= -\varepsilon^2\varphi_2(u)e^{(2u+\frac{\Omega'}{3})\frac{\pi i}{\Omega}}\\
\varphi_3(u+\tfrac{\Omega'}{3}) &= -\varphi_3(u)e^{(2u+\frac{\Omega'}{3})\frac{\pi i}{\Omega}}
\end{aligned}\right\} \tag{17a}$$

wobei

$$\varepsilon = e^{\frac{2\pi i}{3}},\ \varepsilon^3 = 1$$

ist. Ferner ergiebt sich

$$\left.\begin{aligned}
\varphi_1(-u) &= -\varphi_2(u)\\
\varphi_2(-u) &= -\varphi_1(u)\\
\varphi_3(-u) &= -\varphi_3(u)
\end{aligned}\right\} \tag{17b}$$

Vermöge der Gleichungen (17a) erkennt man, dass

$$\chi(u) = \frac{[\varphi_1(u)]^3 + [\varphi_2(u)]^3 + [\varphi_3(u)]^3}{\varphi_1(u)\,\varphi_2(u)\,\varphi_3(u)}$$

eine doppeltperiodische Funktion mit den Perioden Ω und $\frac{1}{3}\Omega'$ ist. Dieselbe kann nur unendlich werden, wenn eine der Funktionen $\varphi_i(u)$ verschwindet. Es ist aber

$$\begin{array}{lll}
\varphi_1(u) = 0 & \text{für} & u = \frac{2\Omega}{3},\ \frac{2\Omega}{3} + \frac{\Omega'}{3},\ \frac{2\Omega}{3} - \frac{\Omega'}{3}\\
\varphi_2(u) = 0 & & u = -\frac{2\Omega}{3}, -\frac{2\Omega}{3} + \frac{\Omega'}{3}, -\frac{2\Omega}{3} - \frac{\Omega'}{3}\\
\varphi_2(u) = 0 & & u = 0,\ \frac{\Omega'}{3},\ -\frac{\Omega'}{3}
\end{array}$$

und für die um ganzzahlige Vielfache von Ω, Ω' verschiedenen Werte von u. Von diesen Werten fallen aber in das Parallelogramm Ω, $\frac{\Omega'}{3}$ nur $u = 0$, $u = \frac{\Omega}{3}$, $u = \frac{2\Omega}{3}$, also kann $\chi(u)$ nur für diese Werte unendlich werden. Es ist aber

$$\varphi_1(0) = -\varphi_2(0), \quad \varphi_3(0) = 0,$$

wie aus den Gleichungen (17b) folgt, also verschwindet für $u = 0$ auch der Zähler von $\chi(u)$ und da der Nenner nur einfach null wird, so wird $\chi(0)$ nicht unendlich gross sein. Es ist auch

$$\varphi_2\left(\frac{\Omega}{3}\right) = 0,\ \varphi_1\left(\frac{\Omega}{3}\right) = -\varphi_3\left(\frac{\Omega}{3}\right)$$
$$\varphi_1\left(\frac{2\Omega}{3}\right) = 0,\ \varphi_2\left(\frac{2\Omega}{3}\right) = -\varphi_3\left(\frac{2\Omega}{3}\right),$$

d. h. $\chi(u)$ wird auch für $u = \frac{\Omega}{3}$ und $u = \frac{2\Omega}{3}$ *nicht* unendlich und muss daher eine Konstante C sein.

Diese ist von Null verschieden, denn setzt man $u = \frac{\Omega}{2}$, so wird, wenn man beachtet, dass

$$\varphi_1\left(\frac{\Omega}{2}\right) = \varphi_2\left(\frac{\Omega}{2}\right)$$

ist,

$$c = \frac{\varphi_3^3\left(\frac{\Omega}{2}\right) + 2\varphi_2^3\left(\frac{\Omega}{2}\right)}{\varphi_3\left(\frac{\Omega}{2}\right)\varphi_2^2\left(\frac{\Omega}{2}\right)} = \left[\frac{\varphi_3\left(\frac{\Omega}{2}\right)}{\varphi_2\left(\frac{\Omega}{2}\right)}\right]^2 + 2\frac{\varphi_2\left(\frac{\Omega}{2}\right)}{\varphi_3\left(\frac{\Omega}{2}\right)}, \tag{18a}$$

also eine endliche ganz bestimmte Grösse.

Es besteht somit für alle u die Identität

$$[\varphi_1(u)]^3 + [\varphi_2(u)]^3 + [\varphi_3(u)]^3 - c\varphi_1(u)\,\varphi_2(u)\,\varphi_3(u) = 0$$

d. h. die Gleichung

$$x_1^3 + x_2^3 + x_3^3 - cx_1x_2x_3 = 0, \tag{18}$$

wird durch die Werte von $x_1 : x_2 : x_3$ aus (16) identisch erfüllt oder (18) ist die Gleichung der Kurve dritter Ordnung, deren Koordinaten in (16) als doppeltperiodische eindeutige Funktionen von u dargestellt sind.

Die Argumente der Θ_1-Funktion sind so gewählt, dass für die reelle Kurve dritter Ordnung, für die Ω reell, Ω' entweder rein imaginär oder von der Form $\frac{1}{2}\Omega + \Omega'$ ist wo Ω' rein imaginär ist, reellen Werten von u reelle Punkte der Kurve entsprechen. Mit Rücksicht auf die Formeln IV (S. 56) folgt, dass im ersten Falle auch Werten von der Form $u + \frac{\Omega'}{2}$, wo u reell ist, reelle Punkte der Kurve zugehören. In diesen Fällen ist auch c reell.

Die Kurve dritter Ordnung, deren Gleichungen die Form (15) haben, kann *einen Doppelpunkt nicht* besitzen. Denn hätte sie einen solchen und wären

$$\begin{aligned} a_1x_1 + a_2x_2 + a_3x_3 &= 0 \\ b_1x_1 + b_2x_2 + b_3x_3 &= 0 \end{aligned}$$

irgend zwei durch denselben gehende Gerade, also

$$a_1x_1 + a_2x_2 + a_3x_3 - \lambda(b_1x_1 + b_2x_2 + b_3x_3) = 0 \tag{A}$$

die Gleichung des Strahlenbüschels, der durch ihn geht, so würde jede Gerade desselben die Kurve nur in einem Punkte treffen, d. h. für jeden Wert von λ ergiebt sich aus der Gleichung der Kurve

$$f(x_1, x_2, x_3) = 0$$

und der Gleichung (A) nur ein bestimmtes Wertepaar von $\frac{x_1}{x_3}$ und $\frac{x_2}{x_3}$ und also aus (15) nur ein bestimmter Wert von u, da dieser den Punkten der Kurve eindeutig zugeordnet ist.*) Das heisst aber, die eindeutige doppeltperiodische Funktion

$$\lambda = \frac{a_1\varphi(u) + a_2\Phi(u) + a_3}{b_1\varphi(u) + b_2\Phi(u) + b_3}$$

nimmt jeden Wert λ nur für einen Wert von u an, wäre also eine doppeltperiodische Funktion erster Ordnung, die aber nach Satz 14, S. 66 nicht existiren kann, wenn sie sich nicht auf eine Konstante reduzirt.

6. Es seien

$$x = \frac{x_1}{x_3} = \varphi(u), \ y = \frac{x_2}{x_3} = \Phi(u)$$

die Gleichungen (15) der Kurve dritter Ordnung

$$f(x, y) = 0,$$

und

$$F(x, y) = 0$$

sei die Gleichung einer beliebigen Kurve n^{ter} Ordnung, in der also wenigstens ein Glied n^{ter} Dimension vorkommen muss. Die Funktion

$$F\big(\varphi(u), \Phi(u)\big) = \chi(u)$$

wird eine doppeltperiodische Funktion mit den Perioden Ω, Ω' wie $\varphi(u)$ und $\Phi(u)$ sein, ihre Ordnung ist $3n$, denn sie wird für $u = \gamma_1, \gamma_2, \gamma_3$ je von der n^{ten} Ordnung unendlich, da ein Glied von der Form $x^k y^{n-k}$ in $F(x, y)$ auftreten muss.

Es wird also $\chi(u)$ auch für $3n$ Werte von $u : u_1, u_2 \dots u_{3n}$ verschwinden, wenn wir voraussetzen, dass jeder Wert u_k, für den nicht blos $\chi(u)$, sondern auch

$$\frac{d\chi}{du}, \frac{d^2\chi}{du^2}, \dots \frac{d^{h-1}\chi}{du^{h-1}}$$

verschwindet, als h-facher Nullpunkt gezählt wird, da in ihm $\chi(u)$ h-mal verschwindet.

*) Da $\frac{x_1}{x_3}$ und $\frac{x_2}{x_3}$ doppeltperiodische Funktionen mit den Perioden $4K = \Omega$ und $2K_1 = \Omega'$ sind, so lassen sich $s(u)$ und $s'(u)$ rational durch $\frac{x_1}{x_3}$ und $\frac{x_2}{x_3}$ ausdrücken und durch die Werte von $s(u)$ und $s'(u)$ ist das Argument u bis auf ganzzahlige Vielfache von Perioden bestimmt.

Für jeden Wert u_1, für den $\chi(u_1) = 0$ ist, ergeben sich nun

$$x_1 = \varphi(u_1), \; y_1 = \Phi(u_1)$$

als Koordinaten eines Punktes von $f = 0$, die auch der Gleichung

$$F(x, y) = F\big(\varphi(u), \Phi(u)\big) = 0$$

genügen, d. h. die auch auf der Kurve $F(x, y) = 0$ liegen. Für jeden Wert u_k, für den $\chi(u_k)$ h-mal verschwindet, wird $F(x, y) = 0$ die Kurve $f(x, y) = 0$ in h aufeinander folgenden Punkten schneiden, der Punkt zählt also als soviel Schnittpunkte beider Kurven, als u_k in die Reihe $u_1, u_2 \dots u_{3n}$ eingeht.

Da $\chi(u)$ für $u = \gamma_1, \gamma_2, \gamma_3$ nur je von der n^{ten} Ordnung unendlich wird, so muss nach Satz 15, S. 68

$$u_1 + u_2 + u_3 + \cdots + u_{3n} \equiv n\gamma \; (\text{mod. } \Omega, \Omega') \tag{A}$$

sein.

Es ist nun wichtig die Umkehr dieses Satzes zu beweisen, d. h.: *Hat man $3n$ beliebige Argumente $u_1, u_2, \dots, u_{3n}$, welche der Gleichung (A) genügen, so liegen die ihnen entsprechenden Punkte der Kurve dritter Ordnung stets auf einer Kurve n^{ter} Ordnung.* Denn legt man durch die $3n - 1$ Punkte, denen die Argumente $u_1, u_2 \dots u_{3n-1}$ entsprechen, eine Kurve n^{ter} Ordnung, was stets möglich ist, [da diese durch $\frac{1}{2}n(n + 3)$ Punkte bestimmt ist und $\frac{1}{2}n(n + 3) > 3n - 1$ ist, sobald $n > 2$ für $n = 2$ und $n = 1$ ist, aber $\frac{1}{2}n(n+3) = 3n-1$], so wird dieselbe die Kurve dritter Ordnung noch in einem einzigen Punkte schneiden, dessen Argument u' der Gleichung genügen muss

$$u_1 + u_2 + \cdots + u_{3n-1} + u' = n\gamma + k\Omega + k\Omega' \; (k, k' \text{ ganze Zahlen})$$

und da zwischen $u_1 \dots u_{3n-1}, u_{3n}$ die Kongruenz (A) besteht, so folgt aus derselben und der eben hingeschriebenen Gleichung

$$u' = u_{3n} = \lambda\Omega + \lambda'\Omega',$$

wo λ, λ' irgend welche ganze Zahlen sind. Da aber $\varphi(u)$ und $\Phi(u)$ die Perioden Ω und Ω' besitzen, so ist der Punkt, dessen Argument u' ist, derselbe wie der, dem das Argument u_{3n} zukömmt.

Sollen also drei Punkte auf einer Geraden liegen, so ist die notwendige und hinreichende Bedingung dafür, dass die ihnen zukommenden Argumente der Bedingung genügen

$$u_1 + u_2 + u_3 \equiv \gamma \; (\text{mod. } \Omega, \Omega).$$

Soll also eine Gerade die Kurve dritter Ordnung in drei zusammenfallenden Punkten schneiden, so wird das Argument dieses Punktes gegeben sein durch die Gleichung

$$3u = \gamma + \nu\Omega + \nu'\Omega',$$

wo ν, ν' irgend welche ganze Zahlen sind.

Also folgt

$$u = \frac{1}{3}\gamma + \frac{\nu\Omega + \nu'\Omega'}{3}.$$

Da man u um ganze Vielfache von Perioden vermehren oder vermindern kann, ohne einen anderen Punkt der Kurve dritter Ordnung zu erhalten, so hat man ν und ν' nur die Werte 0, 1, 2 beizulegen und erhält im Ganzen neun Werte von u, denen also *neun Wendepunkte* der Kurve dritter Ordnung entsprechen.

Ist die Gleichung der Kurve in der Formel (16) angenommen, dann ist $\gamma = 0$, also die Argumente der Wendepunkte sind in der Form

$$u = \frac{\mu\Omega + \mu'\Omega'}{3}$$

enthalten, d. h. $u = 0$ ist ein Wendepunkt.

Die neun Wendepunkte liegen dann auf den drei Seiten des Fundamentaldreieckes und zwar auf

$x_1 = 0$	die Wendepunkte mit den Argumenten	$\frac{2\Omega}{3}$,	$\frac{2\Omega+\Omega'}{3}$,	$\frac{2\Omega+2\Omega'}{3}$
$x_2 = 0$	"	$\frac{\Omega}{3}$,	$\frac{\Omega+\Omega'}{3}$,	$\frac{\Omega+2\Omega'}{3}$
$x_3 = 0$	"	0,	$\frac{\Omega'}{3}$,	$\frac{2\Omega'}{3}$

Für diese Darstellungsform wird die Bedingung (A) die Form haben

$$u_1 + u_2 + \cdots + u_{3n} \equiv 0 \; (\text{mod. } \Omega, \Omega'). \tag{A}$$

Man kann nun leicht einsehen, dass jede Gerade, welche durch zwei Wendepunkte geht, noch einen dritten enthält, dass es also $\frac{1}{3} \cdot \frac{8 \cdot 9}{2} = 12$ solcher Geraden giebt und dass zu jeder Geraden, die drei Wendepunkte trägt, sich noch 2 andere zuordnen, die die 6 übrigen Wendepunkte tragen, so dass wir 4 Dreiecke haben, deren Seiten je alle 9 Wendepunkte tragen. Das Fundamentaldreieck, auf das die Kurve durch die Gleichung (18) bezogen ist, ist ein solches *Wendepunktsdreieck.*

7. Nimmt man die Darstellung (13) oder (12), von der wir wissen, in welcher Beziehung sie zur reellen Kurve dritter Ordnung steht, so ist

$$\gamma = 7K - \mu \equiv -(\mu + K),$$

also die Argumente der Wendepunkte sind

$$u = -\frac{\mu + K}{3} + \frac{\nu 4K + \nu' 2K_1}{3}$$

oder

$$\left.\begin{array}{lll} -\frac{\mu+K}{3}, & -\frac{\mu+K}{3} + \frac{4K}{3}, & \frac{\mu+K}{3} + \frac{8K}{3} \\ -\frac{\mu+K}{3} + \frac{2K_1}{3}, & -\frac{\mu+K}{3} + \frac{2K_1}{3} + \frac{4K}{3}, & \frac{\mu+K}{3} + \frac{2K_1}{3} + \frac{8K}{3} \\ -\frac{\mu+K}{3} + \frac{4K_1}{3}, & -\frac{\mu+K}{3} + \frac{4K_1}{3} + \frac{4K}{3}, & -\frac{\mu+K}{3} + \frac{4K_1}{3} + \frac{8K}{3} \end{array}\right\} \qquad (S)$$

und für drei Punkte, die auf einer Geraden liegen, muss

$$u_1 + u_2 + u_3 \equiv 7K - \mu \equiv -(\mu + K)$$

sein.

Ist also

I. Die Kurve zweitheilig und μ reell, dann sind die Wendepunkte mit den Argumenten

$$-\frac{\mu+K}{3}, \quad -\frac{\mu+K}{3} + \frac{4K}{3}, \quad -\frac{\mu+K}{3} + \frac{8K}{3}$$

reell, alle übrigen sind imaginär und zwar zu Folge der Bemerkung auf S. 236 sind die Wendepunkte mit den Argumenten

$$-\frac{\mu+K}{3} + i\frac{2K'}{3}, \; -\frac{\mu+K}{3} + \frac{4K}{3} + i\frac{2K'}{3}, \\ -\frac{\mu+K}{3} + \frac{8K}{3} + i\frac{2K'}{3}$$

konjugirt imaginär zu den Wendepunkten

$$-\frac{\mu+K}{3} - i\frac{2K'}{3}, \; -\frac{\mu+K}{3} + \frac{4K}{3} - i\frac{2K'}{3}, \\ -\frac{\mu+K}{3} + \frac{8K}{3} - i\frac{2K'}{3}$$

und liegen daher mit je dem darüberstehenden auf einer reellen Geraden, die durch einen der reellen Wendepunkte geht. Diese drei Geraden bilden das einzige *reelle* Wendepunktsdreieck.

Ist aber $\mu - iK'$ reell, dann werden die Wendepunkte, deren Argumente in der dritten Zeile von (S) stehen, reell, denn diese kann man schreiben:

$$-\tfrac{\mu+K-iK'}{3} + iK', \; -\tfrac{\mu+K-iK'}{3} + iK' + \tfrac{4K}{3},$$
$$-\tfrac{\mu+K-iK'}{3} + iK' + \tfrac{8K}{3}.$$

Die Wendepunkte, deren Argumente in der ersten und zweiten Zeile von (S) stehen, werden wieder konjugirt imaginär, da man die der ersten Zeile schreiben kann

$$-\tfrac{\mu+K-iK'}{3} - i\tfrac{K'}{3}, \; -\tfrac{\mu+K-iK'}{3} - i\tfrac{K'}{3} + \tfrac{4K}{3},$$
$$-\tfrac{\mu+K-iK'}{3} - i\tfrac{K'}{3} + \tfrac{8K}{3}$$

und die der zweiten Zeile die Form haben

$$-\tfrac{\mu+K-iK'}{3} + i\tfrac{K'}{3}, \; -\tfrac{\mu+K-iK'}{3} + i\tfrac{K'}{3} + \tfrac{4K}{3},$$
$$-\tfrac{\mu+K-iK'}{3} - i\tfrac{K'}{3} + \tfrac{8K}{3}$$

Diese liegen wieder mit dem dritten reellen, dessen Argument in derselben Kolonne in S steht, auf einer reellen Geraden. Diese drei Geraden bilden das *einzige* reelle Wendepunktsdreieck.

Die drei reellen Wendepunkte liegen auf einer Geraden, deren zugehöriges Wendepunktsdreieck imaginär ist, indem nur noch die gegenüberliegende Ecke reell ist, da man leicht erkennt, dass die imaginären Seiten desselben konjugirt sind, denn zu jedem Wendepunkte der einen imaginären Geraden liegt der konjugirte auf der anderen.

II. Ist die Kurve eintheilig, $4K$ reell, $2K_1 = 2K + iK'$ und K' auch reell, dann ist μ reell und die Wendepunkte, deren Argumente

$$-\tfrac{\mu+K}{3}, -\tfrac{\mu+K}{3} + \tfrac{4K}{3}, -\tfrac{\mu+K}{3} + \tfrac{8K}{3}$$

sind, sind die einzigen reellen. Die anderen sind konjugirt imaginär und zwar sind die mit den Argumenten:

$$-\tfrac{\mu+K}{3} + \tfrac{4K}{3} + i\tfrac{2K'}{3}, -\tfrac{\mu+K}{3} + \tfrac{8K}{3} + i\tfrac{2K'}{3}, -\tfrac{\mu+K}{3} + \tfrac{12K}{3} + i\tfrac{2K'}{3}$$

konjugirt denen, deren Argumente in der letzten Zeile stehen, die die Form annehmen (wenn man $2K_1$ subtrahirt)

$$-\tfrac{\mu+K}{3} + \tfrac{4K}{3} - i\tfrac{2K'}{3}, -\tfrac{\mu+K}{3} - \tfrac{4K}{3} - i\tfrac{2K'}{3}, -\tfrac{\mu+K}{3} - i\tfrac{2K'}{3}.$$

> Je zwei, deren Argumente hier untereinander stehen, liegen also mit einem der reellen Wendepunkte auf einer reellen Geraden und diese drei Geraden bilden das *einzige* reelle Wendepunktsdreieck.
>
> Die Gerade, welche die drei reellen Wendepunkte trägt, gehört zu einem imaginären Wendepunktsdreieck, von dem noch die gegenüberliegende Ecke reell ist.

Es sind also von den neun Wendepunkten einer reellen Kurve dritter Ordnung stets *drei* und *nur drei reell* und von den vier Wendepunktsdreiecken ist *eines* stets ganz *reell*, dessen Seiten jede durch einen der reellen Wendepunkte gehen.

8. Setzt man zwischen den Argumenten u und v die Beziehung fest

$$u = \pm v + c$$

wo c eine beliebige Grösse ist, so wird jedem Punkte der Kurve dritter Ordnung ein anderer in ganz bestimmter und eindeutiger Weise zugeordnet. Die Beziehung ist auch eindeutig umkehrbar. Soll umgekehrt zwischen den Punkten einer Kurve dritter Ordnung eine ein-eindeutige Beziehung bestehen, so muss zwischen den Parametern derselben die Relation $u = \pm v + c$ statthaben. Denn wäre $u = \alpha v + c$, so würden dem Punkte, dessen Argument $v + \mu\Omega + \mu'\Omega'$ ist, alle Punkte, deren Argumente $u = \alpha v + \alpha(\mu\Omega + \mu'\Omega') + c$ entsprechen; sollen alle nur ein bestimmter Punkt sein, so muss α eine ganze Zahl sein. Dann folgt aber, dass dem Punkte, dessen Argument u ist, alle Punkte, deren Argumente $\frac{1}{\alpha}(u + \nu\Omega + \nu'\Omega' - c) = v$ sind, entsprechen, d. h. die Punkte mit den Argumente $n\frac{1}{\alpha}(u - c) + \frac{\nu\Omega + \nu'\Omega'}{\alpha}$ und diese sind α^2 verschiedene Punkte, wenn ν, ν' alle ganzen Zahlen durchlaufen. Sollen also auch diese nur einen Punkt geben, so muss $\alpha^2 = 1$, d. h. $\alpha = \pm 1$ sein.

Diese *eindeutige Transformation der Curve dritter Ordnung in sich* ist keine lineare bei beliebigem c. Denn sind v_1, v_2, v_3 die Argumente dreier beliebiger Punkte der Kurve dritter Ordnung, welche auf einer Geraden liegen, für die also

$$v_1 + v_2 + v_2 \equiv \gamma$$

ist, so wird für die entsprechenden Punkte u_1, u_2, u_3 die Kongruenz bestehen

$$u_1 + u_2 + u_3 \equiv \pm\gamma + 3c,$$

d. h. die Punkte liegen bei beliebigem c nicht auf einer Geraden. Setzt man aber für die Transformation

$$S \cdots u = v + c, \quad c = \frac{\mu\Omega + \mu'\Omega'}{3},$$

für

$$T \cdots u = -v + c, \quad c = \frac{2\gamma}{3} + \frac{\mu\Omega + \mu'\Omega'}{3},$$

dann wird für beide

$$u_1 + u_2 + u_3 \equiv \gamma$$

folgen aus

$$v_1 + v_2 + v_3 \equiv \gamma$$

d. h. drei Punkten, die in einer Geraden liegen, werden drei Punkte entsprechen, die wieder in einer Geraden liegen, die Transformation ist also dann in der Ebene der Kurve eine *lineare* (eine Kollineation), welche die Kurve ungeändert lässt. Da μ, μ' in beiden Formeln nur Werte 0, 1, 2 anzunehmen brauchen, um alle Werte c, die zulässig sind, zu erschöpfen, so haben wir 18 Kollineationen der Ebene, welche die Kurve dritter Ordnung in sich überführen (die Identität $S \cdots c = 0$ mit gezählt). Andere giebt es nicht, wie man leicht ersieht.

Da die Argumente der Wendepunkte w_{ν,ν_1} durch die Kongruenz

$$w_{\nu,\nu_1} \equiv \frac{1}{3}\gamma + \frac{\nu\Omega + \nu'\Omega'}{3} \quad (\nu, \nu' = 0, 1, 2)$$

gegeben sind, so wird die Transformation

$$u = v + \frac{\mu\Omega + \mu'\Omega'}{3}$$

den Wendepunkt $v = w_{\nu,\nu'}$ in den Wendepunkt

$$w_{\lambda,\lambda'} \equiv \frac{1}{3}\gamma + \frac{\lambda\Omega + \lambda'\Omega'}{3} \quad (\lambda = \mu + \nu,\ \lambda' = \mu' + \nu')$$

transformiren und die Transformation

$$u = -v + \frac{2\gamma}{3} + \frac{\mu\Omega + \mu'\Omega'}{3}$$

den Wendepunkt $v = w_{\nu,\nu'}$ in den Wendepunkt

$$w_{\varrho,\varrho'} \equiv \frac{1}{3}\gamma + \frac{\varrho\Omega + \varrho'\Omega'}{3} \quad (\varrho = \mu - \nu,\ \varrho' = \mu' - \nu')$$

überführen, d. h. diese Transformationen verwandeln das System der neun Wendepunkte in sich selbst, wie es ja von vorn herein klar ist, dass durch Kollineation ein Wendepunkt nur in einen Wendepunkt übergeführt werden kann.

Da aus

$$T \cdots u = -v + c$$

die Relation

$$u + v + (\gamma - c) \equiv \gamma$$

folgt, so liegen die entsprechenden Punkte der Kurve dritter Ordnung mit dem Punkte, dessen Argument $y - c$ ist, auf einer Geraden, und die Transformation T ist die, welche durch ein Strahlenbüschel, dessen Scheitel auf der Kurve liegt, bewirkt wird.

Wendet man zwei Transformationen T hintereinander an:

$$T_1 \cdots u = -\, v + c_1$$
$$T_2 \cdots v = -\, w + c_2$$

so wird das Resultat einer Transformation S:

$$u = w + (c_1 - c_2)$$

Führt man also eine *gerade* Anzahl von Transformationen T hintereinander auf einen Punkt aus, so gelangt man stets zu einer Transformation S.

Eine Transformation S mit einer T kombinirt giebt eine Transformation T; denn ist für

$$T_1 \cdots u = -v + c_1$$

und für

$$S_1 \cdots v = w + c_2,$$

so wird das Resultat der beiden Transformationen

$$u = -w + (c_1 - c_2)$$

eine Transformation T sein. Daher giebt eine *ungerade* Anzahl von Transformationen T hintereinander ausgeführt wieder eine Transformation T. Die Transformation S wiederholt angewendet giebt nur Transformationen von derselben Art S.

Für jede Transformation T giebt es vier Punkte der Kurve dritter Ordnung, welche mit ihren entsprechenden zusammenfallen, denn soll $u \equiv v$ sein, so wird

$$2u + (\gamma - c) \equiv \gamma$$

sein müssen und also

$$u \equiv \frac{c}{2} + \frac{\nu \Omega + \nu' \Omega'}{2},$$

d. h. u hat die vier Werte

$$\tfrac{1}{2}c,\ \tfrac{1}{2}c + \tfrac{\Omega}{2},\ \tfrac{1}{2}c + \tfrac{\Omega'}{2},\ \tfrac{1}{2}c + \tfrac{\Omega+\Omega}{2};$$

zufolge der Kongruenz

$$2u + (\gamma - c) \equiv \gamma$$

ersieht man aber, dass diese vier Punkte Tangenten besitzen, welche durch den Punkt, dessen Argument $(\gamma - c)$ ist, hindurch gehen und da von einem beliebigen Punkte der Kurve an dieselbe nur vier Tangenten gehen*) , so sind die vier zusammenfallenden Punkte der Transformation T diejenigen, in welchen die Geraden des Büschels, welcher die Transformation T hervorbringt, die Kurve berühren.

In S können zwei entsprechende Elemente *nicht* zusammenfallen, da aus $u \equiv v$ auch $c \equiv 0$ folgen würde, also S die Identität wäre. Die Verbindungsgeraden entsprechender Punkte hüllen im Allgemeinen eine Kurve 6. Klasse ein, die 3. Klasse wird, wenn c eine halbe Periode ist. [Vergl. Harnack, Math. Ann. Bd. IX, S. 96.]

Man erkennt nun leicht, dass die neun Kollineationen

$$u = -v + \frac{2}{3}\gamma + \frac{\mu\Omega + \mu'\Omega'}{3}$$

involutorische Centralkollineationen mit einem Wendepunkte als Kollineationscentrum sind, deren Kollineationsaxe die harmonische Polare des Wendepunktes ist, d. h. die Gerade, welche die Berührungspunkte der drei vom Wendepunkte noch an die Kurve gehenden Tangenten enthält. Diese Gerade muss daher jeden Strahl durch den zugehörigen Wendepunkt so schneiden, dass der Schnittpunkt den Wendepunkt harmonisch trennt von den zwei andern Schnittpunkten des Strahles mit der Kurve.

Kombinirt man irgend zwei dieser centralen Kollineationen, so erhält man eine Kollineation S, für die

$$u = v + \frac{\mu\Omega + \mu'\Omega'}{3}$$

*) Denn soll die Tangente eines Punktes u durch den Punkt v gehen, so muss $2u + v \equiv \gamma$ sein, d. h. u kann nur die vier Werte

$$-\tfrac{1}{2}(v-\gamma),\ -\tfrac{1}{2}(v-\gamma) + \tfrac{\Omega}{2},\ -\tfrac{1}{2}(v-\gamma) + \tfrac{\Omega'}{2},\ -\tfrac{1}{2}(v-\gamma) + \tfrac{\Omega+\Omega'}{2}$$

haben. Vergl. des weitern: Harnack, Mathematische Annalen, Bd. IX, S. 1. Ist der Punkt v ein Wendepunkt, also

$$v = \tfrac{1}{3}\gamma + \tfrac{\nu\Omega+\nu'\Omega'}{3},$$

so überzeugt man sich leicht, dass einer der vier Punkte mit ihm zusammenfällt, und dass die drei übrigen dann auf einer Geraden liegen.

ist, also im Ganzen die acht Kollineationen der zweiten Art, wenn man die Identität weglässt.

9. Die Gleichung (1) S. 230 der Kurve dritter Ordnung ohne Doppelpunkt enthält neun willkürliche Konstanten. In den Gleichungen (15) S. 239 muss die gleiche Anzahl auftreten, hier erscheinen sie aber in ausserwesentliche (dem Koordinatensystem anhaftende) und wesentliche getrennt.

In erster Reihe treten die zwei Konstanten $A_1 : A_2 : A_3$ und sieben willkürliche Grössen α_i, β_i, γ_i, auf, da zwischen den letzteren die zwei Gleichungen (15a) stattfinden. Führt man aber in (15) $u+c$ statt u ein, so kann man einer von den eben erwähnten neun Konstanten einen beliebigen Wert beilegen, ohne die Form der rationalen Gleichung der Kurve zu alteriren. Wir haben also acht willkürliche Konstanten, welche auf die Gestalt der rationalen Gleichung der Kurve Einfluss haben, und mit Hilfe deren wir acht Konstanten der letzteren willkürliche Werte (innerhalb gewisser Grenzen) beilegen können. Diese acht Grössen haften dem jeweilig gewählten Koordinatensystem an, und ändern sich mit der Wahl dieses. Die α_i, β_i, γ_i, sind geradezu die Werte des Parameters $u+c$ für die Schnittpunkte der Kurve mit dem Fundamentaldreiecke und die A_i bestimmen den Einheitspunkt des Koordinatensystems. Geht man nun von einem Fundamentaldreiecke zu einem anderen über, so hat man durch die lineare Transformation der Koordinaten acht Konstanten zur Verfügung, die also im Allgemeinen hinreichen, um den obigen acht Konstanten A_i, α_i, β_i, γ_i vorgegebene Werte zu ertheilen.

Als neunte wesentliche Konstante für die Kurve tritt die Grösse $\frac{\Omega'}{\Omega}$ auf, von welcher die Θ_1-Funktion allein abhängt, und die durch die linearen Transformationen der x_1, x_2, x_3 ungeändert bleibt.

Man kann daher den A_i, α_i, β_i, γ_i die Werte geben, die sie in den Gleichungen (16) haben, und weiss dann, dass die Gleichungen (15) in diese durch lineare Transformation der Koordinaten übergehen. Das Fundamentaldreieck für die Gleichungen (16) ist ein Wendepunktsdreieck und da es deren vier giebt, so kann man die Gleichungen einer Kurve 3. Ordnung ohne Doppelpunkt auf vier verschiedene Arten auf die Form (16) bringen. Wie man sich leicht überzeugt, wird die Form der rationalen Gleichung stets (18) sein. Da es aber nur *ein* vollständig reelles Wendepunktsdreieck giebt (das in (16) zu Grunde gelegt wurde), so kann man nur auf *eine* ganz bestimmte Art die Gleichung einer reellen Kurve 3. Ordnung ohne Doppelpunkt durch eine reelle Koordinatentransformation auf die Form (18) bringen, in welcher dann c sowohl als das Koordinatendreieck $x_1 = 0$, $x_2 = 0, x_3 = 0$ reell ist.

Die einzige auftretende Konstante c kann durch lineare Transformation nicht beliebige Werte für eine gegebene Kurve annehmen, sie ist die einzige *wesentliche* Konstante der Kurve, ihr Zusammenhang mit $\frac{\Omega'}{\Omega}$, der früher als solche erkannten, ist durch (18a) gegeben.

Die Gleichung (18) hat die Eigenschaft, dass sie bei allen Kollineationen, welche die Kurve 3. Ordnung in sich verwandeln, ungeändert bleibt.

II. Kurven n^{ter} Ordnung mit $\frac{1}{2}n(n-3)$ Doppelpunkten.

10. Hat eine Kurve n^{ter} Ordnung

$$F(x_1, x_2, x_3) = 0 \tag{1}$$

$\frac{1}{2}n(n-3) = d$ Doppelpunkte, so kann man durch diese und $n-3$ feste Punkte derselben Kurven $(n-2)^{\text{ter}}$ Ordnung legen, von denen noch

$$\tfrac{1}{2}(n-1)(n+2) - \tfrac{1}{2}n(n-3) - (n-3) = 2$$

Punkte beliebig sind, und von denen jede auch durch Annahme von zwei Punkten im Allgemeinen bestimmt ist. Sind daher

$$\begin{aligned} \varphi_1(x_1, x_2, x_3) &= 0 \\ \varphi_2(x_1, x_2, x_3) &= 0 \\ \varphi_3(x_1, x_2, x_3) &= 0 \end{aligned}$$

die Gleichungen von drei beliebigen Kurven $(n-2)^{\text{ter}}$ Ordnung, welche durch die d Doppelpunkte und die $(n-3)$ festen Punkte gehen, und die keinem Büschel von Kurven $(n-2)^{\text{ter}}$ Ordnung angehören, d. h. zwischen denen bei konstanten λ_1 , λ_2, λ_3 die Identität

$$\lambda_1\varphi_1(x_1, x_2, x_3) + \lambda_2\varphi_2(x_1, x_2, x_3) + \lambda_3\varphi_3(x_1, x_2, x_3) \equiv 0$$

nicht bestehen kann, so ist es möglich, die Gleichung einer jeden Kurve $(n-2)^{\text{ter}}$ Ordnung, welche durch die d Doppelpunkte und die $(n-3)$ festen Punkte geht,

$$\varphi(x_1, x_2, x_3) = 0$$

in der Form

$$\varphi(x_1, x_2, x_3) \equiv \lambda_1\varphi_1(x_1, x_2, x_3) + \lambda_2\varphi_2(x_1, x_2, x_3) + \lambda_3\varphi_3(x_1, x_2, x_3) = 0 \tag{2}$$

darzustellen, und umgekehrt wird jede Kurve der $(n-2)^{\text{ten}}$ Ordnung, deren Gleichung von der Form (2) ist, durch die d Doppelpunkte und $(n-3)$ festen Punkte gehen.

Setzt man nun

$$\begin{aligned} \mu\xi_1 &= \varphi_1(x_1, x_2, x_3) \\ \mu\xi_2 &= \varphi_2(x_1, x_2, x_3) \\ \mu\xi_3 &= \varphi_3(x_1, x_2, x_3) \end{aligned} \tag{3}$$

und lässt zwischen den Koordinaten x die Gleichung

$$F(x_1, x_2, x_3) = 0 \tag{1}$$

bestehen, so wird jedem Punkte, dessen Koordinaten x_1, x_2, x_3 die Gleichung (1) befriedigen, ein bestimmter Punkt, dessen Koordinaten ξ_1, ξ_2, ξ_3 sind, entsprechen. Durchläuft also der Punkt x die Kurve $F = 0$, so wird der Punkt ξ eine gewisse Kurve

$$f(\xi_1, \xi_2, \xi_3) = 0 \tag{4}$$

durchlaufen. Eliminirt man x_1, x_2, x_3, μ aus den Gleichungen (3) und (1), so erhält man eine Gleichung

$$G(\xi_1, \xi_2, \xi_3) = 0,$$

die den rationalen Faktor $f(\xi_1, \xi_2, \xi_3)$ enthält, der gleich Null gesetzt, eben die Gleichung der Kurve giebt. Diese Kurve ist von dritter Ordnung.

Denn ist

$$\lambda_1\xi_1 + \lambda_2\xi_2 + \lambda_3\xi_3 = 0$$

die Gleichung einer beliebigen Geraden der Ebene, in welcher die Kurve $f = 0$ liegt, so entspricht dieser in der Ebene der Kurve $F = 0$ eine Kurve $(n-2)^{\text{ter}}$ Ordnung vermöge (3), deren Gleichung

$$\lambda_1\varphi_1(x_1, x_2, x_3) + \lambda_2\varphi_2(x_1, x_2, x_3) + \lambda_3\varphi_3(x_1, x_2, x_3) = 0$$

ist, und diese schneidet ausser in den Doppelpunkten und den festen Punkten die Kurve $F = 0$ nur in

$$n(n-2) - 2d - (n-3) = 3$$

Punkten, die mit $\lambda_1, \lambda_2, \lambda_3$ variiren, die sich also von Kurve zu Kurve ändern. Diesen drei Punkten von $F = 0$ entsprechen aber drei Punkte von $f = 0$, die auf der beliebig angenommenen Geraden liegen.

Die Gleichungen (3) transformiren also in *rationaler eindeutiger* Weise die Kurve n^{ter} Ordnung $F = 0$ in die Kurve 3. Ordnung $f = 0$, so dass jedem Punkte von $F = 0$ ein bestimmter Punkt von $f = 0$ entspricht.*) Lässt

*) Es könnte ein Zweifel für die festen Punkte und die Doppelpunkte entstehen, da für diese alle φ verschwinden, aber auch diesen entsprechen bestimmte Werte des Verhältnisses $\xi_1 : \xi_2 : \xi_3$. Denn setzt man

$$\xi = \frac{\xi_1}{\xi_3},\ \eta = \frac{\xi_2}{\xi_3},\ x = \frac{x_1}{x_3},\ y = \frac{y_2}{y_3}$$

so werden die Formeln (2) auch in der Form

$$\xi = \frac{\varphi_1(x, y, 1)}{\varphi_2(x, y, 1)},\ \eta = \frac{\varphi_2(x, y, 1)}{\varphi_3(x, y, 1)}$$

man den Punkt x die Kurve $F=0$ durchlaufen, so wird ξ die Kurve $f=0$ durchlaufen, und wenn man auf dem einen oder anderen Zuge, der $F=0$, in einen Doppelpunkt gelangt, wird man zu verschiedenen Punkten der Kurve $f=0$ kommen.

Da nun durch einen Punkt ξ der $f=0$ ein Büschel von Geraden bestimmt ist, dem in der Ebene von $F=0$ ein Büschel von Kurven $(n-2)^{\text{ter}}$ Ordnung entspricht, die sich nur in einem auf $F=0$ gelegenen Punkte schneiden, während die anderen Schnittpunkte ausserhalb $F=0$ fallen, so werden auch die Punkte von $F=0$ den Punkten von $f=0$ eindeutig entsprechen oder die Gleichungen (3) sind mit Rücksicht auf die Gleichung (1) rational nach

---

geschrieben werden können. Es sei nun für einen der festen Punkte $x=x_1$, $y=y_1$ für die also

$$\varphi_1(x_1, y_1, 1)=0,\ \varphi_2(x_1, y_1, 1)=0,\ \varphi_3(x_1, y_1, 1)=0$$

ist, dann ist aber

$$\xi=\left[\frac{\varphi_1(x, y, 1)}{\varphi_3(x, y, 1)}\right]_{\binom{x=x_1}{y=y_1}} \quad =\left[\frac{\frac{\partial\varphi_1}{\partial x}+\frac{\partial\varphi_1}{\partial y}\frac{dy}{dx}}{\frac{\partial\varphi_3}{\partial x}+\frac{\partial\varphi_3}{\partial y}\frac{dy}{dx}}\right]_{\binom{x=x_1}{y=y_1}}$$

$$\eta=\left[\frac{\varphi_2(x, y, 1)}{\varphi_3(x, y, 1)}\right]_{\binom{x=x_1}{y=y_1}} \quad =\left[\frac{\frac{\partial\varphi_2}{\partial x}+\frac{\partial\varphi_2}{\partial y}\frac{dy}{dx}}{\frac{\partial\varphi_3}{\partial x}+\frac{\partial\varphi_3}{\partial y}\frac{dy}{dx}}\right]_{\binom{x=x_1}{y=y_1}}$$

wo

$$\frac{dy}{dx}=-\frac{\frac{\partial F(x,y,1)}{\partial x}}{\frac{\partial F(x,y,1)}{\partial y}}$$

ist, vollständig bestimmt, wenn (x_1, y_1) kein Doppelpunkt ist. Ist aber letzteres der Fall, dann wird $\frac{dx}{dy}$ die Form $\frac{0}{0}$ annehmen und man hat dann für $\frac{dy}{dx}$ die beiden Werte zu setzen, die sich ergeben, wenn man sich dem Doppelpunkte auf dem einen oder andern Zuge, d. h. in der Richtung der Doppelpunktstangenten nähert, wodurch für die beiden Richtungen sich zwei verschiedene Werte von ξ, η, also zwei verschiedene Punkte der Kurve $f=0$ ergeben.

den x auflösbar, d. h. es folgt aus denselben*)

$$\begin{aligned} \nu x_1 &= \psi_1(\xi_1, \xi_2, \xi_3) \\ \nu x_2 &= \psi_2(\xi_1, \xi_2, \xi_3) \\ \nu x_3 &= \psi_3(\xi_1, \xi_2, \xi_3) \end{aligned} \tag{5}$$

---

*) Der Beweis lässt sich etwa so führen: Sei $F(x, y, 1) = 0$ die Gleichung der Kurve, in der wir x und y bis zur n^{ten} Potenz aufsteigend annehmen und es sei

$$\xi = \frac{\varphi_1(x, y, 1)}{\varphi_3(x, y, 1)}, \ \eta = \frac{\varphi_2(x, y, 1)}{\varphi_3(x, y, 1)}.$$

Wir nehmen nun einen Wert x_1 derartig beschaffen, dass die Gerade $x = x_1$ die Kurve $F = 0$ in n von einander *verschiedenen* Punkten schneidet, für die y die Werte $y_1, y_2, \ldots, y_n$ besitzt, die alle von einander *verschieden* sind und Wurzeln der Gleichung $F(x_1, y, 1) = 0$ sind. Bilden wir nun

$$\begin{aligned} &\big[\varphi_1(x_1, y_1, 1) - \xi\varphi_3(x_1, y_1, 1)\big] \times \\ &\quad \times \big[\varphi_1(x_1, y_2, 1) - \xi\varphi_3(x_1, y_2, 1)\big] \cdots \times \\ &\qquad \times \big[\varphi_1(x_1, y_n, 1) - \xi\varphi_3(x_1, y_n, 1)\big] = G_1(x_1, \xi) \end{aligned}$$

$$\begin{aligned} &\big[\varphi_2(x_1, y_1, 1) - \eta\varphi_3(x_1, y_1, 1)\big] \times \\ &\quad \times \big[\varphi_2(x_1, y_2, 1) - \eta\varphi_3(x_1, y_2, 1)\big] \cdots \times \\ &\qquad \times \big[\varphi_2(x_1, y_n, 1) - \eta\varphi_3(x_1, y_n, 1)\big] = G_2(x_1, \eta), \end{aligned}$$

so sind G_1 und G_2 rationale Funktionen von x_1, und ξ resp. η, da sie beide symmetrische Funktionen von y_1, y_2, ..., y_n sind, welche durch die Koeffizienten von y in der Gleichung $F(x_1, y, 1) = 0$ ersetzt werden können.

Giebt man nun dem ξ und η solche Werte, dass z. B.

$$\begin{aligned} \varphi_1(x_1, y_k, 1) - \xi\varphi_3(x_1, y_k, 1) = 0 \\ \varphi_2(x_1, y_k, 1) - \eta\varphi_3(x_1, y_k, 1) = 0 \end{aligned}$$

ist, d. h. dass je eine Kurve der Büschel

$$\begin{aligned} \varphi_1(x, y, 1) - \xi\varphi_3(x, y, 1) = 0 \\ \varphi_2(x, y, 1) - \eta\varphi_3(x, y, 1) = 0 \end{aligned}$$

durch den Punkt mit den Koordinaten (x_1, y_k) geht, so wird jede dieser Kurven $F = 0$ noch in zwei anderen Punkten schneiden, die aber nicht auf der Geraden $x = x_1$ liegen werden, d. h. die Gleichungen

$$\begin{aligned} G_1(x_1, \xi) = 0 \\ G_2(x_1, \eta) = 0 \end{aligned}$$

haben für die betrachteten Werte ξ und η nur die eine Wurzel x_1 gemeinschaftlich, die auch der Gleichung $F(x_1, y, 1) = 0$ genügt. Daher kann man

$$x_1 = R(\xi, \eta)$$

setzen, wo R eine rationale Funktion von ξ, η und den Koeffizienten von G_1, G_2 also auch den Koeffizienten von φ_1, φ_2, φ_3 und F ist. Ebenso folgt aber

$$y_1 = R_1(\xi, \eta)$$

Die Kurve $f(\xi_1, \xi_2, \xi_3) = 0$ kann keinen Doppelpunkt besitzen, ohne dass $F(x_1, x_2, x_3) = 0$ auch noch einen Doppelpunkt hätte. Denn würde $f = 0$ einen Doppelpunkt haben, dann könnte man die Koordinaten der Funkte derselben rational durch einen Parameter ausdrücken, d. h. man könnte

$$\begin{aligned} \mu\xi_1 &= r_1(t) \\ \mu\xi_2 &= r_2(t) \\ \mu\xi_3 &= r_3(t) \end{aligned}$$

setzen, dann würde aus (5)

$$\begin{aligned} \nu x_1 &= R_1(t) \\ \nu x_2 &= R_2(t) \\ \nu x_3 &= R_3(t) \end{aligned}$$

folgen, d. h. die Koordinaten der Kurve n^{ter} Ordnung würden auch als rationale Funktionen eines Parameters ausdrückbar sein und $F = 0$ müsste $\frac{1}{2}n(n-3)+1$ Doppelpunkte besitzen. [Vgl. Anmerkung S. 229.]

11. Hat nun $f = 0$ keinen Doppelpunkt, dann kann man die Koordinaten der Punkte als eindeutige doppeltperiodische Funktion dritter Ordnung darstellen und man kann

$$\begin{aligned} \sigma\xi_1 &= \Theta_1(u-\alpha_1)\Theta_1(u-\alpha_2)\Theta_1(u-\alpha_3)e^{2\nu\frac{u}{\Omega}\pi i} = \phi_1(u) \\ \sigma\xi_2 &= \Theta_1(u-\beta_1)\Theta_1(u-\beta_2)\Theta_1(u-\beta_3)e^{2\mu\frac{u}{\Omega}\pi i} = \phi_2(u) \\ \sigma\xi_3 &= \Theta_1(u-\gamma_1)\Theta_1(u-\gamma_2)\Theta_1(u-\gamma_3) = \phi_3(u) \end{aligned}$$

setzen, wobei

$$\begin{aligned} \Sigma\gamma_1 &= 0 \\ \Sigma\alpha_1 &= \nu'\Omega - \nu\Omega' \\ \Sigma\beta_1 &= \mu'\Omega - \mu\Omega' \end{aligned}$$

---

und da diese Gleichungen für alle Werte (x_1, y_1) gelten, für die $F(x, y, 1) = 0$ befriedigt wird, bis auf die speziellen, für welche mehrere Wurzeln y (oder x) von $F(x, y, 1) = 0$ einander gleich werden, dieses aber nur eine endliche Anzahl von Werten ausschliesst, so gilt allgemein

$$x = R(\xi, \eta), \; y = R_1(\xi, \eta)$$

und wenn man die beiden rationalen Funktionen auf gleiche Nenner bringt, so kann man

$$x = \frac{\psi_1(\xi, \eta, 1)}{\psi_3(\xi, \eta, 1)}, \; y = \frac{\psi_2(\xi, \eta, 1)}{\psi_3(\xi, \eta, 1)}$$

setzen, was die Gleichung (2) giebt.

(vgl. Anmerkung S. 239) angenommen werden kann, so dass

$$\frac{\varphi_1(u)}{[\Theta_1(u)]^3}, \quad \frac{\varphi_2(u)}{[\Theta_1(u)]^3}, \quad \frac{\varphi_3(u)}{[\Theta_1(u)]^3}$$

doppeltperiodische Funktionen dritter Ordnung sind, die nur für $u = 0$ unendlich von der dritten Ordnung werden. Dann liefern die Gleichungen (5)

$$\begin{aligned}
\nu x_1 &= \psi_1\left(\frac{\varphi_1(u)}{[\Theta_1(u)]^3}, \frac{\varphi_2(u)}{[\Theta_1(u)]^3}, \frac{\varphi_3(u)}{[\Theta_1(u)]^3}\right) = \Psi_1(u)\\
\nu x_2 &= \psi_1\left(\frac{\varphi_1(u)}{[\Theta_1(u)]^3}, \frac{\varphi_2(u)}{[\Theta_1(u)]^3}, \frac{\varphi_3(u)}{[\Theta_1(u)]^3}\right) = \Psi_2(u)\\
\nu x_3 &= \psi_1\left(\frac{\varphi_1(u)}{[\Theta_1(u)]^3}, \frac{\varphi_2(u)}{[\Theta_1(u)]^3}, \frac{\varphi_3(u)}{[\Theta_1(u)]^3}\right) = \Psi_3(u),
\end{aligned}$$

wo $\Psi_i(u)$ eindeutige doppeltperiodische Funktionen sind, die nur für $u = 0$ unendlich werden. Ihre Ordnung kann, wenn man gemeinschaftlich in allen drei auftretende Faktoren in ν eingehen lässt, n nicht übersteigen.

Denn es ist für alle Werte von u

$$F\big(\Psi_1(u), \Psi_2(u), \Psi_3(u)\big) \equiv 0,$$

also sind für jedes u die Werte $\nu x_i = \Psi_i(u)$ Koordinaten eines bestimmten Punktes von $F = 0$, und umgekehrt entspricht jedem Punkte von $F = 0$ ein ganz bestimmter Wert von u, denn zufolge (3) entspricht diesem Punkte ein bestimmter Punkt von $f = 0$ und diesem, wie wir wissen, ein bestimmter Wert von u. (Vgl. S. 244. Note 1.)

Würde nun $\Psi_1(u)$ eine doppeltperiodische Funktion n'^{ter} Ordnung sein, so müsste sie auch für n' Werte $u_1, u_2 \ldots u_{n'}$ verschwinden, d. h. die Gerade $x_1 = 0$ würde die Kurve $F = 0$ in n' Punkten schneiden und da F von n^{ter} Ordnung ist, so muss $n' \leqq n$ sein.

Nun können aber nicht alle drei Funktionen $\Psi_i(u)$ von niedrigerer als der n^{ten} Ordnung sein, denn dann würde jede Gerade, deren Gleichung

$$a_1x_1 + a_2x_2 + a_3x_3 = 0$$

ist, die Kurve in weniger als n Punkten treffen, also könnte die Kurve nicht von n^{ter} Ordnung sein.

Man kann daher

$$\begin{aligned}
\varrho x_1 &= A_1\Theta_1(u-a_1)\Theta_1(u-a_2)\ldots\Theta_1(u-a_n)e^{2\nu\frac{u}{\Omega}\pi i} &&= \Phi_1(u)\\
\varrho x_2 &= A_2\Theta_1(u-b_1)\Theta_1(u-b_2)\ldots\Theta_1(u-b_n)e^{2\mu\frac{u}{\Omega}\pi i} &&= \Phi_2(u) \qquad (6)\\
\varrho x_3 &= A_3\Theta_1(u-c_1)\Theta_1(u-c_2)\ldots\Theta_1(u-c_n)e^{2\lambda\frac{u}{\Omega}\pi i} &&= \Phi_3(u)
\end{aligned}$$

setzen, wenn man den bei allen drei Funktionen $\Psi(u)$ auftretenden Nenner $[\Theta_1(u)]^n$ in ϱ aufgehen lässt. Hiebei ist

$$\begin{aligned}\sum_{i=1}^{n} a_i &= \nu'\Omega - \nu\Omega', \\ \sum_{i=1}^{n} b_i &= \mu'\Omega - \mu\Omega', \\ \sum_{i=1}^{n} c_i &= \lambda'\Omega - \lambda\Omega'.\end{aligned} \tag{6a}$$

Es sind dann

$$\frac{\Phi_1(u)}{[\Theta_1(u)]^n}, \ \frac{\Phi_2(u)}{[\Theta_1(u)]^n}, \ \frac{\Phi_3(u)}{[\Theta_1(u)]^n} \tag{6b}$$

die doppeltperiodischen Funktionen n^{ter} Ordnung, von denen wir eben sprachen.

Einem Doppelpunkte von $F = 0$ entsprechen, wie wir sahen, zwei Punkte von $f = 0$, also auch zwei verschiedene Werte von u; wir wollen diese Werte mit

$$\alpha_1\beta_1, \ \alpha_2\beta_2 \ \ldots \alpha_d\beta_d$$

bezeichnen. Da nun für einen Doppelpunkt die Koordinatenverhältnisse dieselben sein müssen, so müssen die Relationen statthaben

$$\begin{aligned}\Phi_1(\alpha_i) &= \sigma\Phi_1(\beta_i) \\ \Phi_2(\alpha_i) &= \sigma\Phi_2(\beta_i) \qquad i = 1, 2, 3 \ldots \tfrac{1}{2}n(n-3). \\ \Phi_3(\alpha_i) &= \sigma\Phi_3(\beta_i)\end{aligned}$$

Durch die $\frac{1}{2}n(n-3)$ Doppelpunkte ist nun gerade eine Kurve der $(n-3)^{\text{ten}}$ Ordnung bestimmt, deren Gleichung

$$C(x_1, x_2, x_3) = 0$$

sei. Diese schneidet die $F = 0$ ausser in den Doppelpunkten nicht mehr, daher wird die doppeltperiodische Funktion $n(n-3)^{\text{ter}}$ Ordnung

$$C_1(u) = C\left(\frac{\Phi_1(u)}{[\Theta_1(u)]^n}, \frac{\Phi_2(u)}{[\Theta_1(u)]^n}, \frac{\Phi_3(u)}{[\Theta_1(u)]^n}\right),$$

die nur für $u = 0$ von der $n(n-3)^{\text{ten}}$ Ordnung unendlich wird, für die $n(n-3)$ Werte

$$u = \alpha_i, \beta_i, \ \ i = 1, 2, \ldots \tfrac{1}{2}n(n-3),$$

verschwinden, oder es ist

$$C_1(u) = A\frac{\Theta_1(u-\alpha_1)\Theta_1(u-\beta_1)\Theta_1(u-\alpha_2)\Theta_1(u-\beta_2)\cdots\Theta_1(u-\alpha_d)\Theta_1(u-\beta_d)}{[\Theta_1(u)]^{n(n-3)}}e^{2c\frac{u}{\Omega}\pi i} \tag{7}$$

die doppeltperiodische Funktion $n(n-3)^{\text{ter}}$ Ordnung, und daher muss

$$\sum_{i=1}^{d}\alpha_i + \sum_{i=1}^{d}\beta_i = c'\Omega - c\Omega', \quad d = \tfrac{1}{2}n(n-3), \tag{8}$$

sein (c, c' ganze Zahlen).

12. Es sei

$$f(x_1, x_2, x_3) = 0$$

die Gleichung einer beliebigen Kurve m^{ter} Ordnung, welche durch π' Doppelpunkte der Kurve $F = 0$ geht, denen die Argumente

$$\alpha_1\beta_1,\ \alpha_2\beta_2, \ldots \alpha_{\pi'}\beta_{\pi'}$$

angehören, während sie durch die $\pi = \frac{1}{2}n(n-3) - \pi'$ Doppelpunkte mit den Argumenten

$$\alpha_{\pi'+1}\beta_{\pi'+1},\ \alpha_{\pi'+2}\beta_{\pi'+2}, \ldots \alpha_d\beta_d$$

nicht hindurchgeht. Dann ist

$$f\left(\frac{\Phi_1(u)}{[\Theta_1(u)]^n}, \frac{\Phi_2(u)}{[\Theta_1(u)]^n}\ \frac{\Phi_3(u)}{[\Theta_1(u)]^n}\right) = f_1(u)$$

eine doppeltperiodische Funktion der mn^{ten} Ordnung, die nur für $u = 0$ unendlich wird, und für mn Werte u verschwinden muss. Da aber die Werte

$$u = \alpha_i, \beta_i$$

$i = 1, 2 \ldots \pi'$ Punkten von $F = 0$ angehören, die auch auf $f = 0$ liegen, so wird $f_1(u)$ für diese $2\pi'$ Werte verschwinden, also nur noch für

$$k = mn - 2\pi'$$

andere Werte von u null sein, die mit

$$u_1, u_2 \ldots u_k$$

bezeichnet sein sollen.

Dann wird

$$f_1(u) = A\frac{\Theta_1(u-u_1)\Theta_1(u-u_2)\dots\Theta_1(u-u_k)\prod_1^{\pi'}\Theta_1(u-\alpha_i)\Theta_1(u-\beta_i)}{[\Theta_1(u)]^{mn}}e^{2\mu\frac{u}{\Omega}\pi i}$$

sein und

$$\sum_{i=1}^{k} u_i + \sum_{i=1}^{\pi'}(\alpha_i+\beta_i) = \mu'\Omega - \mu\Omega'.$$

Da für

$$u = \alpha_{\pi'+h} \text{ und } u = \beta_{\pi'+h}, \ (h = 1, 2 \dots \pi)$$

die Koordinaten $x_1 : x_2 : x_3$ dieselben Werte annehmen, so muss auch

$$f_1(\alpha_{\pi'+h}) = f_1(\beta_{\pi'+h}), \ h = 1, 2 \dots \pi,$$

sein. Nun ist

$$f_1(\alpha_{\pi'+h}) = A\frac{\prod_{i=1}^{k}\Theta_1(\alpha_{\pi'+h}-u_i)\prod_{i=1}^{\pi'}\Theta_1(\alpha_{\pi'+h}-\alpha_i)\Theta_1(\alpha_{\pi'+h}-\beta_i)}{[\Theta_1(\alpha_{\pi'+h})]^{mn}}e^{2\mu\frac{\alpha_{\pi'+h}}{\Omega}\pi i}$$

$$f_1(\beta_{\pi'+h}) = A\frac{\prod_{i=1}^{k}\Theta_1(\beta_{\pi'+h}-u_i)\prod_{i=1}^{\pi'}\Theta_1(\beta_{\pi'+h}-\alpha_i)\Theta_1(\beta_{\pi'+h}-\beta_i)}{[\Theta_1(\beta_{\pi'+h})]^{mn}}e^{2\mu\frac{\beta_{\pi'+h}}{\Omega}\pi i}$$

und daher muss

$$\left.\begin{aligned}
&\frac{\prod_{i=1}^{k}\Theta_1(\alpha_{\pi'+h}-u_i)}{\prod_{i=1}^{k}\Theta_1(\beta_{\pi'+h}-u_i)} \\
&\quad = \left[\frac{\Theta_1(\alpha_{\pi'+h})}{\Theta_1(\beta_{\pi'+h})}\right]^{mn}\frac{\prod_{i=1}^{\pi'}\Theta_1(\beta_{\pi'+h}-\alpha_i)\Theta_1(\beta_{\pi'+h}-\beta_i)}{\prod_{i=1}^{\pi'}\Theta_1(\alpha_{\pi'+h}-\alpha_i)\Theta_1(\alpha_{\pi'+h}-\beta_i)}\cdot e^{2\mu\frac{\beta_{\pi'+h}-\alpha_{\pi'+h}}{\Omega}\pi i} \\
&\qquad\qquad h = 1, 2 \dots \pi \\
&\text{und} \\
&u_1+u_2+u_3\dots+u_k = \\
&\qquad\sum_{h=1}^{\pi}(\alpha_{\pi'+h}+\beta_{\pi'+h}) + (\mu'-c')\Omega - (\mu-c)\Omega'
\end{aligned}\right\}\text{(A)}$$

sein. Aus

$$\sum_{i=1}^{k} u_i + \sum_{1}^{\pi'} (\alpha_i + \beta_i) = \mu' \Omega - \mu \Omega'$$

und (8)

$$\sum_{i=1}^{\pi'} (\alpha_i + \beta_i) + \sum_{h=1}^{\pi} (\alpha_{\pi'+h} + \beta_{\pi'+h}) = c' \Omega - c \Omega'$$

folgt nämlich

$$\sum_{i=1}^{k} u_i = \sum_{h=1}^{\pi} (\alpha_{\pi'+h} + \beta_{\pi'+h}) + (\mu' - c') \Omega - (\mu - c) \Omega'.$$

Es sind also zwischen den $k = mn - 2\pi'$ Argumenten u_i der Schnittpunkte der Kurve m^{ter} Ordnung mit der Kurve n^{ter} Ordnung $\pi + 1$ Relationen (A) vorhanden, die höchstens $\pi + 1$ der Argumente bestimmen, wenn die übrigen

$$k - \pi - 1 = mn - 2\pi' - \pi - 1$$

gegeben sind. Ist nun $m > n - 3$, so gehen durch

$$mn - 2\pi' - \pi - 1$$

beliebig zu wählenden Punkte auf $F = 0$ und π' Doppelpunkte noch Kurven m^{ter} Ordnung, von denen

$$\nu = \tfrac{1}{2} m(m+3) - [mn - \pi' - \pi - 1] = \tfrac{1}{2}(m - n + 1)(m - n + 2)$$

Punkte beliebig in der Ebene angenommen werden können, und welche die $F = 0$ noch in

$$mn - [mn - 2\pi' - \pi - 1] - 2\pi' = \pi + 1$$

Punkten schneiden. Zwischen den Argumenten dieser Punkte müssen aber die $\pi + 1$ Gleichungen (A) bestehen, in denen die $k - \pi - 1$ übrigen Argumente der Schnittpunkte für alle Kurven m^{ter} Ordnung fest sind, und welche daher die $\pi + 1$ Argumente auch im Allgemeinen bestimmen, d. h.: *Legt man durch π' Doppelpunkte und $mn - 2\pi' - \pi - 1$ feste Punkte der Kurve n^{ter} Ordnung mit $\frac{1}{2}n(n-3)$ Doppelpunkten $[\pi + \pi' = \frac{1}{2}n(n-3)]$ beliebige Kurven $m > n - 3^{ter}$ Ordnung, so schneiden alle die Kurve n^{ter} Ordnung noch in $\pi + 1$ festen Punkten.*

Gehen die Kurven m^{ter} Ordnung durch alle Doppelpunkte, ist also $\pi = 0$, in welchem Falle sie dann »*adjungirte*« Kurven heissen, so schneiden alle adjungirten Kurven m^{ter} Ordnung, welche durch $mn - n(n-3) - 1$ feste Punkte und die d Doppelpunkte gehen, die Kurve n^{ter} Ordnung noch in *einem* festen Punkte.

Für die weitere Behandlung dieser Kurven vergleiche man: »Clebsch, Ueber diejenigen Kurven, deren Koordinaten sich als elliptische Funktionen eines Parameters darstellen lassen«. Crelle'sches Journal Bd. 64 S. 210.

Druckfehlerverzeichnis des Originaltexts.

(Diese Druckfehler wurden im Text bereits korrigiert.)

Seite	3	Zeile	6	v. o.	lies	zur statt mit der.
"	29	"	2	v. u.	"	$\frac{B_{n-1}}{z-b}$ statt $\frac{B_{n-1}}{(z-b)^n}$.
"	40	"	9	v. o.	"	$\frac{\frac{1}{n-1}A_n}{(z-b)^{n-1}}$ statt $\frac{(n-1)A_n}{(z-b)^{n-1}}$.
"	45	"	11	v. o.	"	n statt m.
"	57	"	1	v. u.	"	der ϑ_3-Funktion statt der einzelnen ϑ-Funktionen.
"	69	"	4	v. o.	ist	in dem 3. und 4. Integral die obere Grenze Ω'.
"	71	"	16	v. o.	lies	so muss statt so ist.
"	73	"	3	v. o.	"	$\varphi(u_\nu) = B \gtrless 0$ statt $\varphi(u_\nu) = A \gtrless 0$.
"	87	"	3	v. u.	"	von φ statt für φ.
"	91	"	3	v. o.	"	$a_0 + a_1x, a_2, a_3 \ldots$ statt $a_0 + a_1x, a_1, a_2 \ldots$
"	92	"	23	v. o.	"	$i \neq 1$ statt $i = 1$.
"	100	"	13	v. o.	"	Seite " Reihe.
"	113	"	12	v. u.	"	linke " rechte.
"	"	"	11	v. u.	"	rechts " links.
"	134	"	15	v. u.	"	$s(v-iu) = P-iQ$ statt $s(v-iu) = P-iQ_1$.
"	135				ist	in der Figur 26a auch die Gerade $0, \omega, 2\omega$ dick zu denken.
"	140	Zeile	15	v. o.	lies	$Z(u-\alpha_i)$ statt $Z(u)-\alpha_i)$.
"	160	"	15	v. o.	"	$\int_{\varphi_0}^{\varphi_0+4\pi}$ statt $\int_{\varphi_0}^{\varphi_0+2\pi}$.
"	173	"	19	v. o.	"	sind, statt, sich.
"	174	und	175	soll	in	den Figuren 49 und 60 die Kurve B von dem Verzweigungsschnitte $1\frac{1}{\varkappa}$ aus punktirt sein, wie in Fig. 51 S. 178.
"	203	Zeile	3	v. o.	lies	rationale ganze Funktion statt rationale Fkt.

"	217	"	7	v. u.	"	$\left[\sum_0^\infty \frac{1}{4^\nu}\Psi(\lambda_\nu)\right]_{\lambda=1}$ statt $\left[\sum_0^\infty \frac{1}{4^{\nu-1}}\Psi(\lambda_\nu)\right]_{\lambda=1}$.
"	229	"	2	v. o.	"	(37) statt (34).
"	242	"	7	v. o.	"	$\int_{x_0}^x \frac{dx}{Y}$ statt $\int_{x_0}^x \frac{dx}{y}$.

9 789356 788916

Printed at Repro India Ltd.